전기기기

김종혁 저

도서출판 태영문화사

머리말

전기는 고도의 정보화 산업 사회에서 가장 필요하고 중요한 에너지원이다. 현대 산업사회의 원동력인 전기에너지를 합리적으로 생산하고, 운영과 관리를 위하여 각종 전기기계의 효율적인 운영방법이 필요한 분야이기도 하다.

과학 기술의 발전과 함께 새로운 전기기기도 많이 개발되고 있으며, 전력용 반도체 소자의 개발로 구조와 성능면에서 많이 개선되고 새로운 전기기기가 만들어지며, 전기기기를 제어하는 기술도 크게 발전하여 자동화장치의 고속, 정밀제어도 가능하게 되었다.

이 책의 구성은 제1장 직류기, 제2장 동기기, 제3장 변압기, 제4장 유도기, 제5장 전력용 반도체 정류 소자 순으로 되어 있으며 각 단원의 기본적인 원리와 법칙을 이해하기 쉽게 간결하게 기술하여 전기기기의 동작원리를 쉽게 이해할 수 있도록 하였으며, 각 단원의 내용을 이해할 수 있는 예제 문제를 수록하여 전기공학을 전공하는 학생, 산업현장에서 일하는 전기기술자가 문제해석과 이해를 돕도록 하였다.

그러나 엮어가는 중에 부족한 점이 많으리라 생각되며 부족한 부분은 앞으로 계속적으로 수정, 보안하여 완전한 저서가 되도록 하겠으며 이 책의 출판을 위해 수고를 아끼지 않으신 도서출판 태영문화사 사장님 이하 임직원 여러분들께 깊은 감사를 드립니다.

저자 씀

차 례

제1장 직류기

제2장 동기기

제3장 변압기

제4장 유도기

제5장 전력용 반도체 정류 소자

제1장

직류기

직류기는 직류발전기와 직류전동기로 구분하며, 직류발전기는 기계에너지를 전기에너지로 변환시키는 것이고, 직류전동기는 반대로 전기에너지를 기계에너지로 변환시키는 회전기계이다.

직류발전기는 축전기의 충전용, 통신기기의 전원용, 전기철도의 전등용 및 선박용 등의 특수 용도에 사용되고 있으며, 직류전동기는 전력용 반도체의 발달로 소용량에서 대용량의 범위까지 광범위하게 사용되며, 특히 직권전동기는 기동 회전력이 크고 변속도 특성을 갖고 있어 전철용 전동기로 주로 사용되고 있다.

이 장에서는 직류기의 원리 및 구조, 종류, 특성, 손실과 효율 등에 대하여 알아보도록 한다.

1.1 직류발전기의 원리 및 구조

1. 직류발전기의 원리

직류발전기는 자장 중에 도체를 놓고 움직이면 기전력이 유도 되며, 이때 직류를 발생하는 기계를 말한다. 이는 플레밍의 오른손 법칙을 이용한다.

그림 1-1과 같이 도체 a, b를 자극 N극과 S극에 의하여 만들어지는 자계 안에서 일정속도로 돌리면 도체에는 플레밍(Fleming)의 오른손법칙에 따라 화살표 방향의 기전력이 유기된다.

코일이 그림 1-1의 위치에서 180도 회전하면 단자 A, B에 발생하는 전압의 극성은 반대가 되어 360도 회전, 즉 1회전 하였을 때 그림 1-2와 같이 1[Hz]의 교번 기전력이 발생한다.

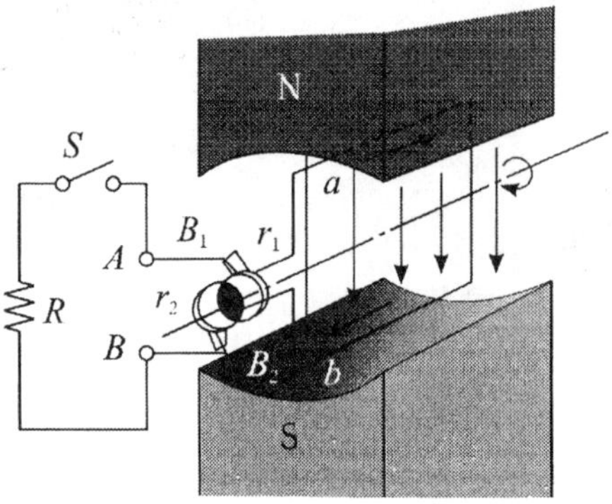

그림 1-1 교류발전기 원리

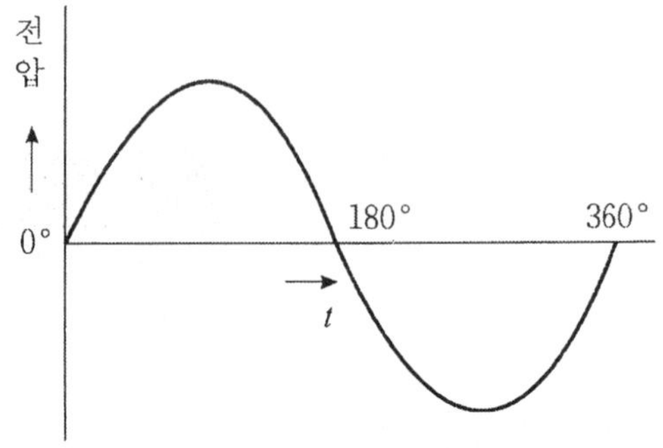

그림 1-2 기전력 파형

다음 그림 1-1의 활동환(slip ring) r_1, r_2 대신에 그림 1-3과 같이 서로 절연한 2개의 금속편 C_1, C_2로 된 1개의 원통환 C를 붙이고 이들 C_1, C_2 각 금속편에 코일의 양단을 연결하고 브러시 B_1은 늘 N극 밑에 오는 도체에, 브러시 B_2는 늘 S극 밑에 오는 도체에 연결되도록 하면 언제나 B_1, B_2의 극성은 일정하게 되어 단자 A, B 사이에는 그림 1-4와 같은 일정방향의 전압, 즉 직류전압이 발생한다. 따라서 A, B 사이에 접속된 저항 R에는 방향이 바뀌지 않는 직류가 흐른다. 이것이 직류발전기이며 2개의 금속편 C_1, C_2를 **정류자편**(commutator segment), C_1, C_2로 된 원통환 C를 **정류자**(commutator)라 한다.

즉, 활동환은 교류, 정류자는 직류가 발생한다.

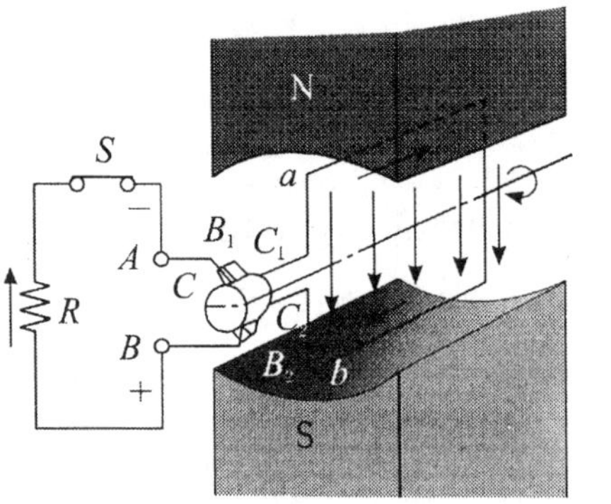

그림 1-3 직류발전기 원리

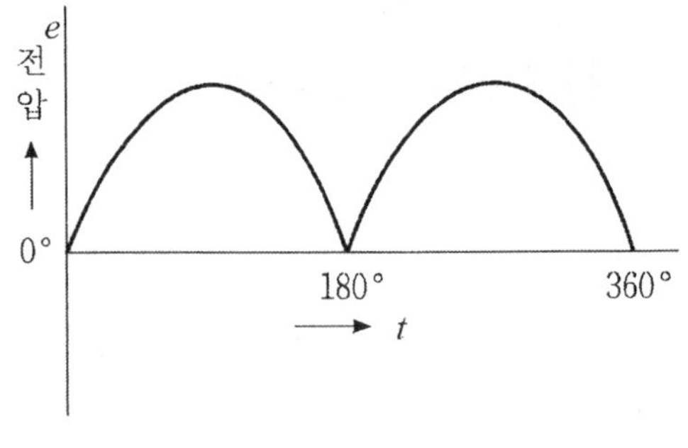

그림 1-4 기전력 파형

그림 1-3과 같이 코일이 한개 뿐인 직류발전기에서는 기전력의 방향은 변하지 않지만 기전력의 크기는 그림 1-4와 같이 맥동이 심하다. 이러한 맥동을 적게 하고 시간에 따라 변하지 않는 직류 전압을 얻으려면 그림 1-5 (a)와 같이 코일의 수를 많이 하여 원주 상에 분포시켜 놓고 서로 위상이 다른 전압이 합하여지도록 접속하면 그림 1-5 (b)와 같이 맥동이 적은 전압을 얻을 수 있다.

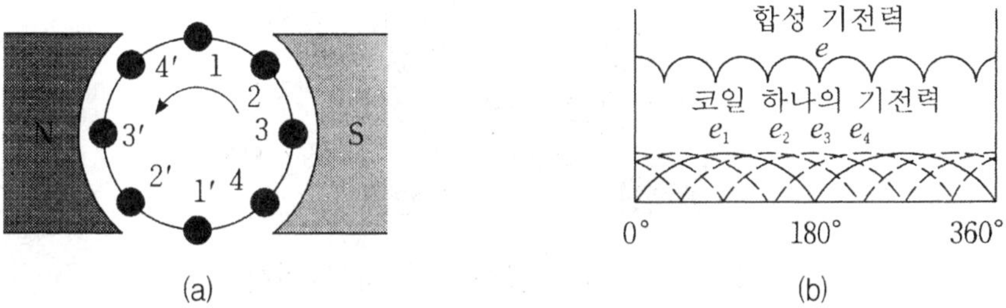

그림 1-5 유기기전력의 합성

코일의 수를 더욱 증가시키면 합성기전력의 맥동은 점차 적어지고 실용상으로 완전한 직류를 얻게 된다. 실용되고 있는 직류발전기는 많은 코일을 전기자 철심(armature core)위에 배치하고, 정류자 편수도 많게 함으로써 거의 맥동이 없는 일정한 직류전압이 되도록 한다.

2. 직류발전기의 구조

다음은 직류기의 3대 구성요소이다.

① **전기자** : 원동기로 회전시켜서 자속을 끊어 기전력을 유도하는 부분이다.

② **계자** : 계자권선에 전류를 흘려 공극에 필요한 자속을 만들어준다.

③ **정류자** : 브러시와 접촉하여 유도기전력을 정류하여 직류로 변환하는 부분이다.

이들 요소 이외에도 축, 베어링, 브러시, 브러시홀더 등이 있다. 그리고 전기자, 정류자, 축은 회전자를 형성한다.

그림 1-6은 4극 발전기의 자기회로와 자극의 배치를 나타낸 것이다.

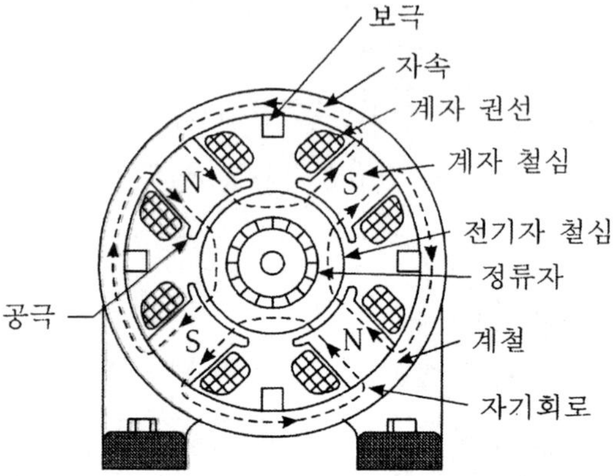

그림 1-6 4극 발전기의 자극 배치

(1) 전기자

전기자(armature)는 전기자 철심(armature core)과 전기자 권선(armature winding)으로 이루어진다.

(가) 전기자 철심

전기자 철심은 계자와 함께 자기회로를 만들며, 전기자가 자계 중에서 회전하여 전기자 철심 내에서 자속방향이 변화하기 때문에 와전류나 히스테리시스 현상에 의한 철손이 생긴다.

① **성층철심** : 철손을 줄이기 위해서 두께 0.35[mm], 0.5[mm] 또는 0.7[mm]의 규소강판(silicon steel sheets) 또는 무방향성 규소강대의 표면을 엷게 절연한 것을 성층철심(laminated core)을 사용하며, 성층하는 이유는 와류손을 감소시키기 위해서이다.

② **규소강판** : 얇은 강판에 규소를 함입시키면 강판에 고유저항이 커져서 와류손은 더욱 감소되고 자기적 성질이 개선되어 히스테리시스손을 감소시킨다. 그러나 규소의 함유율이 높으면 자기적 성질은 좋아지나 기계적으로 약화되므로 Si 함유량 1~3.5[%] 정도의 저규소강이 사용된다.

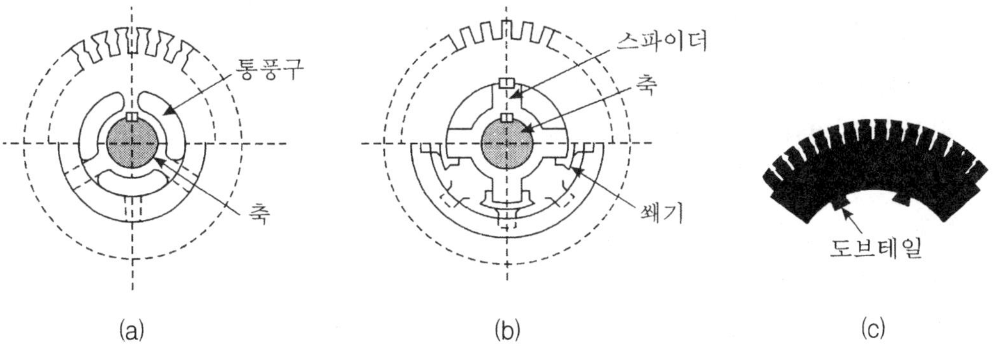

그림 1-7 전기자 철심 모양

③ **전기자 철심 모양** : 전기자 철심에 사용하는 규소강판은 소형의 기계에서는 그림 1-7 (a)와 같이 권선을 넣을 슬롯(slot)이나 축의 구멍 등을 뚫은 원형모양의 것을 직접 축에 삽입한다. 중형의 기계에서는 그림 1-7 (b)와 같이 스파이더(spider) 주위에 쌓아 축에 삽입한다. 대형의 기계에서는 그림 1-7 (c)와 같이 부채꼴의 강판을 스파이더의 주위에 조립한다. 스파이더의 설치는 그림과 같은 도브 테일(dove tail)로 할 때가 많다.

④ **슬롯의 모양** : 슬롯은 권선을 넣기 위하여 철심에 설치한 홈으로 그림 1-8과 같이 개방슬롯(open slot)과 반폐슬롯(semi enclosed slot)이 있다. 일반적으로 소형기는 반폐슬롯이 사용되고 중형과 대형기에서는 형권코일이 사용되므로 개방슬롯이 많다. 그리고 고속도의 기계에서는 코일의 원심력에 의한 이탈을 막기 위하여 반폐슬롯이 사용된다.

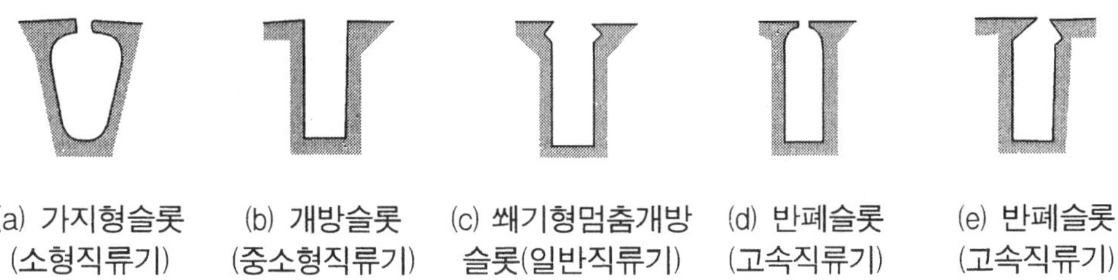

그림 1-8 슬롯의 모양

(나) 전기자 권선(armature winding)

① **도체** : 전기자 권선은 소전류의 것은 연동환선이 사용되고 전류가 커지면 평각동선(flat type copper wire, rectangular copper wire)을 사용한다.

② **코일절연** : A종 절연을 하는 기계에 사용하는 도체로 환선을 사용할 때는 2중면권선(double cotton covered wire), 에나멜선, 포르말선, 1중 또는 2중견권선이 사용되고 평각동선을 사용하는 경우는 2중면권, 2중견권, 면 또는 견테이프권을 사용한다.

B종 절연 기계의 도체는 석면, 유리섬유, 폴리에스텔 등으로 절연한다.

개방슬롯에 사용되는 코일에는 이들 도체를 니스클로오드, 석면지, 면테이프 등으로 절연하여 니스함침하여 규정의 치수로 성형한 형권코일(formed coil)을 사용한다.

소형기의 반폐슬롯용 코일은 미리 니스 클로오드, 파아치맨트지 등으로 슬롯절연(slot insulating)을 시행한 슬롯의 개구부에서 코일변의 도체를 하나씩 슬롯 안에 넣어 코일단에는 니스클로오드, 면테이프 등으로 절연을 행한다. 그리고 극히 소형의 것은 손으로 감은 것으로 할 때도 있다.

③ **권선의 고정** : 코일이 원심력으로 슬롯에서 튀어 나오는 것을 방지하기 위해서 보통 파이버 또는 합성수지제의 쐐기(wedge)가 사용되고 바인드선(binding wire)을 전기자에 걸어서 권선을 고정시킬 때도 있다. 코일단의 변형을 막기 위해서는 바인드선을 사용하는 것이 보통이다.

(2) 계 자(field magnet)

계자는 계자권선, 계자철심, 자극편 그리고 계철로 되어 있다. 계철, 계자철심, 자극편, 공극(air gap), 전기자 철심은 직류기의 자기회로(magnetic circuit)를 형성한다.

(가) 계 철(yoke)

계철은 자기틀(magnet frame)이라 부르기도 하고, 발전기의 바깥틀을 형성함과 동시에 자극 및 기계 전체를 보호 및 지지하며 자속의 통로 역할을 하는 부분으로 기계적으로 튼튼하여야 된다.

(나) 자극편(pole piece, pole shoe)

자극편은 전기자에 대하여 계자속을 공극부분에 적절히 분포시키는 역할을 한다. 그러나 전기자에는 슬롯이 있으므로 공극의 자속은 전기자의 치부분에 모이고 자극편의 자속분포가 균일하게 되지 않는다. 따라서 전기자가 회전할 때 자극편의 자속분포는 주기적으로 변동하게 되어 철손이 생긴다. 이 철손을 적게 하기 위하여 자극편은 두께 0.8[mm] 또는 1.6[mm]의 연강판을 성층하여 만든다.

(다) 계자철심(field core)

계자철심에서는 자속분포가 변동이 없으므로 성층철심으로 할 필요가 없으나 제작의 편의상 그림 1-9와 같이 자극편과 함께 강판을 찍어서 만드는 것이 보통이다.

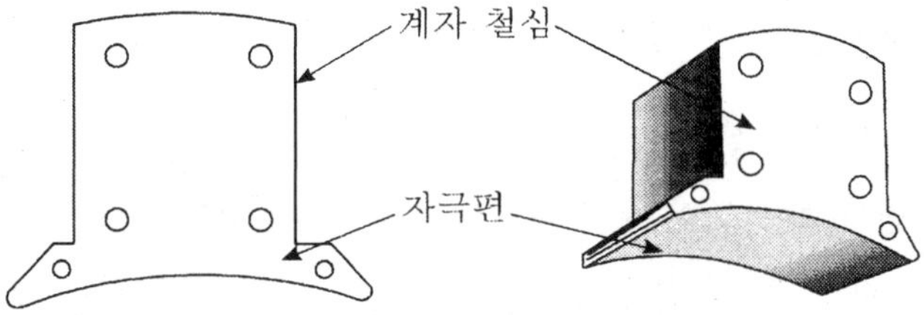

그림 1-9 계자철심과 자극편

(라) 계자권선(field winding)

계자권선은 계자철심에 감겨서 전류가 흐르면 전기자를 통하는 자속을 만든다. 계자권선에는 그 전류의 대소에 따라 평각동선 또는 환동선이 사용된다. 선의 절연 피복은 주로 2중면권으로 하고, 형권으로 하여 절연니스를 함침 후, 건조시켜 내습성으로 한다.

(마) 공 극

공극은 자극편과 전기자 사이의 간격으로 이것이 좁을수록 계자권선의 기자력은 적어도 된다. 그러나 너무 좁으면 특성도 나쁘게 되고, 기계적으로 고장이 일어나기 쉬워 보통 소형기는 3[mm], 대형기는 6~8[mm]로 한다.

(바) 보 극(inter pole)

보극은 주자극의 중간에 있는 작은 자극으로, 정류를 개선하기 위한 것이다.

철심의 폭은 주자극보다 좁고, 길이는 주자극과 같거나 또는 약간 짧다.

보극 권선의 구조는 주계자의 직권 권선과 비슷하고, 전기자 전류가 흐르기 때문에 도체의 단면도 일반적으로 크고, 그 기자력은 보통 전기자 권선의 기자력의 1.3~1.4배 정도로 한다.

(3) 정류자(commutator)

정류자는 교류를 직류로 만드는 부분으로 직류기에서 가장 중요하며, 운전 중 브러시와 접촉하여 마찰이 생길 뿐만 아니라 불꽃이 발생하여 고온도로 된다. 따라서 전기적으로나 기계적으로도 충분히 견고하고 튼튼하게 만들어져야 한다.

정류자편과 전기자 권선의 접속은 중형기 이상에서는 정류자편의 일단에 심은 라이저(riser)를 사용하고, 소형기에서는 정류자편의 일단을 파서 직접 납땜하며, 두께 0.56~1.12[mm]의 운모로 정류자편 사이를 절연한다.

(4) 브러시(brush)

브러시는 정류자면과 접촉하여 전기자 권선과 외부 회로를 연결하는 것으로 적당한 접촉저항을 갖고 연마성이 적어서 정류자면의 손상이 적고 기계적으로 강해야 된다.

일반적으로 탄소질 또는 흑연질의 것이 사용되고 다음과 같은 종류가 있다.

① **탄소 브러시**(carbon brush) : 불순물이 적은 탄소분말을 원료로 하여 성형소결한 것으로 전류용량이 작은 소형기에 주로 사용된다.

② **전기흑연 브러시**(electrographite brush) : 불순물이 적은 탄소를 원료로 하여 전기로 속에서 열처리하여 흑연화하여 성형소결한 것으로 가장 우수하며 각종 기계에 널리 사용된다.

③ **금속흑연브러시**(metallic carbon brush, metalized graphite brush) : 동의 미분(微分)과 흑연분말을 혼합 소결한 것으로 전류용량이 큰 저전압, 대전류의 기계에 사용된다.

예제 1 직류기의 3대 요소를 들고 간단히 설명하시오.

풀이 계자 : 자속을 만든다.
전기자 : 기전력을 유도한다.
정류자 : 교류를 직류로 바꾼다.

예제 2 직류기의 전기자는 얇은 두께의 규소 강판을 성층하여 만든다. 그 이유를 설명하시오.

풀이 전기자는 자극 내에서 회전하기 때문에 전기자를 통하는 자속의 방향은 극간격이 바뀔 때마다 변하므로 철손이 발생한다. 그러므로 규소 함유량이 1.0~2.0[%]인 히스테리시스손이 적은 규소강판을 사용하고, 와류손을 적게 하기 위하여 두께가 보통 0.35[mm] 또는 0.5[mm]인 규소강판을 성층해서 사용한다.

1.2 전기자 권선법

전기자 권선은 각 코일에 유도된 기전력이 서로 가하여져서 브러시 사이에 나타나도록 접속하고, 고전압을 필요로 할 경우와 저전압으로 대전류를 필요로 하는 경우 등에 따라 그 접속방법이 여러 가지로 고려되고 있다.

(1) 환상권(ring winding)

그림 1-10 (a)와 같이 환상철심에 권선을 감는 방법으로 이 방법은 ① 기전력을 유도하는 부분은 전기자의 공극측에 놓인 도체만이고, 고리의 내부 도체는 단지 접속선으로만 작용하여 기전력을 유도하는데 기여하지 않으므로 대단히 비경제적인 점과 ② 환상철심에 도체를 손으로 감아야 되기 때문에 제작, 수리에도 불편한 점 등 결점이 있으므로 현재 사용되지 않고 있다. 그러나 전기기계의 이론을 설명할 때 편리하고 쉬우므로 학습상의 그림으로 종종 사용되고 있다.

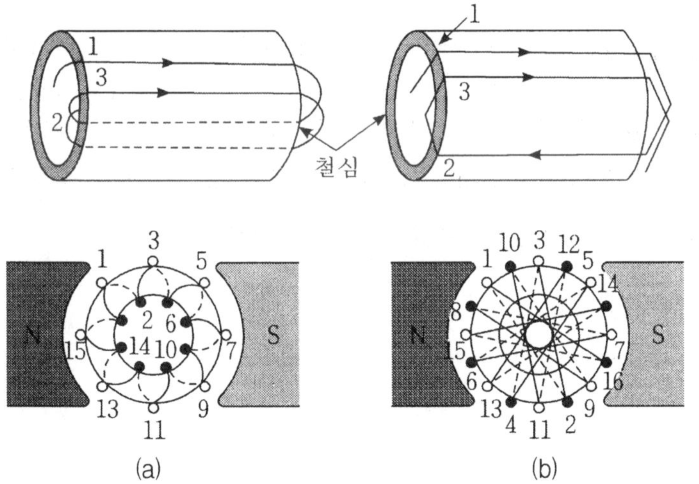

그림 1-10 환상권과 고상권

(2) 고상권(drum winding)

그림 1-10 (b)와 같이 원통형 철심의 표면에만 권선을 감아서 자속을 쇄교시켜 기전력을 유기하도록 권선한다.

이 방법은 ① 환상권과 비교하여 도체가 대단히 유효하게 이용된 점과 ② 형권 코일이 사용될 수 있으므로 제작, 수리가 편리한 점이 있다. 따라서 현재 전기자 권선에는 전부 고상권이 사용되고 있다.

(3) 단층권(single layer winding)과 2층권(double layer winding)

그림 1-11 (a)와 같이 한 개의 슬롯에 한 개의 코일변을 넣는 것이 단층권이며 주로 고상권선에 쓰인다. 그림 1-11 (b)와 같이 두 개의 코일변을 상하 2층으로 넣는 것을 2층권이라 한다. 2층권은 코일의 제작 및 권선작업이나 제작이 용이하므로 직류기에서는 거의가 2층권을 사용하며 2층권에서는 코일수와 슬롯수가 같다.

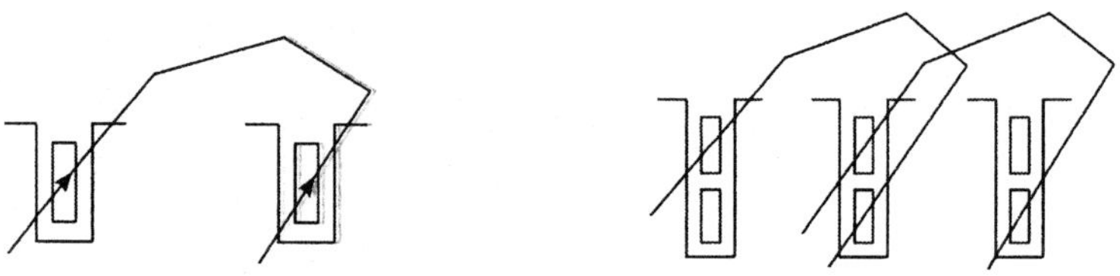

(a) 단층권 (b) 2층권

그림 1-11 단층권과 2층권

(4) 중권과 파권

코일을 서로 연결하는 방법에는 그림 1-12 (a), (b)의 2가지가 있다.

그림에서 y_b를 뒤피치(back pitch), y_f를 앞피치(front pitch), y를 합성피치(resultant pitch)로 다음과 같이 나타내고, 코일변수로 표시한다.

$$y = y_b - y_f \text{ (중권)}$$

$$y = y_b + y_f \text{ (파권)}$$

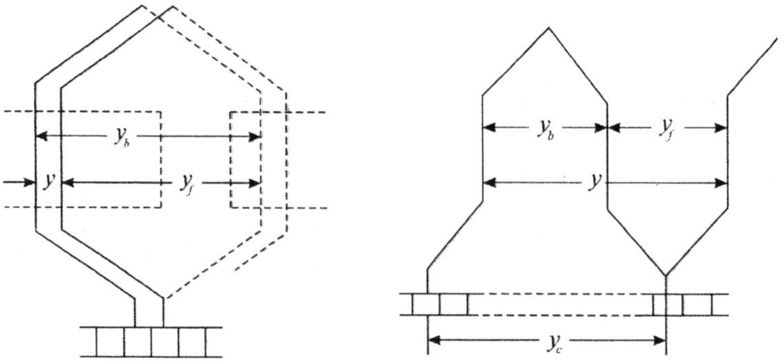

(a) 중권 (b) 파권

그림 1-12 권선 pitch

(5) 단중권(simplex winding)과 다중권(multiplex winding)

지금까지 앞에서 설명한 것이 단중권이다. 그러나 기계용량이 크거나 특수한 것은 다중권으로 한다.

다중권은 독립된 권선을 두 개 이상 겹쳐서 권선하며 겹쳐지는 독립된 권선수를 다중도(multitplicity)라 한다.

(6) 중권과 파권 권선법

그림 1-13은 단중권(simplex lap winding)의 예이다. 정류자편 1이 상층코일변 1에 연결되고 후결선을 거쳐 하층 코일변 12에 이르고, 이것과 정류자편 2를 연결한다. 정류자편 2는 상층 코일변 3에 연결한다. 이와 같이 권선은 차례차례 시계방향으로 감겨져 가서 모든 코일변이 정류자편과 연결된다. 이 경우 중권이 가능하려면 $\frac{N_s}{P}$ =정수를 만족해야 하며 정류자편수는 $K=\frac{\mu}{2}N_s$가 성립한다(N_s : 슬롯수, P : 극수, μ : 슬롯 내부의 코일변수이다).

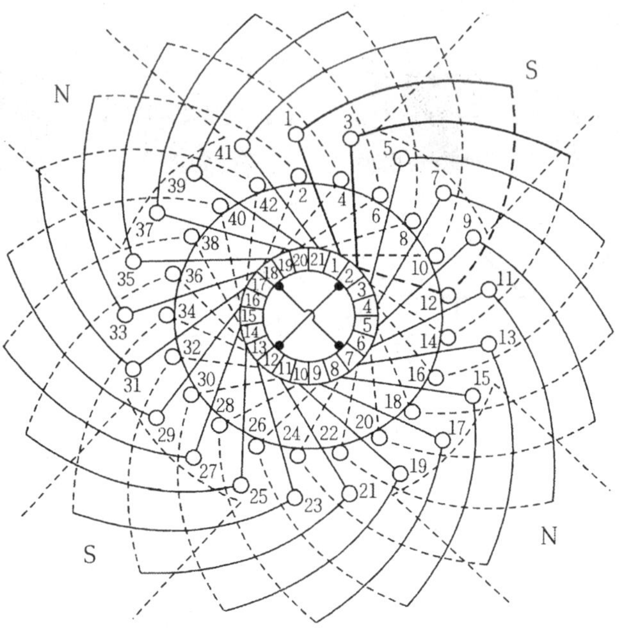

그림 1-13 중권의 방사선도

이 권선의 경우

$$y_b = 12 - 1 = 11,\ y_f = 12 - 3 = 9,\ y = 11 - 9 = 2,\ y_c = 2 - 1 = 1$$이 된다.

여기에서 알 수 있는 바와 같이 뒤피치 y_b 및 앞피치 y_f는 짝수와 홀수의 차이이고 y_b, y_f는 모두 홀수이며, 이들은 1극당 코일변수 $\frac{Z_c}{P} = \frac{42}{4} = 10.5$에 가까운 값이다. 만일 $\frac{Z_c}{P}$가 정수가 아닐 때는 $\frac{Z_c}{P}$에 가까운 두 개의 홀수를 y_b, y_f로 한다.

$y_b > y_f$인 것을 **진권**(progressive winding)이라 하고 그림 1-13과 같이 권선은 시계방향으로 감겨져 간다. 또 $y_b > y_f$인 경우에는 그림 1-13의 정류자편 1에서 시작해서 코일변 1, 코일변 12를 거쳐 정류자편 21에 오게 된다. 이와 같이 권선이 반시계방향으로 감겨져 가게 되는데 이것을 **후퇴권**(retrogressive winding)이라 한다. 또 $y_c = \pm 1$(진권일 때 +, 후퇴권일 때 −)로도 나타낼 수 있다.

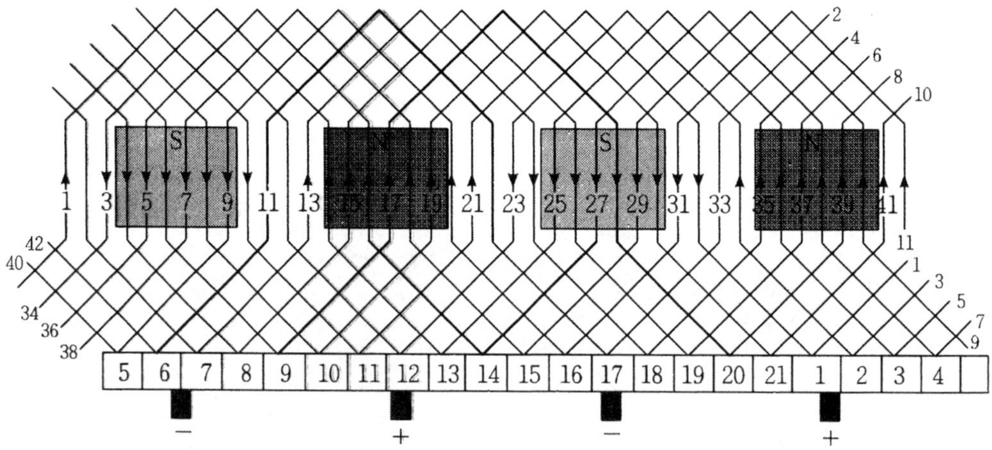

그림 1-14 파권의 전개도

그림 1-14는 파권으로 된 전기자의 전개도를 나타낸 한 예이다. 코일 1-12는 약 2극 간격 떨어진 23-34에 연결되고 있고 또 2극 간격에 있는 코일 3-14와 파형으로 접속되어 나가고 있다. 이런 경우에도 중권때와 마찬가지로 그림 1-14의 권선을 따라가 보면 코일변이 (1-12)→(23-34)→(3-14)→⋯ 와 같이 순차적으로 접속되어 최후에 가서는 코일변 32에서 코일변 1에 되돌아 와서 폐회로를 만들고 있다.

이렇게 결선하기 위해서

$$y_c = 2 \cdot \frac{K \pm 1}{P} = \text{정수}(+\text{는 진권, } -\text{는 후퇴권}) \qquad (1\text{-}1)$$

가 되도록 정류자절 y_c를 정한다. 그림 1-14를 보면

$$y_c = 12 - 1 = 11$$

이것은 식 (1-1)를 써서 계산하면

$$y_c = 2 \cdot \frac{21+1}{4} = 11$$

과 일치한다.

그림 1-14의 권선에서 $y_b = 12 - 1 = 11$, $y_f = 23 - 12 = 11$, $y = 11 + 11 = 22$ 이다.

(7) 중성점과 브러시의 위치

그림 1-14의 화살표는 기전력의 방향을 표시하는 것으로 기전력이 서로 합해져 가는 모양을 알 수 있으며 브러시에 의하여 단락되고 있는 정류자편에 연결된 권선변은 N, S 양극의 중간에 있어 기전력을 유기하지 않는 것들이다.(그림 1-14에서 권선변 12와 22), 만일 브러시를 그렇지 않은 위치에 놓아두면 +, − 두 브러시 사이에 서로반대 방향의 기전력을 유기하는 권선변이 같이 섞여 들어가게 되므로 일부의 기전력은 +, −가 서로 상쇄되어 버리고 만다. 또 기전력을 유기하고 있는 권선을 브러시로 단락하는 것이 되어 이 단락권선 안에 큰 전류가 순환해서 흐른다. 이 전류는 권선이 브러시에서 떨어질 때 갑자기 끊기므로 불꽃이 계속해서 생기고 브러시와 정류자면을 손상시킨다.

이와 같이 N, S 어떤 자극에도 영향을 받지 않는 권선변의 위치를 **중성점** (neutral point)이라 한다. 그래서 브러시는 중성점에 있는 권선변과 연결되는 정류자편에 접촉되도록 놓아야 하며 이것을 간단히 표현하여 브러시를 중성점에 놓는다고 한다.

브러시는 중성점마다 놓을 수 있으므로 브러시의 수는 극수와 같다.

(8) 중권과 파권의 비교

직류기에서 중권과 파권의 차이점은 표 1-1과 같다.

표 1-1 중권 및 파권의 비교

비교항목	단중중권	단중파권
전기자 병렬회로수	극수 P와 같다.	항상 2이다.
브러시수	극수와 같다.	2개로 좋으나, 극수만큼 두어도 좋다.
전기자 도체의 굵기, 권수, 극수가 모두 같을 때	저압이 되나 대전류가 이루어진다.	전류는 적으나 고전압이 이루어진다.
유도기전력의 불균일	전기자 병렬회로수가 많고, 각 병렬회로 사이에 기전력의 불균일이 생기기 쉬우며, 브러시를 통하여 국부전류가 흘러서 정류를 해칠 염려가 있다. 따라서, 균압결선이 필요하다.	전기자 병렬회로수는 2이며, 각 병렬회로의 도체는 각각 모든 자극 밑을 통하여, 그 영향을 동시에 받기 때문에 병렬회로 사이에 기전력의 불균일이 생기는 일이 적다. 따라서, 균압결선을 할 필요가 없다.

예제 1 직류기의 전기자 권선의 중권과 파권을 비교한 것이다. 다음 칸에 알맞은 답을 쓰시오.

항 목	중 권	파 권
병렬회로 수		
브 러 시 수		
용 도		
균 압 환		

풀이

항 목	중 권	파 권
병렬회로 수	극수와 같다.(a=p)	항상 2이다.(a=2)
브 러 시 수	극수와 같다.(a=p=b)	b=2(극수만큼 둘 수 있다.
용 도	저전압 대전류용	고전압 소전류용
균 압 환	필요하다.	필요없다.

예제 2 4극 전기자 권선이 단중 중권인 직류발전기의 전기자 전류가 20[A]이면 각 전기자 권선의 병렬회로에 흐르는 전류[A] 계산하시오.

풀이 단중 중권이므로 $a=p$이고, 전기자 원선의 병렬회로에 흐르는 전류 i_a는

$$i_a = \frac{I_a}{a} = \frac{20}{4} = 5[A]$$

1.3 유기기전력

P극인 직류발전기에 있어서 전기자 권선의 주변속도를 v[m/s], 공극의 평균자속밀도를 B[Wb/m^2], 도체의 유효길이를 l[m]라 하면, 한 개의 전기자 도체에 유기되는 기전력의 평균값은 식 (1-2)와 같다.

$$e = Blv[\mathrm{V}] \quad (1\text{-}2)$$

전기자의 직경을 D[m], 회전수를 n[rps]라 할 때 $v = \pi Dn$[m/s]로 되므로 이를 식 (1-2)에 대입하면 식 (1-3)과 같다.

$$e = Bl\pi Dn[\mathrm{V}] \quad (1\text{-}3)$$

식 (1-3)의 πDl은 전기자 주변의 표면적이므로 이것에 평균자속밀도 B[Wb/m^2]를 곱한 것은 전기자 표면의 총자속으로 극당 자속 ϕ[Wb]와 극수 P를 곱한 것과 같다. 즉 $B\pi Dl = P\phi$으로 식 (1-3)에 대입하면 다음과 같다.

$$e = P\phi n \quad (1\text{-}4)$$

그런데 브러시 사이의 직렬 도체수는 $\frac{Z}{a}$이므로 브러시 사이의 유기기전력 E[V]는

$$E = \frac{Z}{a} e = \frac{P}{a} \cdot Zn\phi[\mathrm{V}] \quad (1\text{-}5)$$

이다. 이것이 직류기의 유기기전력의 식이다.

예제 1 극수 6, 전기자 총 도체수 300, 매극 자속수 0.03[Wb], 회전수 1200[rpm]인 직류 발전기의 유기기전력[V]을 계산하시오.(단, 전기자 권선은 직렬권이다.)

풀이 $E = \frac{Z}{a} P\phi \frac{N}{60}$[V]이고, 직렬권=파권, 병렬회로수 $a = 2$이므로

$$\therefore\ E = \frac{300}{2} \times 6 \times 0.03 \times \frac{1200}{60} = 540[\mathrm{V}]$$

예제 2 8극 중권 발전기의 전기자 도체수 500, 매극 자속수 0.02[Wb], 회전수 600[rpm]일 때 유기기전력[V]를 구하시오.

풀이 중권(병렬권)이므로 $a=2$이다.

$E=\frac{Z}{a}P\phi\frac{N}{60}$[V]이므로

$$\therefore\ E=\frac{500}{8}\times8\times0.02\times\frac{600}{60}=100[\mathrm{V}]$$

예제 3 전기자 지름 0.2[m]의 직류발전기가 1.5[kW]의 출력에서 1,800[rpm]으로 회전하고 있을 때, 전기자 주변속도[m/s]를 계산하시오.

풀이 $v=\pi Dn=\pi D\frac{N}{60}=\pi\times0.2\times\frac{1,800}{60}=18.84[\mathrm{m/s}]$

1.4 전기자 반작용(armature reaction)

발전기에 부하가 걸리고 전기자 권선에 전류가 흐르면 이 전류의 기자력이 계자 기자력에 영향을 미치고 자속의 분포가 찌그러진다. 이와 같이 전기자 전류에 의한 자속이 계자 자속에 영향을 미쳐 공극의 자속 분포를 변화시키는 것을 **전기자 반작용**이라 하며, 이 전기자 반작용에 따르는 현상에는 다음과 같은 세 가지가 있다.

첫째 : 전기적 중성축이 이동한다.

둘째 : 주자속이 감소한다.

셋째 : 국부적으로 전압이 높아지고, 정류자편 사이에 전압이 고르지 못하게 된다.

(1) 무부하시의 주자속

그림 1-15 (a)는 2극 발전기의 전기자 단면도이다. 그림에서 화살표는 무부하시의 주자속 분포를 나타낸다. 그림 1-15 (b)는 이 경우의 공극에 따른 자속분포를 전개하여 표시한 것이다. 이 그림에서 자극과 자극 중간에서는 점차 자속이 감소하여 양극의 중간에서는 0이 된다. 이 자속밀도가 0이 되는 위치 n을 **중성점**(neutral point), a, b를 **중성축** 또는 **정류축**(axis of commutation)이라 한다.

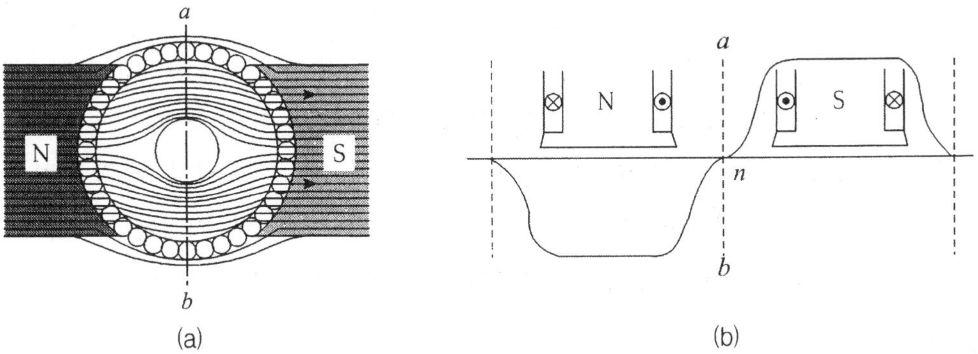

그림 1-15 주계자 자속 분포

(2) 교차 자화작용

발전기에 부하가 걸리면 전기자에 전류가 흘러 이것에 의하여 기자력이 생긴다. 그림 1-16 (a), (b)는 이것을 나타내며 주자속을 만드는 계자 기자력에 대하여 직각으로 발생하기 때문에 교차 자화작용(cross magnetizing action)이라 한다. 그림 1-16 (b)에서 알 수 있는 바와 같이 기자력 분포는 직선이 되고 자극중심에서 방향이 달라지고 자극중간에서 최대가 된다. 그러나 자극중간은 공극이 넓고 자기저항이 크므로 자속의 분포는 그림 1-16 (b)와 같다.

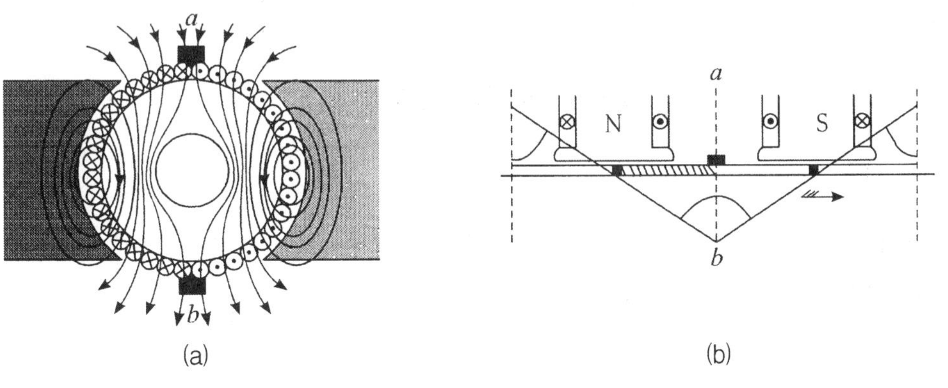

그림 1-16 전기자 전류에 의한 자속 분포

(3) 편자작용

실제의 발전기에서는 계자 전류와 전기자 전류가 동시에 흐르므로 부하시 공극의 자속 분포는 그림 1-15와 그림 1-16을 겹쳐놓은 것이 된다.

그림 1-17에서 회전방향에 대하여 자극의 앞쪽 끝에서는 계자자속과 전기자 자

속이 서로 작용하여 자속이 감소되고, 뒤쪽 끝에서는 양 자속이 서로 가해져서 자속분포는 찌그러지는 현상을 하게 된다. 이와 같은 현상을 **편자작용**이라 하며, 이로 인해 전체의 자속량은 철심의 자기포화현상으로 인해 감소하게 된다.

또한 합성자속은 회전방향으로 기울어지는 결과 중성점도 이동하여 n'로 옮겨진다. 따라서 브러시를 원위치 n에 놓으면 브러시로 단락되는 코일에 기전력이 생겨 단락전류가 흐르고 불꽃의 원인이 된다. 따라서 브러시는 새로운 중성점 $a'b'$로 이동시켜야 한다.

n점을 **기하학적 중성점**(geometrical neutral point), n'를 **전기적 중성점**(electrical neutral point)이라 하며 n, n'간의 이동각은 부하전류의 크기에 따라 변한다.

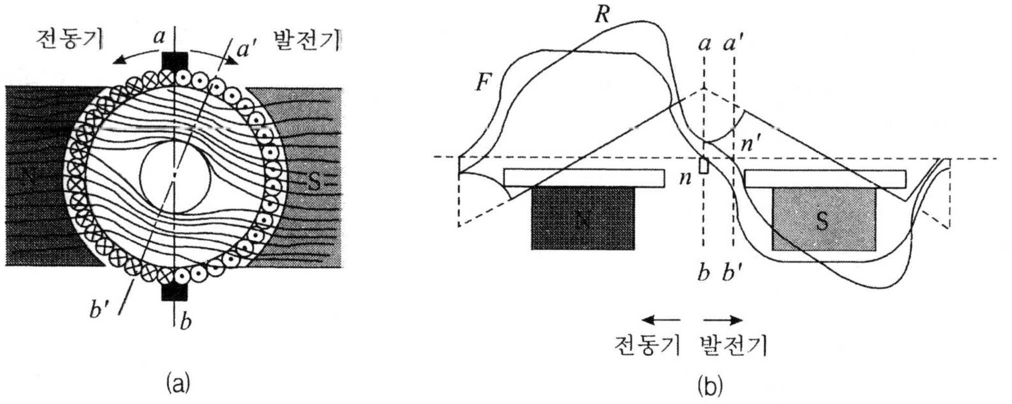

그림 1-17 합성자속의 분포

(4) 감자작용

브러시를 기하학적 중성점 n에서 전기적인 중성점 n'까지 이동시키면 전기자 전류에 의한 자속 분포는 그림 1-18과 같다.

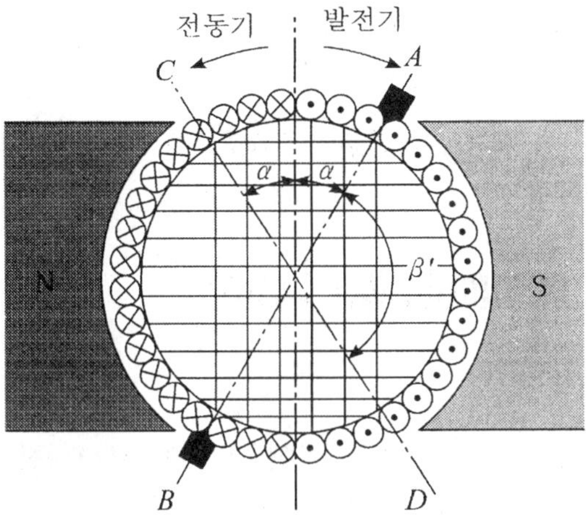

그림 1-18 감자작용

브러시를 회전방향에 앞선 각 α를 브러시의 진각이라 한다. 다음에 기하학적 중성점에서 반대방향으로 같은 각 α를 취하면 전기자 전류 중 2α분에 해당하는 기자력은 계자 기자력에 대하여 반대방향의 기자력이 되므로 이기자력을 **감자작용**(demagnetizing action)이라 한다.

이 경우 감자 기자력은 $AT_d = \dfrac{I_a Z}{2ap}\dfrac{2\alpha}{180}$ [AT/극]이 되고 $\pi - 2\alpha = \beta$에 해당되는 도체는 교차 기자력을 만든다. 즉, 교차 기자력 $AT_c = \dfrac{I_a Z}{2ap}\dfrac{\beta}{180}$ [AT/극]가 된다.

예제 1 전기자 반작용은 직류발전기에 어떠한 영향을 주는지 설명하시오.

풀이 ① 전기자 반작용은 전기적 중성축을 회전 방향으로 이동시킨다.

② 감자작용으로 주 자속을 감소시키므로 기전력이 감소하여 부하시 전압강하의 원인이 된다.

③ 국부적으로 전압이 높아져서 섬락을 발생시킨다.

예제 2 도체수 500, 부하전류 200[A], 극수 4, 전기자 병렬 회로수 2인 직류 발전기의 매극당 감자 기자력[AT/극]과 교자 기자력[AT/극]을 구하시오. (단, 브러시의 이동각은 20°이다.)

풀이 ① $AT_d = \frac{I_a Z}{2ap} \frac{2\alpha}{180} = \frac{200 \times 500 \times 2 \times 20}{2 \times 2 \times 4 \times 180} = 1,388$[AT/극]

② $AT_c = \frac{I_a Z}{2ap} \frac{\beta}{180} = \frac{I_a Z}{2ap} \frac{(\pi - 2\alpha)}{180} = \frac{200 \times 500 \times 140}{2 \times 2 \times 4 \times 180} = 4,861$[AT/극]

1.5 정류작용(commutation action)

(1) 정류작용

전기자 코일에 흐르는 전류의 방향은 이 코일이 브러시를 지날 때마다 반대가 된다. 이것을 **정류작용**이라 한다.

그림 1-19 (a)에서, 브러시는 정류자편 5에만 접촉하고 있다. 이 때 코일 4-7′를 흐르는 전류 I_c와 코일 8′-5를 흐르는 전류 I_c는 합해져서 $2I_c$로 되어, 정류자편 5를 지나 브러시를 통과하게 된다.

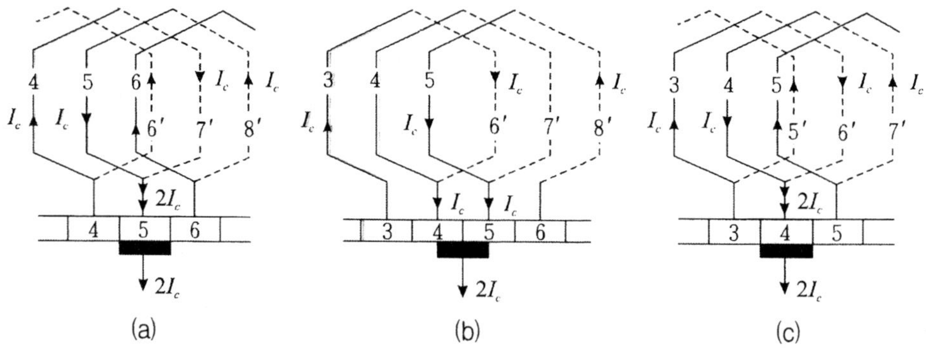

그림 1-19 정류작용

그림 1-19 (b)는 전기자가 약간 오른쪽으로 지나서 브러시는 정류자편 4, 5의 중앙에 있을 때를 나타낸 것이다. 이 때는 코일 4-7′의 전류는 0이 되고, 코일 3-6′를 흐르는 전류 I_c는 정류자편 4를 흐르고, 코일 8′-5를 흐르는 전류 I_c는 정류자편 5를 흘러 합해져서 $2I_c$로 되어 브러시를 통한다.

그림 1-19 (c)는 다시 더 오른쪽으로 나가서 브러시가 정류자편 4에만 접촉되어 있을 때를 표시한 것이다. 이 때는 코일 3-6′를 흐르는 전류 I_c와 코일 7′-4를 흐르는 전류 I_c는 합해져서 $2I_c$로 되어 정류자편 4를 지나 브러시를 통한다.

그림 1-19 (a)와 (c)에서 코일 7′-4의 전류방향은 바뀌어져 있음을 볼 수 있다.

그리고 코일이 브러시로 단락되기 시작하면서 정류가 시작하고 단락이 끝나 정류가 완료할 때까지의 시간을 **정류주기**(commutation period)라 한다.

(2) 저항정류

그림 1-19의 정류에서 코일의 전류는 브러시와 정류자편의 접촉 면적에 비례하여 흐른다는 가정에서 이루어졌다. 브러시와 정류자편의 접촉면은 특수하게 큰 접촉저항(contact resistance)을 가지고 있다. 탄소질이나 전기흑연질의 브러시를 사용하는 것은 이 접촉저항이 큰 것을 이용한 것으로 이 접촉저항에 의하여 정류하는 방식을 **저항정류**(resistance commutation)라 한다.

(3) 리액턴스 전압

코일은 반드시 인덕턴스 L이 있으므로 전류의 값이 변화하면 렌츠의 법칙에 의하여 전류의 변화를 방해하는 자기유도 기전력이 유기된다. 이것을 **리액턴스 전압**(reactance voltage)이라 한다. 따라서 그림 1-20의 곡선 b와 같이 전류변화가 늦어져 정류가 끝나는 순간에서 전류변화가 과민하게 되어 높은 전압이 단락코일에 유기되고 브러시 단부에서 불꽃이 발생한다(부족정류). 정류되고 있는 코일의 전류는 정류주기 T_c 사이에 I_c에서 $-I_c$로 변화하므로 단락코일의 평균 자기유도기전력 e_{mean}은,

$$e_{\text{mean}} = \left(-L\frac{di}{dt}\right)_{\text{mean}} = L\frac{I_c-(-I_c)}{T_c} = L\frac{2I_c}{T_c} \qquad (1\text{-}6)$$

가 된다.

그림 1-20은 정류중인 코일의 전류변화를 나타내는 곡선으로 **정류곡선**이라 하고, 곡선 a는 전류가 직선적으로 변화하는 것으로 **직선정류**라 하며 이상적인 정류이고, 곡선 b는 정현파정류라 하여 정류가 시작할 때와 끝날 때의 전류의 변화가 적은 불꽃이 발생하지 않으며, 곡선 c는 부족정류로 정류가 끝날 때, 곡선 d는 과정류로 정류가 시작할 때 불꽃이 발생한다.

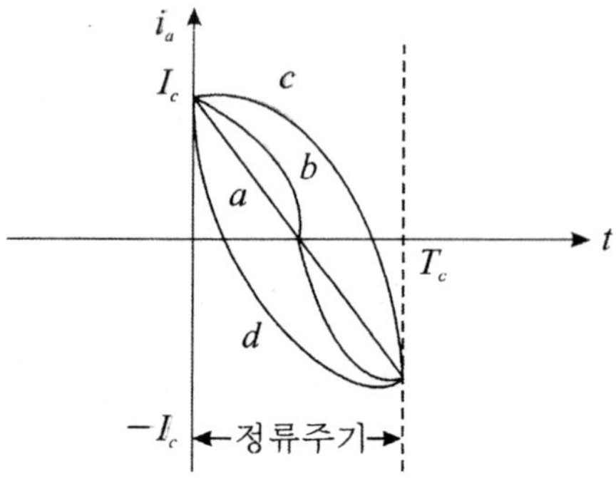

그림 1-20 정류곡선

(4) 정류 전압

리액턴스 전압이 생기면 브러시가 전기적 중성축에 있어도 불꽃이 발생한다. 이러한 결점을 없애기 위하여 정류 중에 있는 코일에 리액턴스 전압과 크기가 같고 방향이 반대인 기전력을 유도시키는 자속을 주면 된다. 이 자속을 **정류자속**(co-mmutating flux)이라 하며 이 자속으로 유도되는 기전력을 **정류전압**이라 한다.

(5) 보 극

정류중인 코일에 정류전압을 유기시키기 위해서 사용하는 작은 자극을 **보극**(inter pole, commutating pole)이라 한다.

보극은 자극과 자극의 중간에 두며 정류를 하고 있는 코일의 바로 위에 둔다. 보극을 여자하는 권선에는 전기자 전류가 흐르며 부하전류에 비례하는 정류자속을 준다.

보극의 작용은 인덕턴스 L로 인한 전류의 변화가 늦어지는 것을 방지하는 것이다. 발전기에서는 전기자의 유기기전력과 전류가 같은 방향이므로 전류의 변화를 촉진시키기 위해서 그림 1-21 (a)와 같이 보극의 극성을 다음에 오는 주자극과 같은 극성으로 하고, 전동기에서는 전기자의 유기기전력과 전류의 방향이 반대이기 때문에 보극의 극성도 그림 1-21 (b)와 같이 반대로 하므로 전기자 전류에 의하여 생긴 기자력을 상쇄시켜 전기자 반작용을 방지한다.

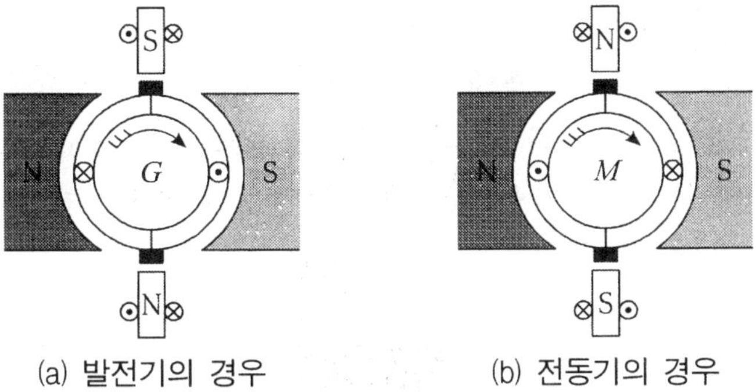

그림 1-21 보극의 극성

(6) 보상 권선(compensating winding)

주 자극편의 표면에 전기자 권선과 나란히 홈을 만들어 전기자 회로와 직렬로 접속하여 보상권선을 설치하고 전기자 전류와 반대 방향으로 전류를 흘려주면 전기자 기자력을 상쇄시켜 전기자 반작용을 방지한다.

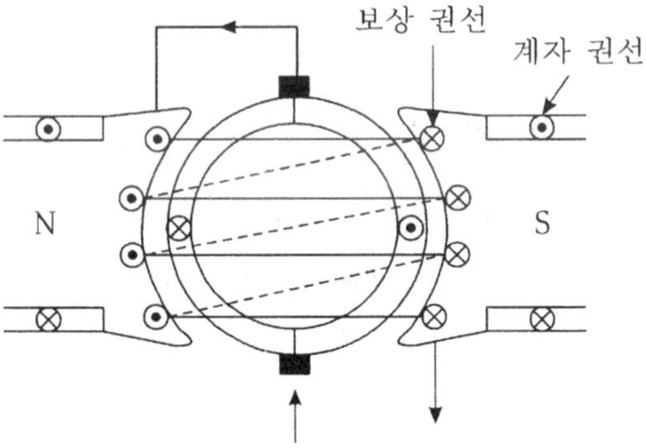

그림 1-22 보상 권선

그림 1-22와 같은 권선을 **보상 권선**이라 한다. 보상 권선이 있는 기계라 하더라도 정류 중의 코일에는 리액턴스 전압이 있기 때문에 보극을 폐지할 수 없다.

(7) 균압결선(equalizing connection)

단중중권에서는 전기자 병렬회로수가 극수와 같다. 따라서 각 회로에 기전력의 차가 생기면 브러시를 통하여 순환전류가 흘러 불꽃의 원인이 되고 정류가 나빠진다. 기전력에 차가 생기는 원인은 자기회로의 불균일, 공극의 불균일 등이 주가 된다. 이러한 것을 완전히 없애는 것은 구조상 불가능하므로 그림 1-23과 같이 정류자의 반대쪽에 여러 개의 저저항의 환(環)을 두고 극 간격의 2배 거리에 있는 도체(등전위가 되어야 할 도체)를 여러 곳에 접속한다. 이리하여 순환전류를 이 환에 흘리고 브러시에는 흘리지 않도록 한다. 이 환을 **균압환**(equalizer, equalizing ring)이라 하고, 이와 같이 권선의 등전위가 되는 코일을 저저항의 도선으로 접속하는 것을 **균압결선**이라 한다.

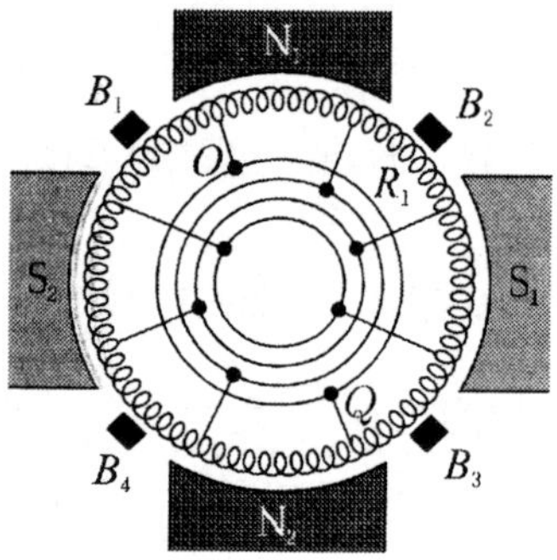

그림 1-23 균압환

예제 1 직류기의 보상 권선을 설명하시오.

풀이 직류기의 보상 권선은 전기자 반작용을 방지하는데 쓰이는 권선이며, 주자극 편의 표면에 홈을 만들어 보상 권선을 설치하고, 전기자 권선과 직렬로 접속하여 전기자 전류와 반대 방향의 전류를 통해서 전기자 기전력을 상쇄시켜 전기자 반작용을 방지한다.

예제 2 직류기에서 양호한 정류를 얻는 조건 4가지를 쓰시오.

풀이 ① 정류주기를 크게 하면 $\frac{di}{dt}$가 작아져서 불꽃 발생의 원인이 작아진다.

② L이 작아져도 역시 불꽃 발생의 근본 원인인 역기전력이 작아진다.

③ 브러시의 접촉저항이 크면 저항정류가 이루어져서 양호한 정류가 된다.

④ 리액턴스 전압은 $-L\frac{di}{dt}$로서 이것이 정류를 해치는 가장 큰 원인이 된다.

예제 3 직류발전기의 전기자 반작용을 간단히 설명하고, 보상 방법을 기술하시오.

풀이 전기자 반작용 : 직류발전기에 부하가 걸려 전기자 권선에 전류가 흐르면 기자력이 생겨서 새로운 자속을 발생하여 주자극에 만드는 공극의 자속 분포에 변화를 주는 현상

보상 방법 :

① 전기자 전류에 의하여 기전력을 상쇄시키는 방법으로 보상권선, 보극을 설치한다.

② 전기자 전류가 만드는 기자력의 자기회로에 대한 자기 저항을 크게 하는 방법으로 공극을 크게 하거나, 주자극편 끝의 단면적을 작게 하는 방법 등이 있다.

1.6 직류발전기의 종류 및 특성

1. 직류발전기의 종류

(1) 여자방식에 따른 분류

직류기에서 계자자속을 만들기 위하여 영구자석이나 전자석을 쓰는데 현재의 직류기는 대부분 전자석을 쓴다. 전자석의 권선에 전류를 흘리는 것을 여자(excitation)라 하며, 직류발전기를 여자방식에 따라 분류하면 다음과 같다.

- 종류
  - 타여자식
  - 자여자식
    - 분권식
    - 직권식
    - 복권식
      - 화(가)동식
        - 평복권
        - 과복권
        - 부족복권
      - 차동식

(가) 타여자식(separate excitation method)

그림 1-24 (a)와 같이 계자전류 I_f를 전기자 전류 I_a와 전혀 다른 직류전원(축전지 또는 다른 직류발전기)에서 취하는 것으로 계자회로와 전기자회로가 전기적으로 절연되어 있다.

(나) 자기여자식(self-excitation method)

전기자에서 발생한 기전력이 계자전류를 흘리게 하는 것으로 전기자 권선과 계자 권선의 접속방법에 따라 다음 세 가지로 분류된다.

① **분권식**(shunt excitation method) : 그림 1-24 (b)와 같이 전기자 권선과 계자 권선이 병렬로 되어 있다.

② **직권식**(series excitation method) : 그림 1-24 (c)와 같이 계자 권선과 전기자 권선이 직렬로 접속되어 있고 부하전류에 의해서 여자되는 것.

③ **복권식**(compound excitation method) : 그림 1-24 (d), (e)와 같이 분권과 직권식을 병용한 것으로 분권계자 기자력(F)과 직권계자 기자력(F_s)이 같은 방향인 경우가 **화동복권**(commulative compound)이며 반대 방향일 때가 차동복권(differential)이다. 또 분권계자의 결선에 따라 내분권(short shunt compound)과 외분권(long shunt compound)으로 분류된다.

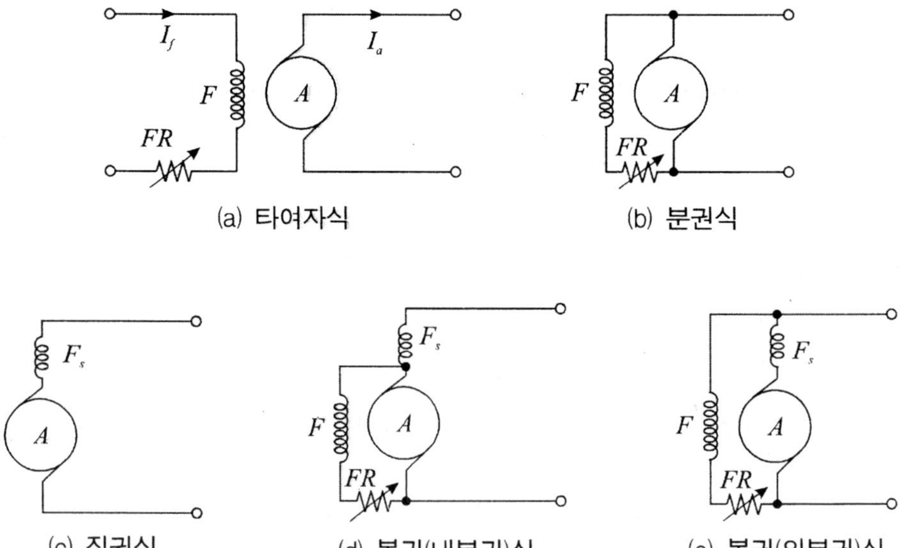

(a) 타여자식 (b) 분권식

(c) 직권식 (d) 복권(내분권)식 (e) 복권(외분권)식

A : 전기자, F : 계자 권선, FR : 계자조정기

그림 1-24 직류발전기의 접속방식

2. 직류발전기의 특성

(1) 특성 곡선

직류발전기에서 유기기전력(E), 부하전류(I), 계자전류(I_f), 계자저항(F_f), 회전수(n) 등이 중요한 변수이며 이들 중 2개의 양(量) 사이의 관계를 그린 여러 가지의 특성이 있는데 이중에서 많이 사용되는 것은 다음과 같다.

(가) 무부하 포화곡선(no load saturation curve)

N는 일정, $I=0$의 경우 계자전류 I_f와 유기기전력 E의 관계곡선으로 모든 특성곡선의 기초가 되는 중요한 특성곡선이다.

(나) 부하 포하곡선(load saturation curve)

N는 일정, I도 일정한 경우 계자전류 I_f와 단자전압 V와의 관계곡선이다.

(다) 외부 특성곡선(external characteristic curve)

회전수 N과 계자저항 R_f를 일정하게 하고 부하전류 I와 단자전압 V와의 관계곡선이며 실용상 가장 중요하다.

(2) 타여자 발전기

(가) 무부하 포화곡선

그림 1-24 (a)는 타여자 발전기의 접속도이고, 유기기전력 E[V]는 식 (1-5)에 의하여

$$E=\frac{P}{a}Z\phi n=K\phi n[\mathrm{V}] \qquad (1\text{-}7)$$

가 된다. 위식에서 회전속도 n이 일정할 때 유기기전력은 자속에 비례한다. 그런데 전기자 전류는 0이므로 유기전압은 단자전압과 같고 또 ϕ는 계자전류 I_f만으로 정해진다. 따라서 무부하 포화곡선은 I_f와 ϕ 사이의 관계를 그린 곡선으로 그림 1-25와 같이 된다.

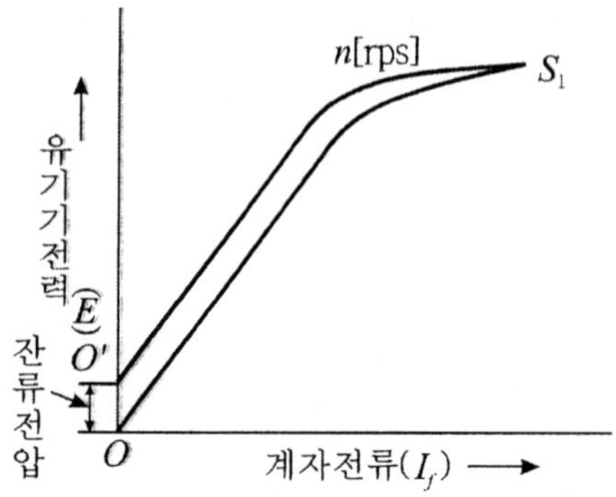

그림 1-25 무부하 포화곡선

I_f가 증가하면 ϕ 즉 E가 증가하지만 어느 정도 ϕ가 증가하면 그 다음부터는 I_f를 증가시켜도 ϕ는 그다지 증가하지 않는다. 이것은 자기회로의 철이 자기적으로 포화하기 때문이다. 다음에 I_f를 최대값으로부터 감소해 나가면 E는 곡선 OS_1의 위치에서 S_1O'의 곡선에 따라 감소한다. 이것은 철의 히스테리시스현상에 의한 것이다. 또 I_f가 0이 되어도 E는 0이 되지 않고 OO'만한 전압이 존재한다.

이것을 **잔류전압**(residual voltage)이라 하고, 이것은 주자극에 남는 잔류자기(residual magnetism)에 의한 것이다. 회전수 n이 변화하면 그림 1-25와 같이 이것에 비례해서 유기기전력도 변화하고 무부하 특성도 변화한다.

(나) 부하 특성곡선

일정한 부하전류 I를 흘렸을 때 계자전류에 대한 단자전압의 관계곡선은 무부하 특성곡선을 IR_a만큼 밑으로 옮기고 또 반작용의 감자분을 보상해 주는데 필요한 계자전류만큼 오른쪽으로 이동시킨 것이 된다.

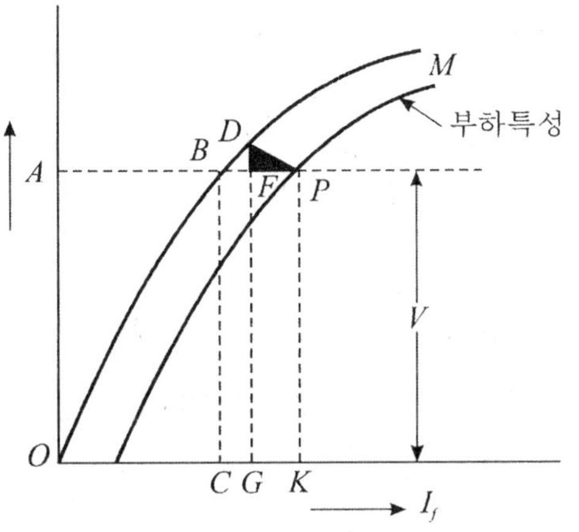

그림 1-26 부하 특성곡선

그림 1-26에서 OM을 무부하 포화곡선이라 하면 DF는 전기자 저항 강하, FP는 감자작용을 보상해 주는 계자전류이다. 이 그림에서 무부하의 경우는 OC에 의한 계자전류가 흐르면 CB의 단자전압이 발생하지만 부하가 걸리면 계자전류를 OK로 증가시켜야만 같은 전압이 얻어짐을 알 수 있다.

(다) 외부 특성곡선

그림 1-27과 같이 부하를 걸었을 경우의 전압강하는 R_a때문에 IR_a의 저항 전압강하, 브러시와 접촉저항에 의한 전압강하 e_b, 더욱이 전기자 반작용 때문에 e_a만큼의 전압강하가 일어난다.

$$V = E - IR_a - e_b - e_a [\mathrm{V}] \tag{1-8}$$

식 (1-8)이 되어 I_f와 n이 일정하고 E가 일정하다고 하여도 부하전류 I가 증가하면 IR_a가 증가하여 V는 감소하여 외부 특성곡선은 그림 1-28의 곡선 (a)와 같이 된다. 그런데 이것은 I가 변화해도 E가 변화하지 않는다고 생각한 경우이지만 전기자 반작용으로 말미암아 자속이 감소하는 것과 브러시의 접촉저항을 고려하면 곡선 (b)와 같이 곡선은 밑으로 더 기울게 된다.

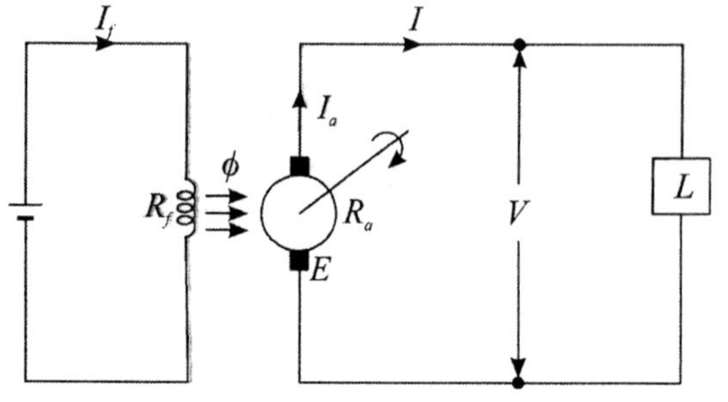

그림 1-27 타여자 발전기의 회로도

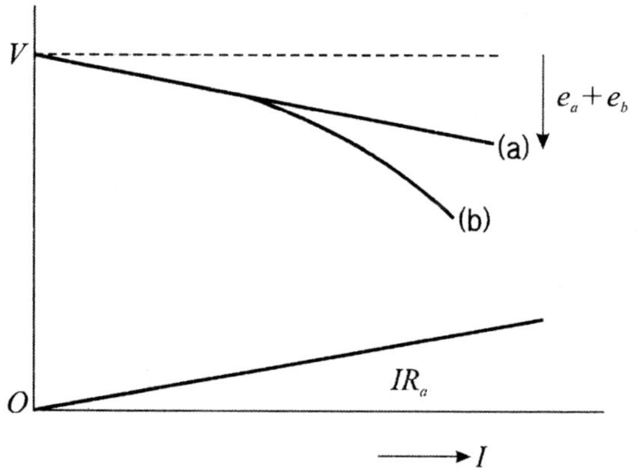

그림 1-28 외부 특성곡선

(라) 용 도

타여자 발전기의 계자전류는 다른 직류발전기, 축전지 등에서 취하므로 전원전압 또는 계자권선에 직렬로 저항을 넣고 이것을 가감함으로써 넓은 범위에 걸쳐 가변전압이 얻어진다. 그래서 여러 가지 값의 일정한 전압이 필요한 경우 예컨대 시험 또는 실험설비용의 직류전원, 직류전동기, 속도조절용, 전원발전기, 대형 교류발전기의 주여자기 등으로 사용한다.

예제 1 타여자 발전기가 있다. 부하전류 10[A]일 때 단자 전압이 100[V]이었다. 전기자 저항 0.2[Ω], 전기자 반작용에 의한 전압강하가 2[V], 브러시의 접촉에 의한 전압강하가 1[V]였다고 하면 이 발전기의 유기기전력[V]을 계산하시오.

풀이 $I=10[A]$, $V=100[V]$, $R_a=0.2[\Omega]$

$e_a=2[V]$, $e_b=1[V]$,

$E=V+R_aI_a+e_b+e_a$에서

$\therefore\ E=100+0.2\times 10+1+2=105[V]$

예제 2 정격이 5[kW], 100[V], 50[A], 1800[rpm]인 타여자 발전기가 있다. 계자권선의 저항은 얼마인가? 또, 무부하시의 단자 전압은 얼마인가?(단, 계자전압은 50[V], 계자전류는 5[A], 전기자 저항은 0.2[Ω]이고 브러시의 전압 강하는 2[V]이다.)

풀이 $P=5[kW]=5000[W]$, $V=100[V]$, $I=50[A]$, $N=\dfrac{1800}{60}=30[rps]$

$V_f=50[V]$, $I_f=5[V]$, $R_a=0.2[\Omega]$, $e_b=2[V]$

$$R_f=\frac{V_f}{I_f}=\frac{50}{5}=10[\Omega]$$

$$I=I_a=\frac{P}{V}=\frac{5\times 10^3}{100}=50[A]$$

$$\therefore\ E=V+I_aR_a+e_b=100+50\times 0.2+2=112[V]$$

(3) 분권발전기

(가) 전압의 확립

분권발전기는 그림 1-29와 같은 접속으로 사용되고, 잔류자기로 인한 낮은 전압이 전기자에 유기되어 이것이 전기자 저항과 계자저항을 통해서 계자에 전류를 흘린다.

그림 1-30의 곡선 aS는 분권발전기의 무부하 포화곡선으로 직선 OF는 계자 저항선으로 I_f와 V의 관계를 나타낸 것이다.

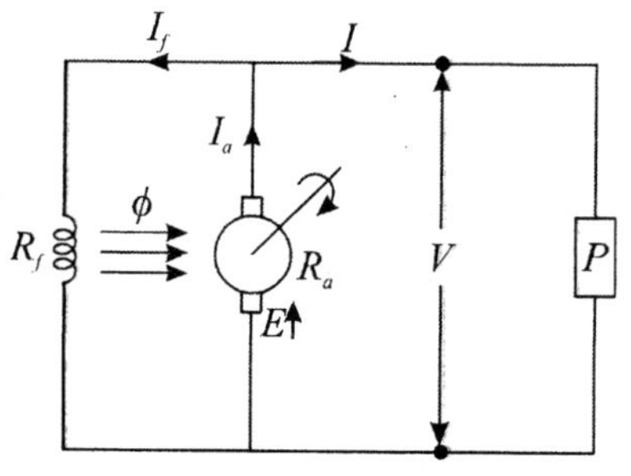

그림 1-29 분권발전기 회로도

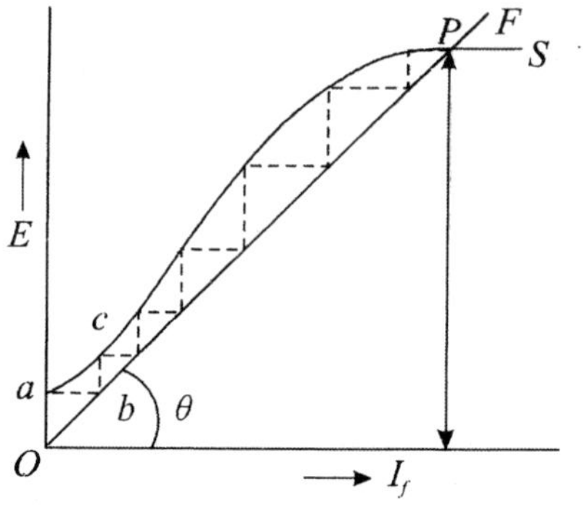

그림 1-30 분권발전기의 무부하 특성곡선

저항선의 기울기를 θ라 하고 계자 저항 조정기의 저항을 R_r이라 하면

$$\tan\theta = \frac{V}{I_f} = R_f + R_r \qquad (1\text{-}9)$$

이 되어, 저항이 증가하면 θ는 커진다. 곡선 aS와 직선 OF의 교점을 P라고 하면, 무부하로 운전할 때 잔류자기에 의해서 Oa로 표시되는 기전력이 발생하여 계자전류 ab가 흘러서 잔류자속을 증가시키는 방향으로 흐르면 유도기전력은 점차로 증가하고 다시 계자전류는 증가된다. 이렇게 전압이 차츰 상승해 가는 현상을 **자여자 발전기의 전압확립**(build-up of voltage)이라고 한다.

자여자 발전기의 전압확립 필요조건은 다음과 같다.

① 잔류자기가 존재할 것.

② 무부하 특성곡선은 자기포화를 가질 것.

③ 계자저항이 임계저항 이하일 것.

④ 회전방향이 바르며, 그 값이 어느값 이상일 것.

그림 1-31에서 R_f가 작으면 계자 저항선은 OF_1과 같이 되고 무부하 포화곡선과의 교점 P에 상당한 높은 전압을 발생한다. R_f가 크게 되어서 계자 저항선이 OF_2와 같이 무부하 포화곡선과 거의 접하도록 하면 교점 P_2는 불명확하게 되어 단자전압은 약간의 변동에서 대폭적으로 변한다. R_f가 더 크게 되면 계자 저항선은 OF_3로 되고, $O'M$과 낮은 점에서 교차하고, 발전기 전압은 이상으로 증가하지 않는다. OF_2에 상당한 계자회로의 저항을 **임계저항**(critical resistance)이라 한다.

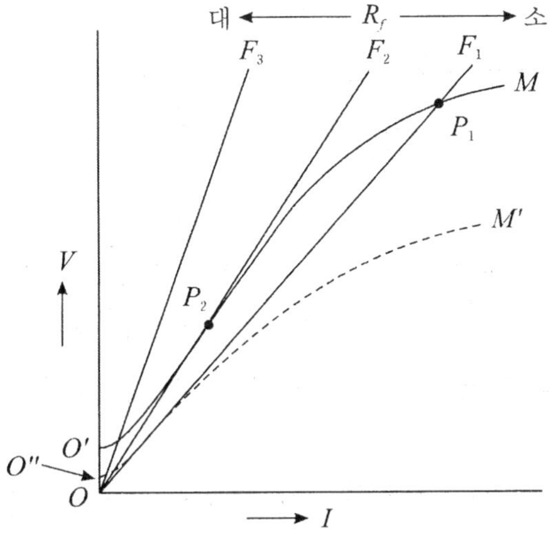

그림 1-31 분권발전기의 계자 저항선

분권발전기에서 계자회로의 저항으로 전압이 안정하게 조정되는 것은 임계저항 이하의 범위뿐이다. 또한 회전속도가 변하면 무부하 포화곡선이 그림의 $O''M'$과 같이 변하므로 임계저항의 값도 변한다.

(나) 외부 특성곡선

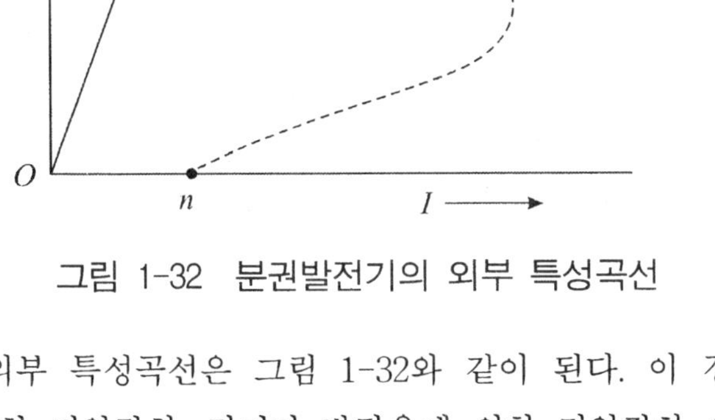

그림 1-32 분권발전기의 외부 특성곡선

분권발전기의 외부 특성곡선은 그림 1-32와 같이 된다. 이 경우의 전압강하는 전기자 저항에 의한 전압강하, 전기자 반작용에 의한 전압강하 이외에 단자전압이 강하하면 계자전류가 감소하여 전압이 더욱 떨어지므로 타여자 발전기에 비해서 전압강하는 크게 된다.

부하가 서서히 증가하면 부하전류는 점 m까지 증가한 후 mn곡선에 따라 점차 줄어든다. 단락전류 On은 잔류자기에 의한 기전력으로 흐르는 전류이다.

(다) 용 도

분권발전기의 전압변동률은 타여자 발전기보다 좋지 못하나 계자 저항기로 상당한 범위까지 전압조정을 할 수 있다. 이 발전기는 전압변동률을 그다지 문제시 되지 않는 곳에 널리 사용되며 전기화학용 전원이나 축전지의 충전용 등에 사용된다.

예제 1 전기자 저항 0.2[Ω], 단자전압 220[V], 부하전류 50[A]인 분권발전기의 유기기전력[V]을 계산하시오.(단, 계자전류 및 전기자 반작용은 무시한다.)

풀이 $I_a = I + I_f \fallingdotseq I = 50[A]$, $R_a = 0.2[\Omega]$, $V = 220[V]$

$\therefore\ E = V + I_a R_a = 220 + 50 \times 0.2 = 230[V]$

예제 2 정격 속도로 회전하고 있는 무부하의 분권발전기가 있다. 전기자 저항 1.5[Ω] 계자 권선의 저항이 50[Ω], 계자전류가 2[A]이다. 유기기전력[V]을 계산하시오.

풀이 $E = V + I_a R_a$, $I_a = I + I_f$, $V = I_f R_f$에서 무부하이므로 $I = 0$이다.

$I_a = I_f = 2[A]$, $V = I_f R_f = 2 \times 50 = 100[V]$, $R_a = 1.5[\Omega]$

$\therefore\ E = 100 + 2 \times 1.5 = 103[V]$

예제 3 유도기전력 210[V], 단자전압 200[V]인 5[kW]의 분권 발전기가 있다. 계자 저항이 50[Ω]일 때 전기자 저항[Ω]을 계산하시오.

풀이 $E = 210[V]$, $V = 200[V]$, $P = 5[kW]$, $R_f = 50[\Omega]$이므로

$$I_f = \frac{V}{R_f} = \frac{200}{50} = 4[A], \qquad I = \frac{P}{V} = \frac{5000}{200} = 25[A]$$

전기자 전류 I_a는 $I_a = I + I_f$이므로 $I_a = 25 + 4 = 29[A]$

또한, $V = E - I_a R_a[V]$식에서

$$\therefore\ R_a = \frac{E - V}{I_a} = \frac{210 - 200}{29} \fallingdotseq 0.35[\Omega]$$

예제 4 직류 분권발전기를 역회전하면 어떤 현상이 생기는지 설명하시오.

풀이 직류 분권발전기의 회전방향이 반대로 되면 전기자의 유기 기전력 극성이 반대로 되고, 분권 회로의 여자 전류가 반대로 흘러서 잔류자기를 소멸시키기 때문에 전압이 유기되지 않으므로 발전이 불가능하게 된다.

(4) 직권발전기

(가) 자기여자

직권발전기는 그림 1-33과 같이 계자 권선과 전기자 권선이 직렬로 연결되어 있으므로 계자전류, 전기자 전류는 부하전류와 같다.

따라서 무부하에서는 계자전류가 0이 되므로 잔류자속만 있게 되어 전압은 매우 적게 유기되고 그 이상 올라가지 않는다. 부하를 걸고 부하전류를 흘려 이 전류가 계자에 흘러서 만드는 자속이 잔류자속과 같은 방향일 때 비로소 자기여자되어 전압이 점차 높아진다.

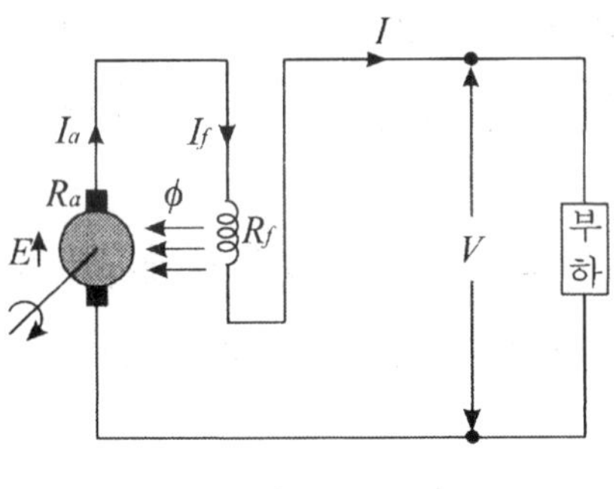

그림 1-33 회로도

(나) 외부 특성곡선

직권발전기에서 단자전압과 유기기전력의 관계는

$$V = E - (R_a + R_f)I \quad (1\text{-}10)$$

가 되며 전기자 저항과 계자 저항의 합인 $R_a + R_f$는 일정하므로 $(R_a + R_f)I$는 그림 1-34의 직선 OP가 된다.

단자전압 V를 표시하는 외부 특성곡선은 E에서 $(R_a + R_f)I$를 뺀 것이 되는데,

그림의 Q점까지는 E의 증가가 $(R_a+R_f)I$의 증가보다 크므로 단자전압은 부하전류의 증가에 따라 높아지지만 Q점을 넘어서면 포화하기 때문에 E의 증가가 둔해지는데 $(R_a+R_f)I$는 여전히 같은 정도로 증가하므로 V는 차차 감소하여 결국 0이 된다.

부하저항이 R_L일 때 R_LI를 표시하는 저항선 OG와 외부 특성곡선 $O'QT_2$와의 교점을 T_1이라 하면, T_1I_1이 이 부하저항에 대한 단자전압이고 OI_1이 부하전류가 된다. 따라서 부하에 걸리는 전압과 전류는 부하저항의 값에 따라 심하게 변하게 된다.

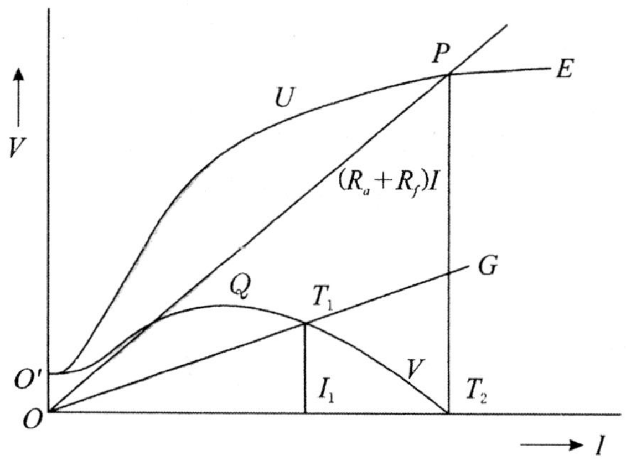

그림 1-34 외부 특성곡선

(다) 용 도

직권발전기는 부하전압의 변동이 심하므로 별로 사용되지 않지만 외부 특성곡선 중 부하전류에 비례해서 전압이 높아지는 부분(그림 1-34의 $O'Q$)을 이용해서 장거리 급전선에 넣어 승압기(booster)로 사용할 때가 있다.

예제 1 직류 직권발전기에서 전기자 전류가 100[A]일 때 단자 전압[V]을 구하시오.(단, 전기자 저항은 0.2[Ω], 계자 저항은 0.05[Ω], 유기기전력은 110[V]이다.)

풀이 $E=V+I_a(R_a+R_s)$[V]에서

$V=E-I_a(R_a+R_s)=110-100(0.02+0.05)=103$[V]

(5) 복권발전기

(가) 외부 특성곡선

분권발전기는 부하전류의 증가에 따라 단자전압이 강하하지만 직권발전기는 이와 반대로 단자전압이 상승한다. 복권발전기는 이 양자의 특성을 적당하게 조합함으로써 그림 1-35와 같은 여러 가지 외부특성을 얻을 수 있다. 즉, 직권 계자권선의 작용으로 전기자 반작용과 여러 가지 전압강하를 보상할 뿐만 아니라 오히려 단자전압을 상승시킬 수 있다. 무부하전압과 전부하전압이 거의 같은 것을 **평복권**(flat compound)이라 하며 직권계자가 강하여 부하전류의 증가에 따라 단자전압이 상승하는 특성을 **과복권**(over compound)이라 한다. 차동복권은 복권계자와 직권계자가 역으로 작용하므로 부하전류가 증가함에 따른 단자전압의 감소가 크다. 이와 같은 특성을 **수하특성**(drooping characteristic)이라 한다.

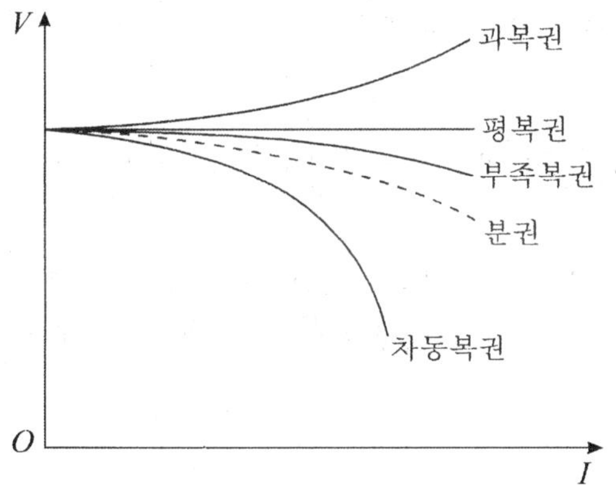

그림 1-35 외부 특성곡선

(나) 용 도

화동복권(和動複捲)은 정전압 전원으로서 평복권이 주로 사용되지만 발전기에서 부하까지의 거리가 멀고 그 사이에 저항강하를 보상해야 할 경우는 과복권이 사용된다. 차동복권은 정전류 전원, 예를 들면 직류 전기용접기로 사용하는 경우가 많다.

예제 1 전기자 권선의 저항이 0.08[Ω], 직권 계자 권선 및 분권계자 회로의 저항이 각각 0.07[Ω]과 100[Ω]인 외분권 가동 복권발전기의 부하전류가 18[A]일 때, 그 단자 전압이 $V=200$[V]라면 유기기전력을 계산하시오.(단, 전기자 반작용과 브러시 접촉 저항은 무시한다.)

풀이 $R_a=0.08[\Omega]$, $R_s=0.07[\Omega]$, $R_f=100[\Omega]$, $I=18[A]$, $V=200[V]$이므로

$$I_f=\frac{V}{R_f}=\frac{200}{100}=2[A], \qquad I_a=I_f+I=2+18=20[A]$$

$$E=V+I_a(R_a+R_s)=200+20\times(0.08+0.07)=203[V]$$

1.7 직류발전기의 병렬운전과 전압변동률

2대 이상의 발전기를 병렬로 같은 모선에 접속해서 운전하고, 같은 부하에 전력을 공급하는 방식을 **병렬운전**(parallel running)이라 하며 다음과 같은 세 가지 이유 때문이다.

① 1대 용량이 부족할 때 또 다른 한 대를 가져다 병렬 운전하여 부족한 것을 대응하기 위한 것

② 부하변동의 폭이 클 때는, 경부하에 대해서 효율이 좋게 운전하기 위하여, 즉 전부하시에는 2대로 병렬운전하고 경부하시에는 한 대만을 운전한다.

③ 예비기를 놓을 때, 수 대의 소용량기를 병렬운전할 때에는 예비기의 용량이 작아도 된다.

또 병렬운전 조건으로는 각 발전기의 정격 단자 전압이 같을 것, 각 발전기의 극성이 같을 것, 각 발전기의 외부 특성곡선이 일치하고, 약간의 수하특성을 가질 것 등이다.

1. 직류발전기의 병렬운전

(1) 분권발전기의 병렬운전

그림 1-36에서 분권발전기 G_1은 이미 운전중에 있는데 이것에 분권발전기 G_2를 병렬운전시키자면 개폐기 S_2를 열어둔 채로 G_2를 돌려서 정격속도가 되도록 하고 계자전류를 조정해서 단자전압 E_2를 모선전압과 같게 한다. 다음에 G_2의 극성을

전압계로 확인한 다음 S_2를 닫도록 한다. 그러나 이러한 상태에서는 G_2는 부하를 지지 않는다. 그래서 G_2의 계자전류를 늘리고 G_1의 계자전류를 줄이면 식 (1-11)의 E_2는 증가하고 E_1은 감소하므로 I_2는 증가하고 I_1은 감소하여 G_1의 부하가 G_2에 옮겨진다.

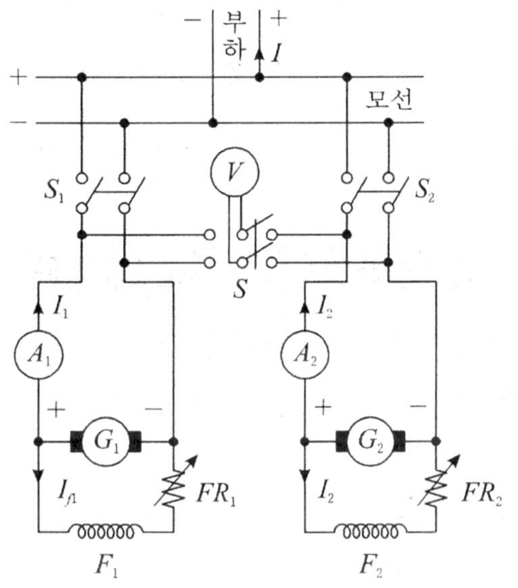

그림 1-36

그림 1-36에서 각 발전기의 유기기전력을 E_1, E_2, 전기자 저항을 R_{a1}, R_{a2}, 전기자 전류를 I_1, I_2, 모선전압을 V, 부하전류를 I라 하면

$$V = E_1 - R_{a1}I_1 = E_2 - R_{a2}I_2 \qquad (1\text{-}11)$$

$$I = I_1 + I_2 \qquad (1\text{-}12)$$

가 되어 유기전압이 같으면 전류는 전기자 저항이 작은 발전기에 많이 흐르고 전기자 저항이 같으면 유기기전력이 큰 발전기에 많이 흐른다. 즉, G_1의 속도를 올리든가 또는 여자전류를 많이 흐르게 하여 E_1을 크게 하면 I_1은 I_2보다 많아지고 G_1쪽이 더 많은 부하를 분담하게 된다. 또 그림 1-36과 같이 G_1, G_2의 외부 특성곡선이 일치하면 G_1, G_2의 분담전류는 $I_1 = I_2 = OB$가 되어 모두 같지만 두 발전기의 전압변동률이 달라져서 G_1의 외부 특성곡선이 그림 1-37의 (a), G_2의 외부

특성곡선이 (b)와 같을 때는 G_1, G_2의 분담전류는 각각 $I_1 = OB$, $I_2 = OA$가 되므로 분담전류가 같지 않게 된다. 즉, 전압변동률이 갖지 않으면 유기전압이 같아도 부하가 평등하게 각 발전기에 나누어 지지 않는다.

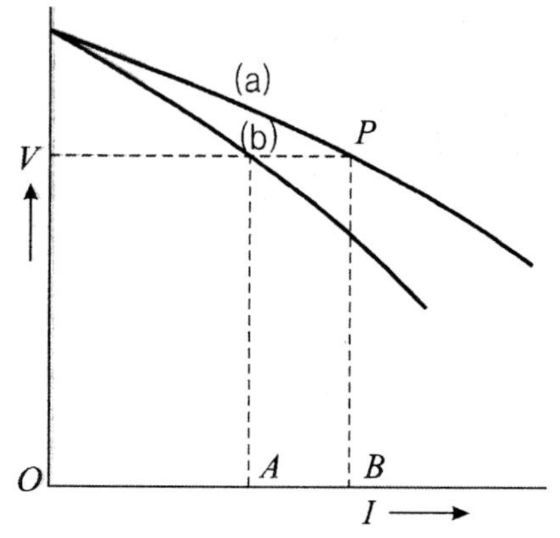

그림 1 37 부하분담

(2) 직권발전기의 병렬운전

직권발전기와 같이 전류가 증가하면 전압이 상승하는 외부특성의 것은 그대로 병렬운전을 할 수 없다.

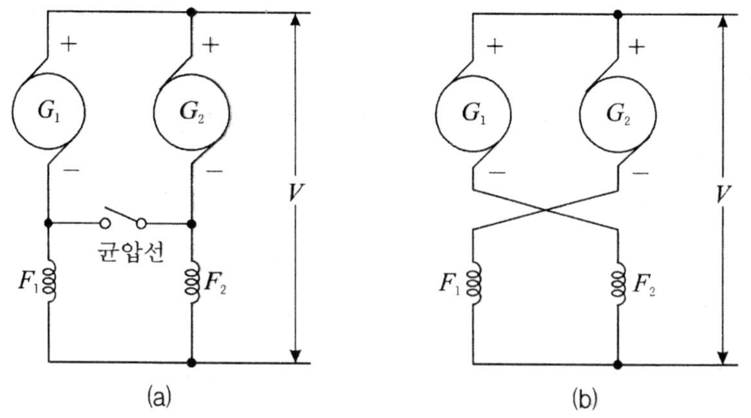

그림 1-38 직류발전기의 병렬운전

만일, 한 쪽의 전류가 약간 증가하면 전압도 상승하므로 점점 전류가 증가하여 안정한 병렬운전이 될 수 없다.

직권발전기의 병렬운전을 안정하게 하려면, 그림 1-38 (a)와 같이 양 발전기의 직권권선이 접속된 전기자측의 끝을 균압선(equalizer)으로 연결하고 F_1과 F_2를 병렬로 하여 항상 여자전류를 등분하도록 하거나, 그림 1-38 (b)와 같이 계자권선을 서로 교환하여 교차 접속으로 하여, 전류가 감소한 발전기의 계자에 전류가 증가한 발전기의 전기자 전류를 통하도록 한다.

(3) 복권발전기의 병렬운전

복권발전기에는 직권 계자권선이 있으므로 균압선 없이는 안정된 병렬운전이 될 수 없다.

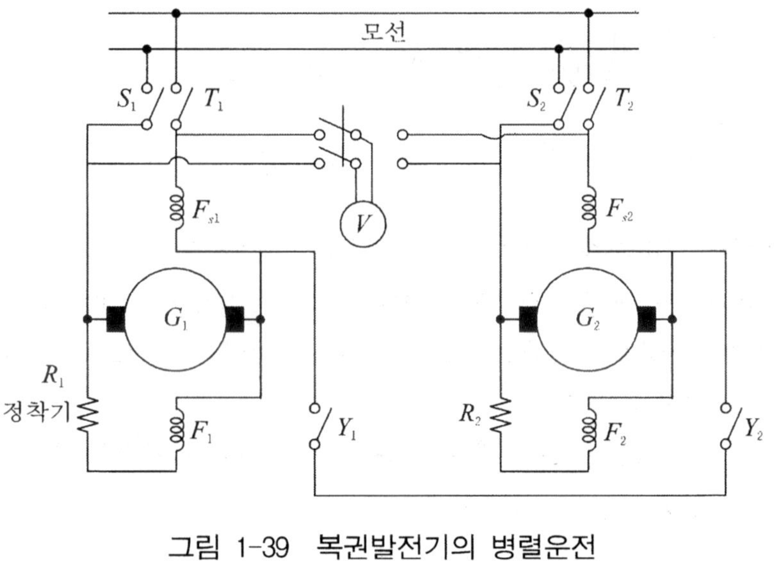

그림 1-39 복권발전기의 병렬운전

그림 1-39와 같이 G_1, G_2가 부하를 분담하고 병렬운전하고 있을 때 일시적인 원인으로 G_1의 부하전류 I_1이 증가하면 G_1의 직권 권선의 기자력이 많게 되어 G_1의 기전력이 증가한다. 그러면 더욱 I_1이 증가한다.

이와 같이 하여 G_1의 부하는 차차 증가하게 되는데 이것과 반대로 G_2의 부하전류 I_2는 차차 감소하여 결국 G_2의 부하는 0이 되고 만다. 그러므로 안정 운전을 하기 위해 굵은 도선으로 된 균압선을 설치한다.

그림 1-39에서 운전중인 G_1에 G_2를 병렬운전시키려면 G_2를 정격속도가 될 때까지 돌린 다음 G_2의 분권계자의 전류를 조정해서 G_2의 전압을 모선전압과 같게

한 후 Y_1, Y_2 및 T_2를 닫는다. 이때 G_2의 직권 계자권선에 부하전류가 흐르게 되어 G_2의 전압은 변화한다. 따라서 다시 분권 계자권선의 전류를 조정해서 두 발전기의 단자전압을 완전히 같게 한 다음 S_2를 닫는다. 그리고 분권발전기와 같은 방법으로 G_2에 부하를 분담시킨다.

2. 전압 변동율(voltage regulation)

발전기를 정격속도로 돌려 정격전류를 흘렸을 때 정격전압을 내도록 계자저항을 조정해 놓고 갑자기 무부하로 하면 단자전압은 변화한다. 이 무부하시의 전압과 정격전압과의 차를 정격전압의 백분율로 표시한 것을 말한다.

$$\varepsilon = \frac{\text{무부하전압} - \text{정격전압}}{\text{정격전압}} \times 100$$

$$= \frac{V_0 - V_n}{V_n} \times 100[\%] \qquad (1\text{-}13)$$

예제 1 2대의 직류발전기가 병렬운전을 하여, 360[A]의 부하에 전력을 공급하고 있다. 이 때 단자전압은 100[V]이고, 각 발전기의 내부저항은 0.04[Ω], 0.06[Ω]일 때 각기의 분담전류는 얼마인지 구하시오. (단, 각 발전기의 유도기전력은 같다.)

풀이 발전기의 유도기전력을 E, 단자전압을 V, 각기의 부하분담을 I_1 및 I_2라고 하면, 다음과 같은 식이 성립한다.

$I_1 + I_2 = 360$ ……………………………… ①

$E - I_1 \times 0.04 = 100$ ……………………… ②

$E - I_2 \times 0.06 = 100$ ……………………… ③

식 ②, ③에서 $I_1 = \frac{0.06}{0.04} I_2$

이것을 식 ①에 대입하면

$\frac{0.06}{0.04} I_2 + I_2 = 360$ $\qquad \therefore\ I_2 = \frac{720}{5} = 144[\text{A}]$

$\therefore\ I_1 = 360 - 144 = 216[\text{A}]$

예제 2 무부하에서 119[V]되는 분권발전기의 전압변동률이 6[%]이다. 정격 전부하 전압[V]은?

풀이 $\varepsilon = \dfrac{V_0 - V_n}{V_n} \times 100[\%]$

여기서 $V_0 = 119[\text{V}]$, $\varepsilon = 6[\%]$이므로

$$6 = \frac{119 - V_n}{V_n} \times 100, \qquad \frac{6\,V_n}{100} = 119 - V_n, \qquad V_n + 0.06\,V_n = 119$$

$\therefore\ V_n \fallingdotseq 112.3[\text{V}]$

1.8 직류전동기의 원리 및 이론

1. 직류전동기의 원리

자계내에 놓여진 도체에 전류를 흘리면 이 도체는 힘을 받는다. 즉 그림 1-40 (a)와 같이 자극 N, S 사이에 코일 *abcd*를 놓고 이것에 직류전원으로부터 전류를 흘리면 코일의 *ab* 및 *cd*변에는 각각 시계방향의 토크가 생겨 코일 전체가 시계방향으로 회전한다. 또한 코일이 반회전하여 그림 1-40 (b)의 위치에 와도 *ab* 및 *cd*에는 같은 방향의 토크가 발생하여 회전을 계속한다. 이것이 직류전동기의 원리인데 이는 전기적인 에너지를 기계적인 에너지로 변환시키는 것을 뜻한다. 따라서 이러한 원리에서 알 수 있는 바와 같이 직류발전기는 그대로 직류전동기로 쓸 수 있고 그 구조의 주요부 및 분류방법도 발전기와 같다.

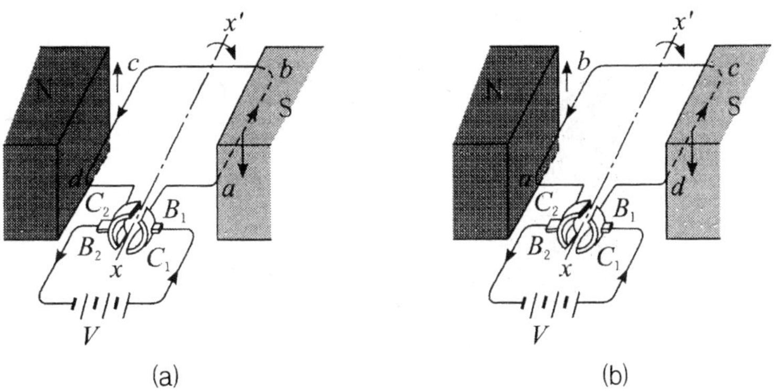

그림 1-40 직류전동기의 원리

2. 직류전동기의 이론

(1) 역기전력(counter electromotive force)

그림 1-41에서 전동기가 회전하면 도체는 자속을 끊어 발전기와 같이 기전력을 유기한다. 이 기전력의 방향은 플레밍의 오른손법칙에 의해서 공급해 준 단자전압과는 반대방향이 되고 전기자 전류를 방해하는 방향으로 작용하므로 **역기전력**이라 한다.

이 역기전력 E[V]는 자극수 P, 1극당의 자속을 ϕ[Wb], 전기자 도체총수를 Z, 전기자의 병렬회로수를 a, 모선의 회전수를 n이라 하면 식 (1-5)에서

$$E=\frac{PZ}{a}\phi n=K_1\phi n[\text{V}]\ (\text{단, } K_1=\frac{PZ}{a}) \tag{1-14}$$

그리고 전기자회로의 저항을 R_a[Ω]라 하면, 그림 1-41에서 알 수 있는 바와 같이 전기자 전류 I_a[A]는

$$I_a=\frac{V-E}{R_a}[\text{A}] \tag{1-15}$$

이고, 단자전압과 전기자 전압강하의 관계는 다음과 같다.

$$V=E+I_aR_a[\text{V}] \tag{1-16}$$

역기전력 E는 회전속도에 비례하므로, 전동기의 기계적 부하가 증가하여 속도가 감소하면 역기전력 E도 감소하게 된다. 따라서 식 (1-15)에 의해서 I_a가 증가하고 전동기의 입력이 자동적으로 상승하여 기계적 부하의 증가에 대응하게 된다.

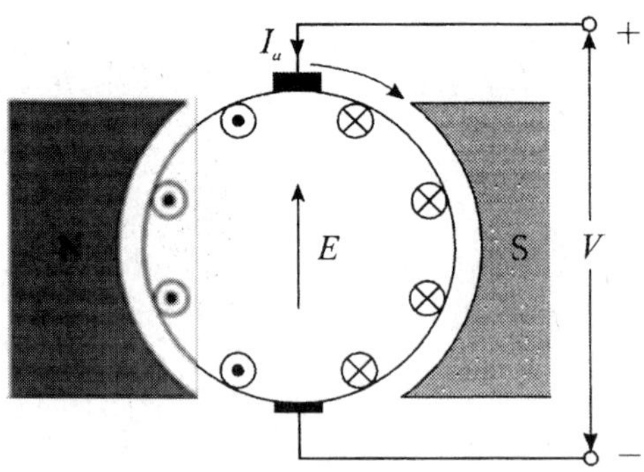

그림 1-41 직류전동기

예제 1 단자전압 220[V], 부하전류 50[A]인 분권전동기의 유기기전력을 구하시오. (단, 전기자 저항은 0.2[Ω]이며 계자전류 및 전기자 반작용은 무시한다.)

풀이 $E = V - R_a I_a = 220 - 50 \times 0.2 = 210$[V]

(2) 회전속도

식 (1-14) 및 식 (1-16)에서 전동기의 속도 n[rps]는

$$n = \frac{E}{K_1 \phi} = K_2 \frac{V - I_a R_a}{\phi} \text{[rps]} \tag{1-17}$$

$$\left(K_2 = \frac{a}{PZ}\right)$$

으로, 전동기의 속도는 역기전력에 비례하고, 1극당의 자속에 반비례한다는 것을 알 수 있다.

(3) 회전력(Torque)

평균 자속밀도가 B[Wb/m²]되는 평등자계 안에 길이 l[m]의 전기자 도체가 놓여 있고 이것에 전류 I[A]를 흘렸다고 하면 이 도체에는

$$F = BIl \text{[N]} \tag{1-18}$$

의 힘이 작용한다.

그러므로 전기자 직경을 D[m]라 하면 한 개의 도체에 작용하는 회전력 τ[N·m]는

$$\tau = F \times \frac{D}{2} = IBl \times \frac{D}{2} \text{[N·m]} \tag{1-19}$$

이며, 전기자 도체수를 Z, 극수를 P, 한 극의 자속을 ϕ[Wb], 전기자 전류를 I_a[A], 전기자 병렬회로수를 a라 하면 전동기의 회전력[N·m]은

$$B = \frac{P\phi}{\pi D l}, \qquad I = \frac{I_a}{a}$$

가 되므로

$$T = Z\tau = Z \cdot IBl\frac{D}{2} = Z\frac{P\phi}{\pi D l} \cdot \frac{I_a}{a} \cdot l \cdot \frac{D}{2}$$

$$= \frac{PZ}{2\pi a}\phi I_a = K\phi I_a [\mathrm{N \cdot m}]$$

$$= \frac{1}{9.8} K\phi I_a [\mathrm{kg \cdot m}] \qquad (1\text{-}20)$$

가 된다. 위의 식에서 $K = \frac{PZ}{2\pi a}$ 이다.

즉, 회전력은 자속 ϕ와 전기자 전류 I_a의 곱에 비례하며 회전속도에는 무관하다.

예제 1 직류 분권전동기의 전체 도체수는 100, 단중 중권이며, 자극수는 4, 자속수는 극당 0.628[Wb]이다. 부하를 걸어 전기자에 5[A]가 흐르고 있을 때의 토크[N · m]를 계산하시오.

풀이 단중 중권이므로 $a = p = 4$이므로

$$\tau = \frac{PZ}{2\pi a}\Phi I_a = \frac{4 \times 100}{2 \times 3.14 \times 4} \times 0.628 \times 5 = 50[\mathrm{N \cdot m}]$$

예제 2 전기자 총 도체수 360, 6극 중권의 직류전동기가 있다. 전기자 전전류가 60[A]일 때의 발생 토크[kg · m]는 약 얼마인지 계산하시오.(단, 1극당 자속수는 0.06[Wb]이다.)

풀이 중권이므로 $a = p = 6$이므로

$$\tau = \frac{PZ}{2\pi a}\Phi I_a = \frac{6 \times 100}{2 \times 3.14 \times 6} \times 0.06 \times 60 = 206.4[\mathrm{N \cdot m}]$$

$$\therefore \ \tau = \frac{206.4}{9.8}[\mathrm{kg \cdot m}]$$

(4) 출 력

식 (1-16)으로부터 양변에 I_a를 곱하면 식 (1-21)과 같다.

$$VI_a = EI_a + I_a^2 R_a \qquad (1\text{-}21)$$

위의 식에서 VI_a는 전기자의 입력이고 $I_a^2 R_a$는 전기자 회로의 저항손이므로 EI_a가 전동기의 출력이다.

그런데 식 (1-14)에서 $E = \frac{PZ}{a} \cdot \phi n[\mathrm{V}]$를 식 (1-20)에 넣으면 식 (1-22)와 같다.

$$T = \frac{EI_a}{2\pi n} \tag{1-22}$$

따라서 전동기의 출력 P는 식 (1-23)과 같다.

$$P = EI_a = 2\pi n T_1[\mathrm{W}] = 2\pi N T_2 \times \frac{9.8}{60}[\mathrm{W}] = 1.026 N T_2[\mathrm{W}] \tag{1-23}$$

여기서, T_1 : [N · m], T_2 : [k · m], n : [rps], N : [rpm]인 경우

그러나 전동기의 손실은 $I_a{}^2 R_a$ 외에도 전기자 철손 및 기계손 등이 있기 때문에 전동기축에서 실제로 얻을 수 있는 출력 P_0는 식 (1-24)와 같다.

$$P_0 = P - (\text{철손} + \text{기계적 손실}) \tag{1-24}$$

예제 1 출력 3[kW], 1500[rpm]인 전동기의 토크[kg · m]는?

풀이 $\tau = \frac{1}{9.8}\frac{P}{\omega} = \frac{1}{9.8} \times \frac{\frac{P \times 10^3}{2\pi \times n}}{60} = 975\frac{P}{n}[\mathrm{kg \cdot m}]$

$\therefore\ \tau = 975 \times \frac{3}{1,500} \fallingdotseq 2[\mathrm{kg \cdot m}]$

예제 2 매분 3,600회 회전하는 전동기의 회전력이 10[N · m]라면 이 전동기의 출력은 몇 [W]인가?

풀이 $P = \omega T$에서

$P = 2\pi\frac{N}{60}T = 2\pi\frac{3,600}{60} \times 10 = 3,768[\mathrm{W}]$

1.9 직류전동기의 특성

1. 분권전동기의 특성

분권전동기는 그림 1-42와 같이 전기자와 계자권선이 병렬로 접속되어 전원에 연결되고, 단자전압이 일정하면 계자전류 I_f는 전기자 전류 I_a와는 관계가 없으며

$$I_f = \frac{V}{R_f} = \text{일정} \tag{1-25}$$

이 된다.

따라서 ϕ는 일정하고 전원에서 흘러 들어가는 전전류를 I라 하면,

$$I = I_f + I_a \tag{1-26}$$

여기서 I_f는 매우 적으므로 $I \fallingdotseq I_a$라고 해도 좋다.

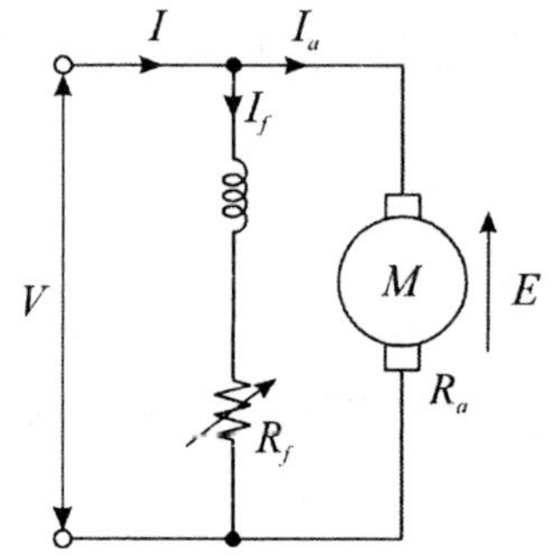

그림 1-42 분권전동기의 회로

(1) 속도 특성

분권전동기의 속도는 식 (1-17)에 의하여 $n = K_2 \cdot \dfrac{V - I_a R_a}{\phi}$ [rps]가 되는데 R_f를 일정하게 하면 ϕ도 일정하게 되어 $\dfrac{K_2}{\phi} = K_3$이라고 놓으면 다음과 같다.

$$n = K_3(V - I_a R_a) \tag{1-27}$$

그러므로 V, R_a가 일정한 경우에 속도는 그림 1-43과 같이 전류가 증가하는데 따라 직선적으로 감소하고 $I_a = \dfrac{V}{R_a}$가 되면 속도는 0이 된다.

R_a의 크기는 직선의 경사와 관계가 있는데 전기자 저항이 크면 속도의 저하도 크다.

계자저항 R_f를 변화시켜 ϕ를 $\dfrac{1}{2}\phi$, 2ϕ로 하면 속도 특성은 그림 1-43의 곡선 (b), (c)와 같이 되지만 전기자 반작용의 감자작용을 생각할 때 I_a가 증가하면 ϕ는 감소하므로 식 (1-17)의 분모, 분자가 다같이 감소해서 n의 저하가 적게 된다.

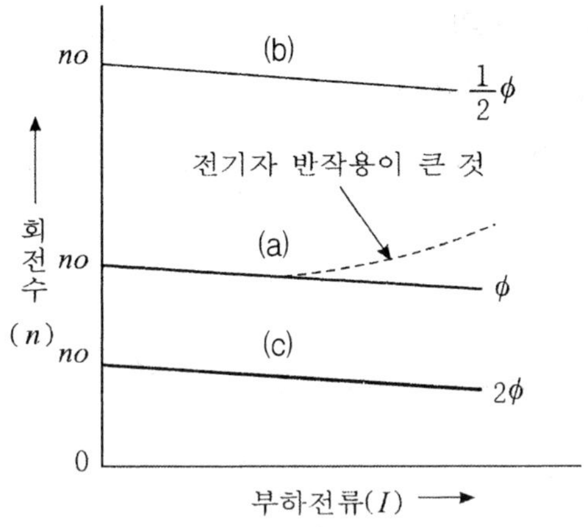

그림 1-43 분권전동기의 속도 특성

또 그림 1-44와 같이 I_f를 감소시켜 0에 가깝게 식 (1-17)에서 분모의 ϕ가 0에 가까워지므로 속도가 대단히 높아져 경부하일 경우에는 원심력에 의하여 기계가 파손될 정도의 고속도에 달하는 수도 있으므로 계자회로의 접속에는 충분한 주의를 해서 단선이 되지 않도록 해야 한다.

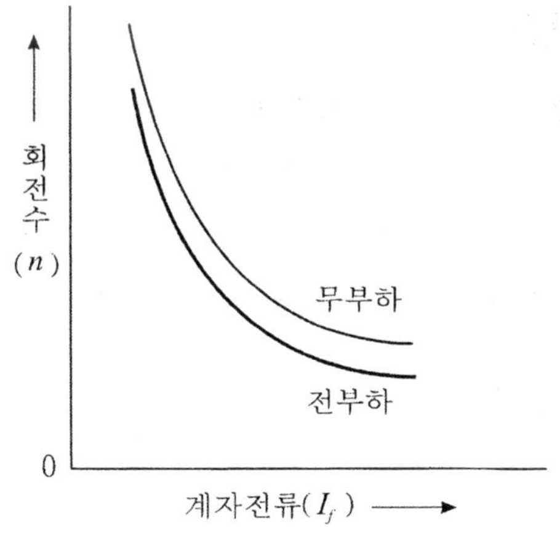

그림 1-44 계자전류와 회전수의 관계

(2) 토크 특성

식 (1-20)에서 $T = K\phi I_a$[N · m]에서 ϕ가 일정하므로

$$T = K_4 I_a \tag{1-28}$$

여기서 $K_4 = K\phi$이고 I_a와 T의 관계는 그림 1-45의 점선과 같은 직선이 된다.

그러나 전기자 반작용으로 말미암아 부하전류 증가에 따라 ϕ가 감소하는 것을 고려하면 회전력 특성은 그림 1-45의 실선으로 표시한 것과 같이 밑으로 구부러진다.

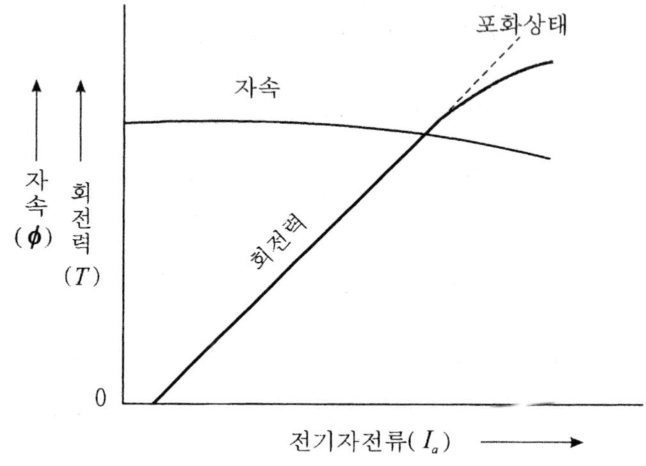

그림 1-45 분권전동기의 토크 특성

(3) 분권전동기의 용도

분권전동기의 회전수는 그림 1-43에서 볼 수 있는 바와 같이 부하가 증가하면 어느 정도는 줄지만 대체로 일정하다고 볼 수 있으므로 정속도 전동기라 해도 좋다. 또한 계자조정기를 써서 넓은 범위에 걸쳐 쉽게 속도제어를 할 수 있다.

분권전동기는 이와 같은 특성이 있으므로 철압연, 제지, 권선기 등에 사용된다.

2. 직권전동기의 특성

이것은 그림 1-46과 같이 계자권선과 전기자 권선이 직렬로 연결되어 있으므로

$$I_f = I_a = I \tag{1-29}$$

가 된다. 그러므로 부하전류 I의 증감에 따라 자속 ϕ도 증감한다.

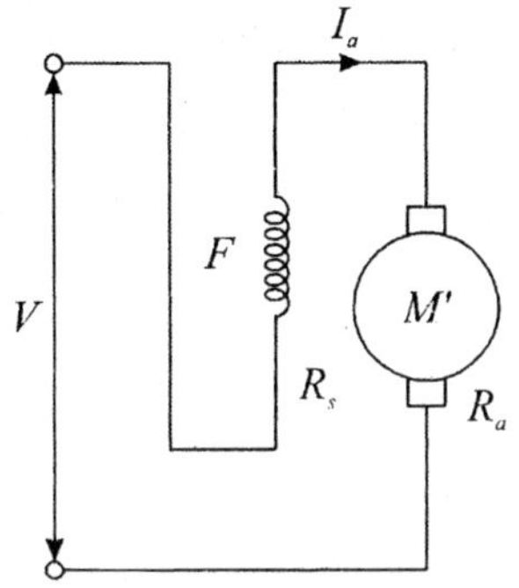

그림 1-46 직권전동기 회로

(1) 속도 특성

이 전동기의 회전속도의 식은 직권전동기의 저항을 R_s라 하면 식 (1-17)의 R_a 대신에 R_a+R_s를 넣으면 다음과 같다.

$$N=k_1 \cdot \frac{V-(R_a+R_s)I_a}{\phi}[\text{rps}] \tag{1-30}$$

자기회로가 포화되지 않은 경우에는 ϕ는 I_a에 비례하므로 식 (1-31)과 같다.

$$N=k_4 \cdot \frac{V-(R_a+R_s)I_a}{I_a}(\text{단, } k_4\text{는 정수}) \tag{1-31}$$

식 (1-31)의 $(R_a+R_s)I_a$는 V에 비해서 대단히 적으므로 이를 무시하면,

$$N=k_4 \cdot \frac{V}{I_a} \tag{1-32}$$

가 된다. V가 일정하다면 위 식에 의하여 N과 I_a 사이의 관계는 그림 1-47과 같이 종축과 횡축을 점근선으로 하는 쌍곡선이 된다.

그런데 부하가 증가하면 여자기전력도 증가하여 자기회로가 포화하게 된다. 포화하게 되면 ϕ가 일정하게 되어 식 (1-33)과 같이 된다.

$$N=k_5(V-R_aI_a)[\text{rps}](\text{단, } k_5\text{는 정수}) \tag{1-33}$$

따라서 속도특성은 그림 1-47의 파선과 같은 직선이 된다.

그림에서 알 수 있는 바와 같이 I_a가 0에 가깝게 줄어들면 속도는 대단히 높아

진다. 만일 잔류자기가 없으면 속도는 무한대로 되어 원심력 때문에 전기자를 파괴할 정도의 위험한 상태로 되며 이러한 위험한 속도를 **무구속 속도**(run away speed)라 한다. 그러므로 직권전동기에는 안전한 속도로 운전될 수 있는 정도의 최소 부하가 늘 걸려 있어야 한다.

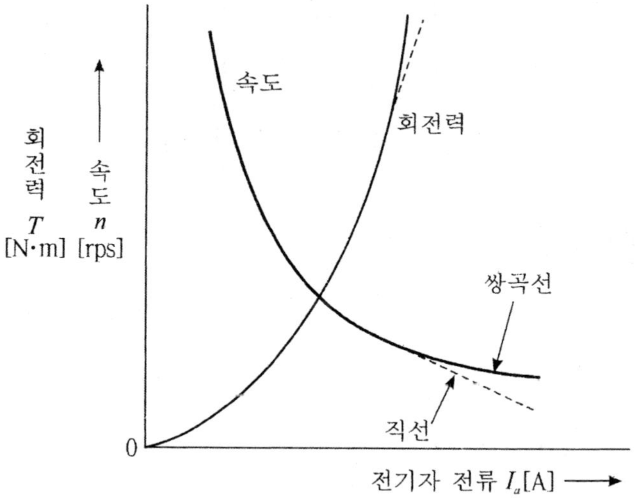

그림 1-47 직권전동기의 특성 곡선

(2) 토크 특성

전기자 전류가 적게 흐르는 어느 범위 내에서 자속 ϕ는 I_a에 비례하므로 토크는 I_a^2에 비례하게 된다. 즉

$$T = k_6 I_a^2 \text{(단, } k_6 \text{은 정수)} \tag{1-34}$$

따라서 토크 특성은 그림 1-47의 실선으로 표시한 것과 같은 포물선이 된다. 그러나 I_a가 커짐에 따라 자기회로가 포화하므로 ϕ는 증가하지 못하고 거의 일정하게 되어 토크는

$$T = k_7 I_a \text{(단, } k_7 \text{은 정수)} \tag{1-35}$$

가 되어 그림 1-47의 파선부분과 같이 I_a에 비례하는 직선이 된다.

(3) 용도 및 특징

그림 1-47에서 알 수 있는 바와 같이 직권전동기에서는 토크가 증가하면 속도가 낮아지므로 회전수와 토크와의 곱에 비례하는 출력도 어떤 범위 내에서는 대체로 일정하다.

이것이 직류전동기가 전차나 기중기 등에 주로 사용되는 이유이다.

또, 직권전동기의 토크는 전류의 자승에 비례하므로 기동시킬 때 전류를 안전한 값에 제한하면서 충분히 큰 토크를 발생시킬 수 있다.

이것도 자주 기동시켜야 하는 전차나 기중기 등에 적합한 성질이다.

3. 복권전동기의 특성

(1) 가동복권전동기

가동복권전동기는 그림 1-48, 그림 1-49와 같이 분권전동기와 직권전동기의 중간 특성이 되며 직권계자 기자력과 분권계자 기자력의 비율에 따라 분권전동기에 가까운 특성 또는 직권전동기에 가까운 특성이 된다.

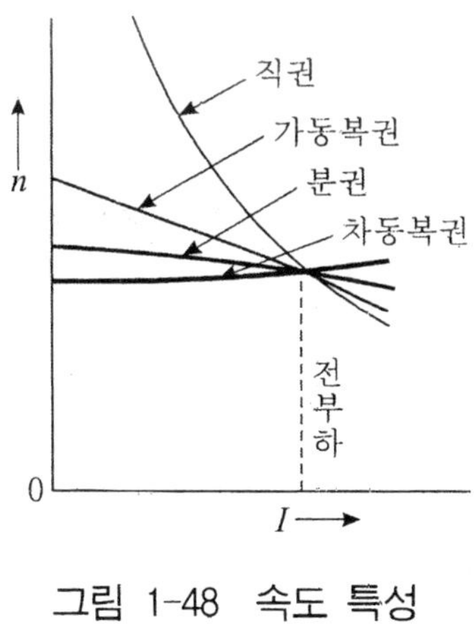

그림 1-48 속도 특성

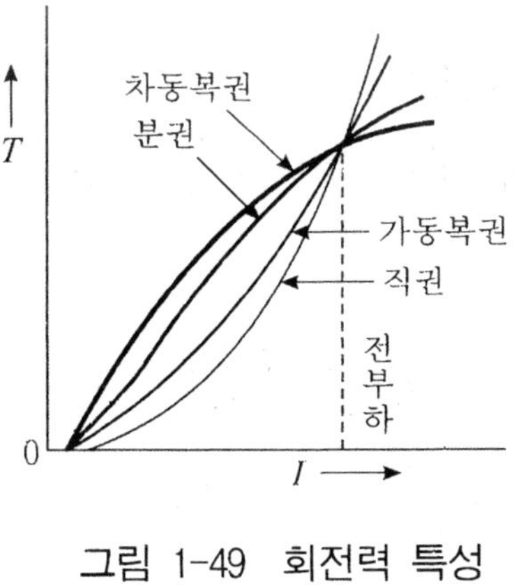

그림 1-49 회전력 특성

가동복권전동기는 분권계자 권선이 있기 때문에 부하가 걸려 있지 않더라도 계자 자속의 일부가 존재하게 되어 직권전동기와 같은 무구속 속도에 이르지 않으며, 또한 직권계자 권선이 있어 기동토크도 상당히 크며, 전원에 대한 위험도 적다. 이러한 특징에 따라 이것은 권상기, 공작기계 등에 주로 사용된다.

(2) 차동복권전동기

이것은 직권계자 기자력이 분권계자 기자력을 상쇄하도록 작용하므로 부하전류가 증가함에 따라 계자 자속은 감소하여 속도강하를 보상해 주어 정속도 특성을 갖게 한다.

그러나 전류가 증가하여 직권 기자력과 분권 기자력이 같게 되면 자속은 0이 되고 이 이상 전기자 전류가 증가하면 자속의 방향이 반대가 되어 역전하는 경우가 있다. 또 기동토크도 적어 많이 사용되지 않는다.

예제 1 분권전동기에서 계자 회로는 단선이 되든지 또는 퓨즈를 사용해서는 안 된다. 그 이유를 설명하시오.

풀이 $N = \frac{V - I_a R_a}{K\phi}$ [kg · m]에서

$I_f = 0$이 되면 $\phi = 0$이 되므로 속도가 매우 위험하다.

예제 2 보통 정속도 전동기에 있어 부하의 기계 출력에 비례하여 토크가 증가한다. 그 이유를 설명하시오.

풀이 $P_m = \frac{2\pi NT}{60}$이므로 $P_m \propto T$

$T = k\Phi I_a$이므로 $T \propto I_a$이다.

∴ 부하 전류의 증가에 비례하여 토크가 증가한다.

1.10 직류전동기의 운전

1. 직류전동기의 기동

정지상태에 있는 전동기를 운전상태로 만드는 것을 기동이라 하며, 직류전동기가 운전 중에 흐르는 전기자 전류 I_a는 식 (1-15)로부터 다음과 같이 나타낸다.

$$I_a = \frac{V - K\phi n}{R_a} \text{ [A]} \qquad (1\text{-}36)$$

정지되어 있는 전동기에 직접 전전압을 가하여 기동하면 전기자회로에 저항이

삽입되어 있지 않을 경우에는 $R = R_a$로, R_a는 극히 적은값이고 더욱이 $n = 0$이므로 $I_a = V/R_a$에 해당하는 큰 전류가 흐르게 된다. 이것은 정격전류의 수 배에서 수십 배에 이르러 다음과 같은 영향을 준다.

① 정류자 및 브러시가 손상한다.

② 전원에 큰 충격을 준다.

③ 매우 큰 회전력이 발생하므로 기계가 파손될 염려가 있다.

그러므로 기동시에 전류를 제한하기 위해서(정격전류의 100~150[%]) 적당한 저항을 전기자에 직렬로 넣고 회전수가 점차 올라가서 역기전력 $E = K\phi n$이 증가하면 그 저항을 조금씩 빼주는 방법을 쓴다. 이와 같은 저항을 **기동저항**(starting rheostat)이라 하고 부속품을 합하여 조립한 기구를 **기동기**라 한다.

(가) 분권전동기의 기동

기동저항기는 그림 1-50의 ST와 같이 기동전류를 적게 하기 위해서 전기자와 직렬로 넣고, 기동회전력을 될 수 있는 한 크게 하기 위해서 분권계자 권선은 그대로 전원에 접속한다. 계자조정기 FR이 있는 것은 저항이 0이 되는 점에 두고서 기동시킨다.

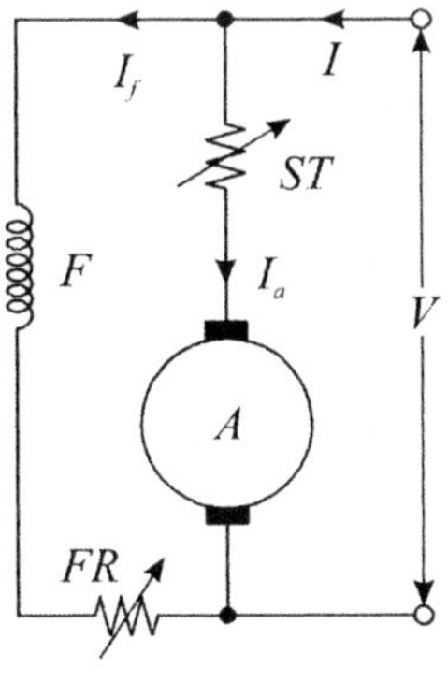

그림 1-50 분권전동기의 기동

기동기로서는 그림 1-51과 같은 것이 있다. 핸들 H를 우측으로 이동함에 따라 전기자에 연결되어 있는 기동저항이 감소되다가 최후에는 전 기동저항을 없애도록 되어 있다. 핸들의 최후의 위치에 전자석 M이 핸들에 붙어 있는 쇠붙이 조각인 m을 흡착시켜서 핸들을 이 위치에 고정시킨다. 전원개폐기 S를 연다든지 정전으로 전압이 없어졌을 때 또는 분권계자회로의 단선사고 등이 생겼을 때 핸들은 용수철의 힘에 의해서 최초의 개방위치에 되돌아오게 되는 M을 **무전압 개방기**(no voltage release)라 부른다. 그림 1-52는 자동기동기의 한 예이며 동작원리는 전자와 다를 바 없다.

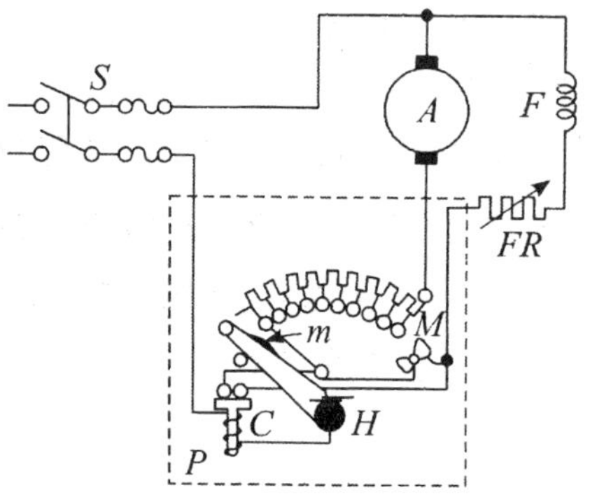

그림 1-51 수동기동기

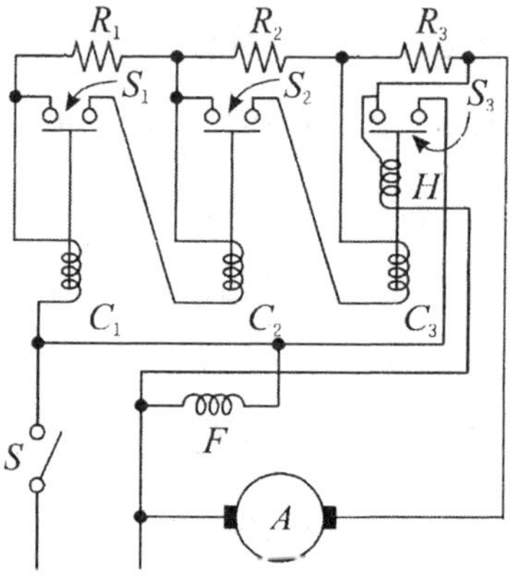

그림 1-52 자동기동기

(나) 직권 및 복권전동기의 기동

직권전동기나 화동 복권전동기의 기동은 분권전동기의 경우와 마찬 가지로 전기자회로에 직렬로 넣은 기동기로서 기동전류를 억제하면서 기동시킨다. 단, 차동 복권전동기를 기동시키는 경우에는 먼저 직권계자 권선을 단락(短絡)시켜 두지 않으면 반대방향으로 회전하거나 혹은 기동 회전력을 현저히 약하게 하여 과대한 기동전류가 흐를 우려가 있다. 따라서 먼저 분권전동기로 기동을 시키고 가속시켜서 충분한 속도에 달하면 직권코일에 전류를 흘리도록 한다.

2. 직류전동기의 제동

전동기의 운전을 정지하려고 할 때 전원 개폐기를 열어 준다면 전기자의 관성으로 인하여 계속해서 돌게 되어 좀처럼 정지되지 않는다.

이것을 빨리 정지시키려면 전기자가 가지고 있는 운동에너지를 적당한 방법으로 소비시켜 버려야 한다. 이러한 에너지의 소비를 적극적으로 빨리하게 하는 것을 **제동**(braking)이라 한다.

(가) 발전제동(dynamic braking)

발전제동이란 운전 중의 전동기를 전원으로부터 분리시키고 발전기로 작용시켜서 회전체의 운동에너지를 전기에너지로 변화시킨 다음 이것을 저항 중에서 열에너지로 소비시켜서 제동하는 것이다.

분권전동기는 계자를 전원에 접속한 상태로, 전기자회로만을 전원에서 떼어 그 양단에 저항기를 접속하면 타여자 발전기로서 발전제동이 된다. 직권전동기와 복권전동기의 경우에는, 직권권선의 접속을 반대로 하거나 타여자로 한다. 제동으로 속도가 저하하면, 전기제동작용은 약해지기 때문에 확실히 정지시키는 데는 기계제동을 병용한다. 그림 1-53 (a)는 복권전동기의 발전제동을 하기 위한 접속법을 나타낸 것이고 전동기로 정회전, 역회전하는 경우와 발전제동시에 닫는 접촉기의 번호를 그림1-53 (b)에 ○표로 나타내었다.

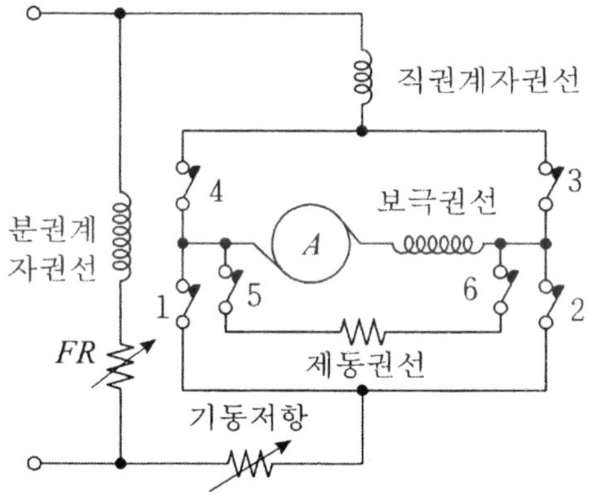

(a)

	정회전	역회전	제동
1	○		
2		○	
3	○		
4		○	
5			○
6			○

(b)

그림 1-53 복권전동기의 발전제동

(나) 역전제동(plugging braking)

운전 중 전동기의 전기자를 반대로 절환하면, 자속은 그대로 변하지 않고, 전기자 전류는 반대로 되어 회전과는 반대방향의 회전력이 발생되므로 제동된다. 그러나 그대로 방치하면 역회전하므로 정지와 동시에 전원으로부터 끊어야 한다. 이 방법은 정지할 때까지 제동회전력이 감소하지 않는 특징이 있으나, 전기자 절환시에 충격이 있고, 전동기는 심한 불꽃을 발생하므로 전동기에 큰 저항을 직렬로 넣는다.

(다) 회생제동(regenerative braking)

전차가 급경사의 비탈길을 내려갈 때에는 차체의 중량 등으로 속도가 증가하여 유기기전력이 전원전압보다 크게 되고 발전기로서의 전력을 전원에 돌려보내는 동시에 제동력이 생긴다. 이것을 회생제동이라 한다.

예제 1 직류전동기의 제동법을 들고 간단히 설명하시오.

풀이 ① 발전제동 : 운전 중의 전동기를 전원으로부터 끊어 발전기로 동작시켜 이때 발생되는 전기적 에너지를 저항에서 소비시켜 제동하는 방법

② 회생제동 : 운전 중의 전동기를 발전기로 하여 전원보다 높은 전압을 발생시켜 전기적 에너지를 전원에 반환시키면서 제동하는 방법

③ 역전제동 또는 플러깅(pulgging) : 전동기를 전원에 접속한 채 전기자의 접속만을 반대로 바꾸어 회전 방향과 반대의 토크를 발생하여 급속히 정지시키는 방법

3. 직류전동기의 속도제어

(1) 속도제어의 종류

전동기의 속도 n은 식 (1-17)에서 $n=K_2\dfrac{V-I_aR_a}{\phi}$로 나타낸다. 따라서 속도제어법에는 다음 3가지 방법이 있다.

① 계자제어법(field control) : 계자전류를 조정하여 자속 ϕ를 변화시키는 방법

② 저항제어법(rheostatic control) : 전기자에 직렬로 저항을 넣어서 R_a의 값을 변화시키는 방법

③ 전압제어법(voltage control) : 전기자에 가하는 전압 V를 변화시키는 방법

(2) 분권전동기의 속도제어

(가) 계자제어법

그림 1-54 (a)와 같이 계자저항기 FR를 조정해서 계자전류를 변화하면 자속 ϕ가 변화한다. 예컨데 ϕ가 $\dfrac{\phi}{2}$, 2ϕ가 되면 그림 1-54 (b)와 같이 속도는 각각 2배, $\dfrac{1}{2}$배로 변한다. 분권계자전류는 매우 적으므로 계자저항기에 흐르는 전류도 적으므로

전력손실도 적고 또 조작도 간편하다.

그러나 저항을 아무리 감소시켜도 계자권선 자신의 저항과 포화로 말미암아 속도를 어느 정도 이하로 떨어뜨릴 수 없다. 또, 계자권선의 저항을 지나치게 증가시켜 계자전류가 매우 적게 되면 전기자 반작용 기자력이 계자기자력보다 우세하게 되어 중성점의 이동이 심하게 된다. 따라서 보극이 없는 전동기는 정류작용이 잘 되지 않게 된다. 그러므로 매우 간편한 방법이기는 하지만 광범위한 속도제어는 곤란하다.(1 : 5 정도).

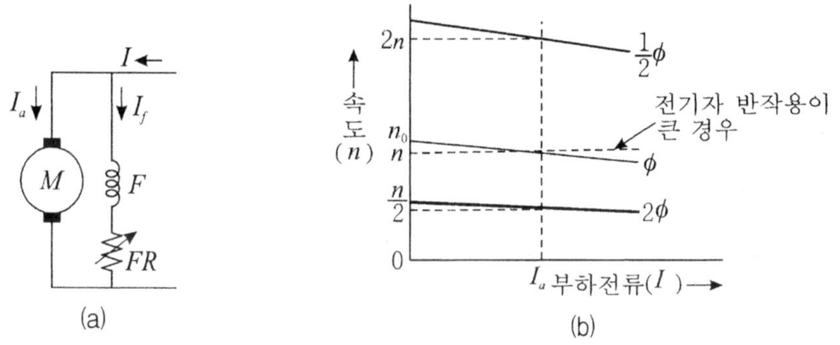

그림 1-54 분권전동기의 계자제어

(나) 저항제어법

이것은 그림 1-55와 같이 전기자회로에 직렬로 저항 R_s을 넣고 이를 가감함으로써 속도제어를 행하는 방법이다.

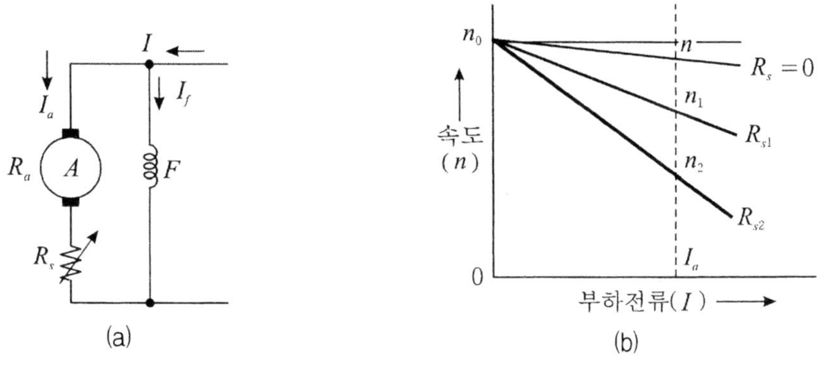

그림 1-55 분권전동기의 저항제어

이 방식으로는 큰 전류 I_a가 R_s에 흐르기 때문에 이에 의한 전력손실 $I_a^2R_s$가 크고 효율이 나쁘다. 또, 속도변동률이 크게 되어 특성이 나쁘게 되며 속도의 제어 범위도 좁아서 별로 사용되지 않으나 단시간 동안 속도를 매우 낮게 할 필요가 있는 경우와 소형 전동기의 정밀 속도제어에 적당하다.

(다) 전압제어법

전기자에 가해지는 단자전압을 변화시켜 속도조정을 행하는 방법으로 주로 타여자전동기에 이용된다. 이 방법에는 다음과 같은 방식이 있다.

① **워드 레오너드방식**(ward leonard system) : 이 방식은 그림 1-56과 같이 타여자전동기 M에 전속인 타여자 발전기 G와 G를 구동시키는 DM을 두고, G의 계자조정으로 M에 가하는 전압 V를 조정하는 방식이다. 일반적으로 전압제어에 의해서 전전압에 도달되는 후는, 전동기의 속도조정기 FR_2로 계자제어를 함으로써 속도조정 범위를 확대한다.

워드 레오너드방식은 광범위한 속도에 걸쳐 원활하게 효율적으로 제어할 수 있고, 속도변동률이 적고, 가역적이므로 가장 우수한 속도제어법이나 설비비가 많이 드는 결점이 있다. 최근에는 반도체정류기를 이용한 정지 워드 레오너드 방식이 개발되어 많이 이용하고 있다.

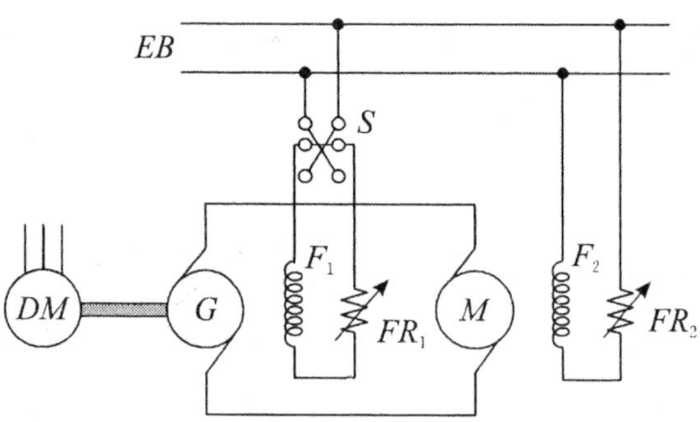

M : 주 직류전동기 DM : 구동용 전동기
G : 직류발전기 EB : 여자 모선

그림 1-56 워드 레오너드방식

② **일그너방식**(illgner system) : 워드 레오너드방식은 보조발전기가 직류 전동기로 돌려지는데 직류전동기 대신 유도전동기를 쓰고 그 축에 큰 플라이휠(fly wheel)을 붙인 것이 일그너방식이다. 이 방식의 장점은 다음과 같은데 있다. 즉, 주전동기의 회전력이 갑자기 증가하면 직류발전기의 부하전류도 갑자기 증가하며 이에 따라 유도전동기의 부하가 증가하여 속도가 낮아진다. 그러면 플라이휠에 저축된 운동에너지를 방출하여 유도전동기를 돕게 되므로 입력은 얼마 증가하지 않아도 된다. 이 방식으로 하면 전동기 부하가 급변하여도 전원에서 공급되는 전력의 변동이 적다는 것이 특징이며 큰 압연기나 권상기에 적용한다.

(3) 직권전동기의 속도제어

(가) 계자제어법

계자 기자력의 변화, 즉 ϕ를 변화시켜 속도를 제어시키려면 그림 1-57 (a)와 같이 계자권선에 병렬로 접속한 저항 R_f를 조정하여 계자 전류를 변화시키는 방법과 그림 1-57 (b)와 같이 계자권선의 도중에 내놓은 탭 접속을 바꾸는 방법이 있다.

(나) 저항제어법

그림 1-57 (c)와 같이 전기자회로에 저항을 넣으면 속도를 떨어뜨릴 수 있다. 이것은 분권전동기의 속도제어에서 설명한 바와 같이 효율이 나쁜 것이 결점이지만 다음의 직병렬제어법과 병용해서 많이 사용되는 방법이다.

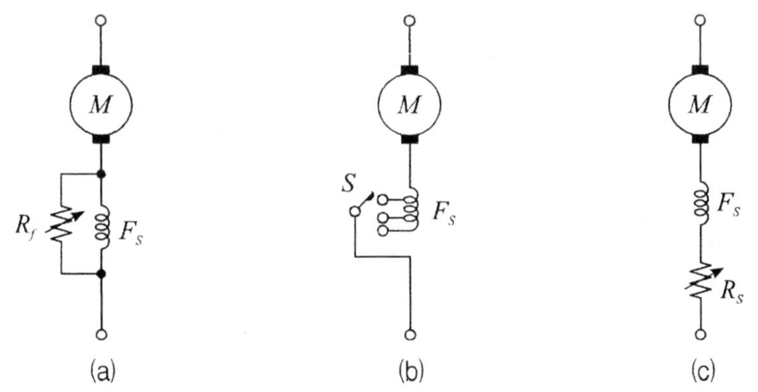

그림 1-57 직권전동기의 속도제어

(다) 직병렬제어법(series parallel control)

이 방법은 전압제어법의 일종이다. 그림 1-58과 같이 같은 정격의 2대의 전동기를 사용하는 경우 이들을 직렬로 하면 각 기에는 반(半)의 전압이 가해지고 병렬로 하면 전전압이 가해지므로 속도를 조정할 수 있다. 이것만으로는 속도의 변화가 원활하지 못하므로 저항제어법도 병용한다. 이 방법은 전차의 운전 등에 적용되는데 제어기(controller)의 핸들을 돌려서 간단히 속도제어를 하게 되어 있다.

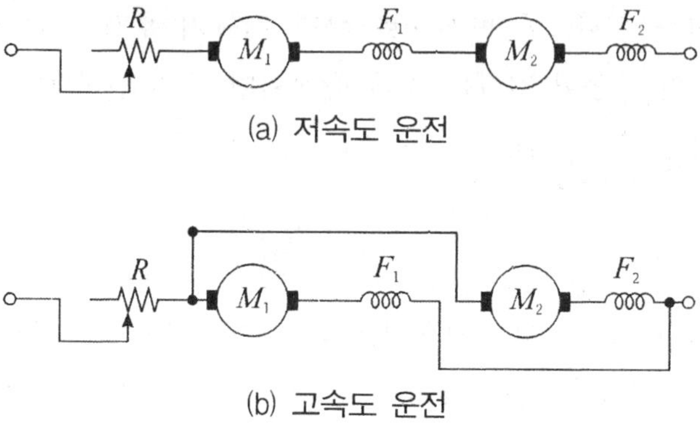

그림 1-58 직권전동기의 직병렬제어

예제 1 직류전동기의 속도 제어법을 열거하고 간단히 설명하시오.

풀이 $N = K_2 \dfrac{V - I_a R_a}{\phi}$ 에서

① 계자제어법 : 계자전류를 조정하여 자속 ϕ를 변화시키는 방법

② 저항제어법 : 전기자에 직렬로 저항을 넣어서 R_a의 값을 변화시키는 방법

③ 전압제어법 : 전기자에 가하는 전압 V를 변화시키는 방법

1.11 직류기의 손실, 효율 및 정격

1. 손 실

(1) 손실의 종류

직류기 운전중에 생기는 손실에는 다음과 같은 종류가 있다.

① **철손**(iron loss) : 자기회로 중에서 자속이 시간적으로 변화함으로써 발생하는 것으로 히스테리시스손과 와류손으로 나누어진다.

② **동손**(copper loss) : 전류가 흐르는 회로중의 저항으로 생기는 손실을 말하는

것으로 계자동손, 전기자동손, 브러시의 접촉저항에 의한 동손이 있으며 전기자 동손이 가장 크다.

③ **기계손**(mechanical loss) : 기계적 마찰에 의하여 발생하는 열로써 마찰손과 풍손으로 나누어진다.

④ **표유부하손**(stray load loss) : 위에서 설명한 손실에 포함되지 않는 손실로, 각 부분에 흐르는 전류의 표피효과(skin effect)로 인한 손실, 전기자 권선의 순환전류에 의한 손실, 자속분포의 변화 등으로 인한 손실이다.

이상의 손실들이 직류기 내부에서 발생하는 손실들인데 이들 중에는 부하전류의 변화에 따라 변화는 것과 변화하지 않는 것이 있다.

그래서 전자를 가변손(variable loss) 또는 부하손, 후자를 무부하손 또는 고정손(constant loss)이라고 한다.

(2) 철 손

(가) 히스테리시스손(hysteresis loss)

철심에 가해진 자계의 주기적 변화에 따라서 자속밀도도 변화하는데, 이 때 그림 1-59와 같이 히스테리시스 루프가 되면, 이 면적에 비례하여 손실이 생긴다. 이것을 히스테리시스손이라고 한다.

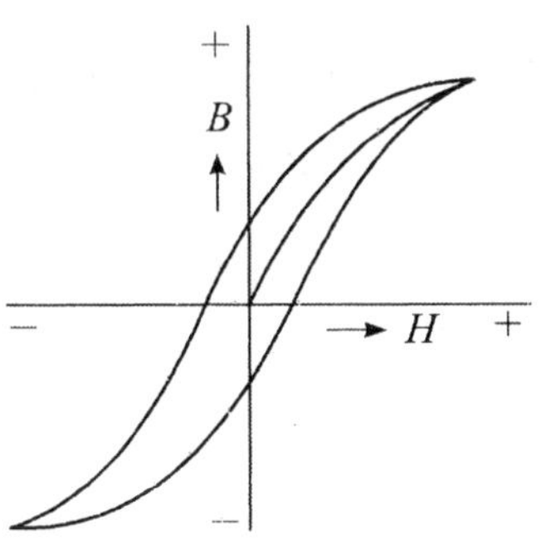

그림 1-59 히스테리시스 루프

주파수 f[Hz]의 교번자계에 의하여 철심내에 생기는 히스테리시스손 W_h[W/ kg]는 다음 식과 같다.

$$W_h = \eta_h \cdot f \cdot B_m^{1.6} \cdot V\,[\mathrm{W}] \tag{1-37}$$

여기서 B_m : 평균자속밀도[Wb/m²], V : 철심의 용적[m³]

η_h : 히스테리시스 정수

(나) 와류손(eddy current loss)

철심이 자계내에서 회전하면 자속을 끊기 때문에 철심에는 기전력이 발생하여 단락전류가 흐르게 된다. 이를 **와류**라 하고 와류에 의한 손실을 **와류손**이라 한다. 이 손실을 감소시키기 위하여 철심은 상호 절연한 규소강판을 성층하여 만든다. 철심내의 와류손은 다음 식으로 계산된다.

$$W_e = \eta_e (tfB_m)^2 \cdot V\,[\mathrm{W}] \tag{1-38}$$

여기서 η_e : 와류 정수, t : 두께[m]

(3) 동 손

동손을 발생하는 부분은 전기자 권선, 분권계자 권선, 직권계자 권선, 보극 권선, 브러시 접촉면이다.

이 중에서 분권계자 권선 이외의 동선을 전기자 전류 I_a[A]가 직접 흐르므로 각부의 저항을 R[Ω]이라 하면 이들은

$$I_a^2 R\,[\mathrm{W}] \tag{1-39}$$

이다. 그런데 분권계자 권선에는 일정 전압[V]이 가해진다고 보아도 좋으므로 분권계자 동손은 계자저항을 R_f[Ω], 계자전류를 I_f[A]라 하면,

$$I_f^2 R_f = \left(\frac{V}{R_f}\right)^2 R_f = \frac{V^2}{R_f}\,[\mathrm{W}] \tag{1-40}$$

가 된다.

그리고 브러시 접촉면의 손실은 접촉부에서의 전압 강하를 v[V](이것은 전기 흑연 브러시 1개에 대해 대략 1[V]로 보면 된다)라 하면 브러시 1개당

$$vI_a\,[\mathrm{W}] \tag{1-41}$$

이다.

(4) 기계손

일반적으로 기계손은 마찰손으로 기계적인 구조에 따라서도 달라진다. 마찰손의 주가 되는 것은 베어링 손실, 풍손, 브러시 마찰손으로 정확히 계산하는 것은 곤란하다.

2. 효 율(Efficiency)

효율이란 출력과 입력과의 비로서 어떤 입력 가운데 얼마만큼 유효하게 이용할 수 있도록 되는 것인가를 표시하는 것이다. 보통 다음과 같은 백분률로서 표시한다.

$$\eta = \frac{\text{출력}}{\text{입력}} \times 100[\%] \tag{1-42}$$

직접 출력과 입력을 측정해서 식 (1-42)을 써서 효율을 산출할 수 있는데 이것을 **실측효율**(actual measured efficiency)이라고 한다. 그런데 일반적으로 기계적 동력의 측정은 힘들고 발전기의 출력, 전동기의 입력, 손실과 같은 전력은 비교적 쉽게 측정할 수 있으므로 식 (1-42)을 변형한

$$\eta = \frac{\text{출력}}{\text{출력} + \text{손실}} \times 100[\%](\text{발전기})(\text{변압기}) \tag{1-43}$$

$$= \frac{\text{입력} - \text{손실}}{\text{입력}} \times 100[\%](\text{전동기}) \tag{1-44}$$

에 출력 또는 입력과 손실을 대입하여 구한 효율을 **규약효율**(conventional effici-ency)이라 하며 일반적으로 사용된다.

(1) 출력과 효율의 관계

발전기의 단자전압을 V[V], 전류를 I[A], 불변손실을 W_R[W], 가변손실을 kI^2 [W]라 하면 발전기의 효율 η_G는,

$$\eta_G = \frac{VI}{VI + (kI^2 + W_k)} = \frac{1}{1 + \left(\frac{kI}{V} + \frac{W_k}{VI}\right)} \tag{1-45}$$

전동기의 효율 η_M은,

$$\eta_M = \frac{VI - (kI^2 + W_k)}{VI} = 1 - \left(\frac{kI}{V} + \frac{W_k}{VI}\right) \qquad (1\text{-}46)$$

식 (1-45)와 (1-46)에서 알 수 있는 바와 같이 $\left(\frac{kI}{V} + \frac{W_k}{VI}\right)$의 값이 적을수록 효율이 좋다. 따라서 일정한 단자전압에서 효율이 최대가 되는 전류의 값이 있을 것이다.

즉, $y = \left(\frac{kI}{V} + \frac{W_k}{VI}\right)$라고 놓고, y가 최소가 되는 조건은 $\frac{dy}{dI} = 0$이므로,

$$\frac{dy}{dI} = \frac{1}{V}\left(k - \frac{W_k}{I^2}\right) = 0$$

$$\therefore\ kI^2 - W_k = 0$$

$$\therefore\ kI^2 = W_k \qquad (1\text{-}47)$$

이 되고, 불변손과 가변손이 같을 때 효율은 최대가 된다.

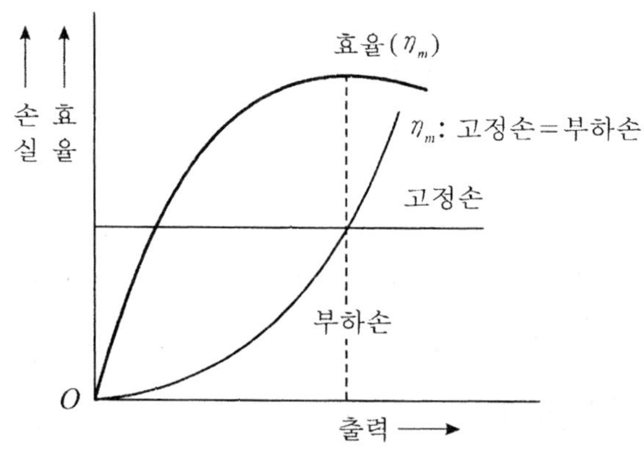

그림 1-60 직류기의 손실과 효율

백분률 출력에 대한 효율 곡선은 그림 1-60과 같이 된다.

일반적으로 전부하의 경우 효율이 최대가 되도록 설계되므로 경부하 또는 과부하로 사용하면 효율이 떨어지므로 비경제적이다.

3. 정 격(Rating)

전기기기의 온도상승, 정류, 최대 회전력을 고려하여 기기의 제작자가 보증하여

명판에 기재하는 출력의 한도를 그 기기의 **정격출력** 또는 **정격**이라고 한다.

① **연속정격** : 지정 조건하에 연속 사용할 때 그 기기에 대한 규격에 정하여진 온도 상승, 기타의 제한을 초과하는 일이 없는 정격을 말한다.

② **단시간정격** : 지정된 시간, 지정된 조건하에서 사용할 때 적용되는 것이다.

③ **반복정격** : 주기적으로 일정한 부하와 정지를 반복하는 기기의 정격으로 부하시간율(부하시간과 1주기와의 비)은 15, 25, 40, 60[%]가 표준이다.

예제 1 500[V] 분권전동기의 무부하 전류가 4[A], 브러시 접촉저항을 포함한 전기자 저항이 0.2[Ω], 계자 전류가 1[A]인 경우 입력 전류가 20[A]일 때 무부하시 전기자 전류[A], 무부하손[W], 부하손[W]과 출력[W]을 계산하시오.

풀이 무부하시 전기자 전류 $I_{0a} = I_0 - I_f = 4 - 1 = 3[\text{A}]$

무부하손 $P_0 = VI_0 - I_{0a}^2 R_a = (500 \times 4) - (3^2 \times 0.2) = 1998.2[\text{W}]$

부하손 $P_c = I_a^2 R_a = (I - I_f)^2 R_a = (20 - 1)^2 \times 0.2 = 72.2[\text{W}]$

출력 $P = \text{입력} - \text{손실} = (500 \times 20) - (1998.2 - 72.2) = 7930[\text{W}]$

예제 2 110[V], 5[kW], 1250[rpm]의 분권발전기의 전기자 저항이 0.22[Ω], 계자 전류가 1[A], 철손 및 기계손의 합이 350[W]라면 부하전류[A], 전기자 전류[A], 부하손[W]과 전부하 효율[%]을 구하시오.

풀이 부하전류 $I = \dfrac{P}{V} = \dfrac{5000}{110} = 45.45[\text{A}]$

전기자 전류 $I_a = I + I_f = 45.45 + 1 = 46.45[\text{A}]$

부하손 $P_c = I_a^2 R_a + VI_f = (46.45)^2 \times 0.22 + 110 \times 1 = 564.5[\text{W}]$

전부하 효율 $\eta = \dfrac{P}{P + P_i + P_c} \times 100 = \dfrac{5000}{5000 + 350 + 564.5} \fallingdotseq 84.2[\%]$

익 힘 문 제

1. 직류기의 손실 중에서 기계손에 해당되는 것은?

① 표유 부하손 ② 와전류손
③ 브러시의 전기손 ④ 풍손

정답 ④

풀이 ① 무부하손 : 철손, 기계손(풍손, 마찰손)
② 부하손 : 동손(저항손), 브러시손, 표유 부하손

2. 무부하에서 자기여자로 전압을 확립하지 못하는 직류발전기는?

① 직권발전기 ② 분권발전기 ③ 복권발전기 ④ 타여자 발전기

정답 ①

풀이 직권발전기는 계자권선이 전기자 권선과 직렬로 연결되어 있어서 무부하 상태에서는 부하전류 $I=I_a=I_s=0(\phi=0)$이므로 잔류자속 $\phi=0$이기 때문에 유도기전력이 발생되지 않는다. ($E=K\phi N$)

3. 직류기의 주요 구성요소라 할 수 있는 것은?

① 정류자, 계자, 브러시, 보상권선 ② 계자, 브러시, 전기자, 보극
③ 계자, 전기자, 정류자, 브러시 ④ 보극, 보상권선, 전기자, 계자

정답 ③

4. 전기자 권선을 단절권으로 하는 이유는?

① 고조파를 제거한다. ② 역률을 좋게 한다.
③ 기전력의 크기를 높게 한다. ④ 절연을 좋게 한다.

정답 ①

풀이 고조파를 제거하여 파형을 개선한다.

5. 전류의 방향과 기전력의 방향을 결정하는 법칙은?

① 렌츠의 법칙 ② 플레밍의 오른손 법칙
③ 패러데이의 전자유도법칙 ④ 앙페르의 오른나사의 법칙

정답 ①

풀이 렌츠의 법칙 : $e=-L\frac{di}{dt}$ 에서 유도전력의 크기는 패러데이 법칙이고, 기전력의 방향 (-)은 렌츠의 법칙이다.

6. 효율 80[%], 출력 10[kW]인 직류발전기의 전손실은 몇 [kW]인가?

① 1.25 ② 2.5 ③ 2.0 ④ 3.0

정답 ②

풀이 효율 $\eta=\frac{\text{출력}}{\text{출력}+\text{손실}}\times 100[\%]$ 에서

$0.8=\frac{10}{10+\text{손실}}$, $0.8(10+\text{손실})=10$, $\text{손실}+10=12.5$ $\therefore$ $\text{손실}=2.5[\text{kW}]$

7. 포화하고 있지 않은 직류발전기의 회전수가 $\frac{1}{2}$로 감소되었을 때 기전력을 전과 같은 값으로 하자면 여자를 속도 변화 전에 비하며 몇 배로 하여야 하는가?

① 0.5배 ② 1배 ③ 2배 ④ 4배

정답 ③

풀이 $E=K\phi N$

N이 $\frac{1}{2}$로 감소되면 여자(ϕ)가 2배로 증가해야 동일한 전압을 얻을 수 있다.

8. 자극수 6, 전기자 총 도체수 400, 단중파권을 한 직류발전기가 있다. 각 자극의 자속이 0.01[Wb]이고, 회전 속도가 600[rpm]이면 무부하로 운전하고 있을 때의 기전력은 몇 [V]인가?

① 110 ② 115 ③ 120 ④ 150

정답 ③

풀이 직류기 유도기전력

$E=P\phi\frac{N}{60}\cdot\frac{Z}{a}[\text{V}]$에서

$P=6$, $Z=400$, 단중 파권, $a=2$, $\phi=0.01[\text{Wb}]$, $N=600[\text{rpm}]$

$$\therefore\ E = 6\times0.01\times\frac{600}{60}\times\frac{400}{2} = 120[\mathrm{V}]$$

9. 직류발전기의 기전력을 E, 자속을 ϕ, 회전속도를 N이라 할 때 이들 사이의 관계로 옳은 것은?

① $E\propto\phi N$　② $E\propto\frac{\phi}{N}$　③ $E\propto\phi N^2$　④ $E\propto\phi^2 N$

정답 ①

풀이 직류발전기의 유도기전력 $E = P\phi\frac{N}{60}\cdot\frac{Z}{a} = K\phi N[\mathrm{V}]$　　$\therefore\ E\propto\phi N$

10. 일정 전압으로 운전하는 직류발전기의 손실이 $x+y=I^2$으로 된다고 한다. 어떤 전류에서 효율이 최대로 되는가?(단 x, y는 정수이다.)

① $\frac{y}{x}$　② $\frac{x}{y}$　③ $\sqrt{\frac{y}{x}}$　④ $\sqrt{\frac{x}{y}}$

정답 ④

풀이 효율 최대 조건

고정손 = 가변손, 즉 $x = yI^2$

$I^2 = \frac{x}{y}$　　$\therefore\ I = \sqrt{\frac{x}{y}}$

11. 어떤 전동기의 출력이 5[HP]일 때의 효율이 80[%]이었다면 이 전동기의 압력은 몇 [W]인가?

① 4662.5　② 4144.4　③ 3265　④ 2984

정답 ①

풀이 효율 $\eta = \frac{출력}{입력}\times100[\%]$에서 $80 = \frac{5\times746}{입력}\times100$, 입력 $= \frac{5\times746}{80} = 4662.5[\mathrm{W}]$

12. 부하의 변화에 대하여 속도 변동이 가장 큰 직류전동기는?

① 분권전동기　② 가동 복권전동기

③ 차동 복권전동기　④ 직권전동기

정답 ④

풀이 속도변동률의 크기 순서는 직권 > 가동 복권 > 분권 > 차동 복권 순이다.

13. 직류 분권전동기의 공급 전압의 극성을 반대로 하였을 때 다음 중 옳은 것은?

① 회전방향은 변하지 않는다. ② 회전방향이 반대로 된다.

③ 회전하지 않는다. ④ 발전기로 된다.

정답 ①

풀이 입력 전압의 극성을 바꾸면 전기자 권선과 계자 권선의 극성이 동시에 바뀌기 때문에 회전방향이 변하지 않는다.

14. 직류 분권전동기의 단자전압이 215[V], 전기자 전류 50[A], 전기자 전저항 0.1[Ω], 회전속도 1500[rpm]일 때 발생하는 회전력은 약 몇[N · m]인가?

① 66.9 ② 76.9 ③ 86.9 ④ 96.9

정답 ①

풀이 회전력(토크) $T = \frac{P}{w} = \frac{E \cdot I_a}{2\pi \frac{N}{60}}$ [N · m]에서

$I_a = 50$[A], $N = 1500$[rpm], $E = ?$

$E = V - I_a R_a = 215 - 50 \times 0.1 = 210$

$$T = \frac{E \cdot I_a}{2\pi \cdot \frac{N}{60}} = \frac{210 \cdot 50}{2\pi \cdot \frac{1500}{60}} \fallingdotseq 66.9[\text{N} \cdot \text{m}]$$

15. 부하 전류에 따라 속도변동이 가장 심한 전동기는?

① 타여자전동기 ② 분권전동기

③ 직권전동기 ④ 차동 복권전동기

정답 ③

16. 직류 직권전동기에서 토크 T와 회전수 N과의 관계는 어떻게 되는가?

① $T \propto N$ ② $T \propto N^2$ ③ $T \propto \frac{1}{N}$ ④ $T \propto \frac{1}{N^2}$

정답 ④

풀이 직류 직권전동기 토크 $T = K\phi I_a$에서 $T \propto \phi^2$

직류 직권전동기 회전수 $N \propto \frac{1}{\phi}$ $\therefore T \propto \frac{1}{N^2}$

17. 직류 분권전동기의 부하로 가장 적당한 것은?

① 크레인 ② 권상기 ③ 전동차 ④ 공작기계

정답 ④

풀이 크레인, 권상기, 전동차는 직류 직권전동기를 사용한다.

18. 워드-레오너드(Ward Leonared) 방식은 직류기의 무엇을 목적으로 하는 것인가?

① 정류 개선 ② 속도 제어 ③ 계자자속 조정 ④ 병렬 운전

정답 ②

풀이 워드-레오너드 방식은 속도제어방법 중 전압제어방법이다.

19. 증폭 특성을 이용하여 발전기의 전압이나 전동기의 속도를 제어하는 특수 직류기는?

① 승압기 ② 전기동력계 ③ 전동발전기 ④ 앰플리다인

정답 ④

풀이 앰플리다인은 직류전동기의 속도제어방법 중 전압제어방법 중의 하나이다.

20. 다음 중에서 직류전동기의 속도 제어법이 아닌 것은?

① 계자 제어법 ② 전압 제어법 ③ 저항 제어법 ④ 2차 여자법

정답 ④

풀이 직류전동기의 속도 제어법 : ① 계자 제어법, ② 전압 제어법, ③ 저항 제어법

제2장

동기기

동기기는 정상 운전 상태에서 일정한 주파수와 자극수에 따라 결정되는 동기 속도로 회전하는 교류기로 동기발전기와 동기전동기가 있다. 우리 가정에서 일상적으로 사용하는 전기나, 공장에서 기계를 움직이는데 사용하고 있는 전기는 모두 교류전기이다. 동기발전기는 전자유도작용을 응용한 것으로 직류발전기와 같은 원리로 되어 있으며 구조가 동기전동기와 같으므로 전동기로 운전할 수 있다. 동기전동기는 정속도 전동기로 비교적 회전수가 낮고 큰 출력이 요구되는 부하에 이용되며, 전력계통의 전류세기, 역률 등을 조정할 수 있는 동기 조상기로 사용되며, 최근에는 가변주파수의 전원에 의해 정밀 속도제어 전동기로 상용된다.

이 장에서는 동기기의 원리와 구조, 이론과 운전 특성 등에 대해서 알아보도록 한다.

2.1 동기발전기의 원리 및 구조

1. 동기발전기의 원리

평등자계 내에서 전기자 권선을 일정한 속도로 회전시키면 권선에는 교류기전력이 발생한다. 이것을 슬립링(slip ring)을 통하여 외부회로에 접속하도록 만든 것이 동기발전기(synchronous-generator)로서, 동기발전기에는 자속을 만드는데 필요한 직류전원이 필요하다.

그림 2-1과 같이 자극 N, S 사이에 코일 $abcd$를 놓고 이것을 xx'를 축으로 하여 시계방향으로 돌리면 코일변 ab, cd는 자속을 끊어 플레밍의 오른손법칙에 의해

ab, cd에는 화살표 방향으로 기전력이 발생하여 전류는 슬립링 r_1, r_2 및 브러시 b_1, b_2를 거쳐 A에서 B로 흐르게 된다. 또한 이 코일이 반회전을 하고 나면 기전력의 방향은 반대가 되어 전류는 B에서 A로 흐르게 된다. 이와 같이 코일을 일정한 속도로 회전시키면 반회전마다 기전력의 방향이 규칙적으로 변화하는 교번기전력이 발생하게 된다.

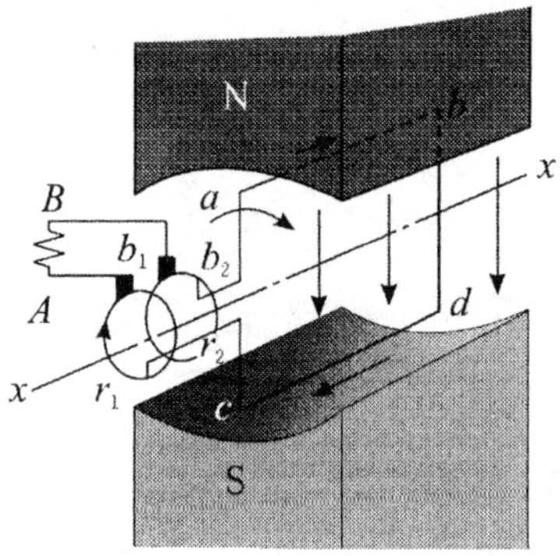

그림 2-1 동기발전기의 원리

(1) 동기 속도

그림 2-1과 같은 2극인 발전기는 권선이 1회전할 때마다 1[Hz]의 기전력을 발생하지만 P극인 발전기에서 발생하는 기전력은 권선이 N극과 S극, 즉 2개의 극을 지날 때마다 1[Hz]의 기전력을 발생하여 권선이 1회전하는 사이에 $P/2$[Hz]의 기전력을 발생하므로 극수를 P, 회전수를 N[rpm], 주파수를 f라 하면 다음과 같은 식이 성립한다.

$$\left.\begin{aligned} f &= \frac{P}{2} \times \frac{N}{60}\ \text{[Hz]} \\ N_s &= \frac{120f}{P}\ \text{[rpm]} \end{aligned}\right\} \qquad (2\text{-}1)$$

주파수 f, 자극수 P일 때 식 (2-1)을 만족하는 회전수를 **동기 속도**라 하여 N_s로 나타내며 동기 속도로 회전하는 교류 발전기를 **동기 발전기**라 한다.

식 (2-1)에서 우리나라의 전원 주파수는 60[Hz]로 일정하므로 발전기의 극수는 회전수에 따라 정해지며 회전수는 발전기를 회전시켜 주는 원동기에 따라 결정된다. 수력 발전소에서 수차의 회전수는 유량과 낙차로 결정되므로 다른 원동기에 비하여 회전수가 낮아 수차 발전기는 많은 극수가 필요하다. 화력 발전소나 원자력 발전소의 터빈은 고속일수록 효율이 높으므로 회전수를 대체로 1500~3600[rpm]으로 하므로 터빈 발전기의 극수는 2 또는 4로 하지만 대부분 2극으로 한다. 엔진 발전기의 회전수는 100~1000[rpm]으로 여기에 맞는 극수를 선택하게 된다.

위 식의 N_s를 주파수 f, 자극수 P에 대한 **동기속도**(synchronous speed)라 하며, 동기속도로 회전하는 교류기를 **동기발전기**라 한다.

예제 1 8극 900[rpm] 동기발전기로 병렬 운전하는 극수 6인 교류발전기의 회전수는?

풀이 $N_s = \frac{120}{P} f$에서 $f = \frac{P}{120} N_s = \frac{8}{120} \times 900 = 60[\text{Hz}]$

$\therefore N_s = \frac{120}{P} f = \frac{120}{6} \times 60 = 120[\text{rpm}]$

예제 2 우리나라 발전기의 최고 속도는 3600[rpm]이다. 그 이유를 설명하시오.

풀이 교류발전기의 초소 극수가 2극이며, 우리나라 상용 주파수가 60[Hz]이므로 $N_s = 3600[\text{rpm}]$이 최고 속도이다.

2. 동기발전기의 구조

(1) 회전 전기자형과 회전 계자형

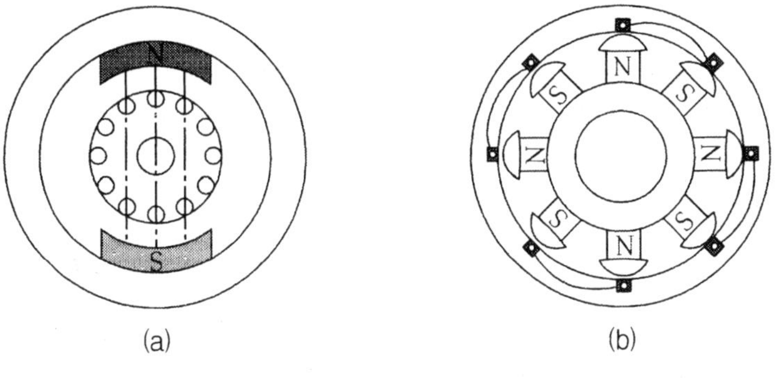

(a) (b)

그림 2-2 회전 전기자형과 회전 계자형

그림 2-2 (a)의 교류발전기는 자극이 고정되어 있고 전기자가 회전하므로 이것을 **회전 전기자형**이라 한다. 그러나 코일에 기전력을 유기시키려면 코일이 자속을 끊기만 하면 되므로 그림 2-2 (b)와 같이 전기자를 고정시키고 자극을 돌려도 된다. 이러한 발전기를 **회전 계자형**이라 한다.

대단히 용량이 적은 저전압의 교류발전기를 제외한 대부분의 교류발전기가 회전 계자형(revolving-field type)이다.

회전 계자형의 분류와 사용하는 이유를 들면 다음과 같다.

(가) 회전자 형태에 의한 분류

① 돌극형(철극형) : 회전자 모양이 울퉁불퉁하여 돌극형이라 한다.

- 공극이 불균일하다.
- 극수가 많다
- 저속기(수차 발전기)

② 비돌극형(원통형)

- 공극이 균일하다.
- 극수가 적다 – 2극~4극
- 고속기는 극수가 적어 높은 주파수를 얻기 위해 고속으로 회전한다.

(나) 회전 계자형을 사용하는 이유

① 기계적인 측면

- 계자의 철 분포가 전기자에 비하여 크므로 회전시 계자가 더 튼튼하다.
- 원동기측에서 구조가 간단한 계자를 회전시키는 것이 더 유리하다.

② 전기적인 측면

- 교류 고압인 전기자보다 직류 저압인 계자를 회전시키는 것이 위험성이 작다.
- 교류 고압인 전기자가 고정되어 있으므로 절연이 용이하다.

3. 동기발전기의 분류

동기발전기를 운전하는 원동기의 종류에 따라 분류하면 다음과 같다.

(1) 수차발전기(Water-Wheel Generator)

수차에 의하여 운전되는 것으로 회전수는 수차의 용량과 낙차에 의하여 광범위하게 변한다. 회전속도는 터빈발전기보다 저속도이다.

(2) 터빈발전기(Turbo-Generator)

증기터빈(steam turbine)에 의하여 운전되는 것으로 고속도로 회전수는 1800~3600[rpm]이다. 대용량기가 많고 고속도운전에 견디는 구조로 되어 있다.

(3) 엔진발전기(Engine Generator)

내연기관 주로 디젤기관(diesel engine)으로 운전되는 것으로 회전수는 300~600[rpm]로 보통 보조발전기로 자가용 전기설비에 많다. 이 발전기의 특징은 엔진에 의한 속도변화를 막기 위하여 큰 플라이휠 효과(flywheel effect)를 가지는 구조로 되어 있다.

4. 수소냉각 동기기

공기 대신에 수소가스를 냉각매체로 사용하는 것으로 다음과 같은 이점이 있다.

① 수소가스의 밀도[kg/m^3]는 공기의 약 7[%] 정도이므로 기체밀도에 비례하는 회전자 풍손은 공기의 약 12[%]로 되어 발전기 효율은 약 0.75~1[%] 향상된다.

② 수소의 열 전도율은 공기의 약 6.7배, 표면방산율은 약 1.5배이므로 냉각효과가 크다. 같은 출력의 기계에서 온도상승을 같게 한다면 공기로 냉각되는 기계보다 기계의 크기를 약 25[%] 적게 할 수 있다.

③ 수소는 공기보다 불활성이므로 코일의 절연 수명이 길게 된다.

④ 전폐형으로 하기 때문에 불순물의 침입이 없고 소음이 현저히 감소된다. 또 가스냉각기는 소형으로 할 수 있으므로 고정자테 안에 넣을 수 있다. 그러나 수소와 공기의 혼합으로 폭발하는 것을 막기 위하여 여러 가지 복잡한 부속 설비가 필요하여 설비비가 많이 든다. 이 방식은 대용량의 터빈발전기나 동기조상기에 쓰인다.

5. 여자기

동기기의 계자 권선을 여자해 주는 직류발전기를 여자기(Excitor)라고 하며 직류 분권발전기 또는 복권발전기가 사용된다. 운전방법으로는 주기에 직결하는 방법이 가장 많이 채용된다. 여자기의 필요 용량은 동기기의 용량과 회전수에 따라서 틀리며 여자기의 전압은 100~125[V]와 200~250[V]가 가장 많다.

예제 1 수소 냉각 발전기의 장, 단점을 기술하시오.

풀이 <장점>

① 비중이 공기의 약 7[%]로 가볍고, 풍손은 공기의 약 1/10로 감소한다.

② 비열이 공기의 약 14배로 열 전도성이 좋고, 공기 냉각 발전기에 비하여 약 25[%]의 출력이 증가한다.

③ 가스 냉각기가 적어도 된다.

④ 코로나 발생 전압이 높고, 절연물의 수명이 길다.

⑤ 불꽃이 발생되어도 산소가 존재하지 않으므로 화재가 생기지 않는다.

⑥ 공기에 비하여 대류율이 1.3배이고, 운전 중 소음이 적다.

<단점>

① 공기와 혼합하면 폭발할 우려가 있다.

② 방폭을 위한 부속 설비가 필요하여, 경비가 가산된다.

6. 동기발전기의 유기기전력

동기발전기의 유기기전력은 공극의 자속분포가 정현파이고, 전기자 권선을 집중권과 전절권으로 했을 때, 전기자 도체 1개에 유기되는 기전력의 순시값은 다음과 같다.

$$e = Blv[\mathrm{V}]$$

유기기전력의 파형은 이 식에서 알 수 있는 바와 같이 자속밀도 B의 분포와 같으므로 공극에 따른 자속밀도의 분포가 그림 2-3의 곡선 B와 같이 정현파라고 하면 유기기전력의 파형도 그림의 곡선 e와 같이 정현파가 된다. 이 때 자극 NS의 중간축이 어떤 전기자 도체의 아래에 왔을 순간에서 시간 t[s]를 잰다고 하면 그 도체하에서 자속밀도 B[Wb/m²]는 최대 자속밀도를 B_m[Wb/m²]이라 하면 시간 t에 대하여 다음과 같이 표시된다.

$$\left.\begin{aligned} B &= B_m \sin\omega t[\mathrm{Wb/m^2}] \\ \omega &= 2\pi f[\mathrm{rad/s}] \end{aligned}\right\}$$

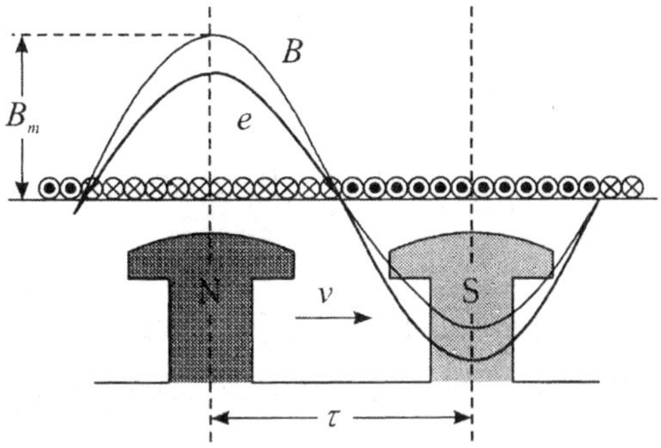

그림 2-3 유기기전력의 공간분포

자극피치를 τ[m]라고 하면 2τ만큼 움직이는 사이에 1[Hz]를 그리므로 속도 v는 다음과 같게 된다.

$$v = 2\tau f[\mathrm{m/s}]$$

이 식을 위 식에 대입하면 e는 다음과 같다.

$$\left.\begin{aligned} e &= 2\tau f l B_m \sin\omega t = E_m \sin\omega t[\mathrm{V}] \\ E_m &= 2\tau f l B_m[\mathrm{V}] \end{aligned}\right\}$$

자속밀도의 분포가 정현파일 경우에는 자속밀도의 평균값 $B_a = (2/\pi)B_m$이므로 매극의 자속 ϕ[Wb]는 다음과 같다.

$$\left.\begin{aligned} \phi &= B_a \tau l = (2/\pi) B_m \tau l\,[\mathrm{Wb}] \\ \therefore\ E_m &= \pi f \phi[\mathrm{V}] \end{aligned}\right\}$$

정현파 전압에서는 기전력의 실효값 E'[V]는 다음과 같다.

$$E' = \frac{E_m}{\sqrt{2}} = \frac{\pi}{\sqrt{2}} f\phi = 2.22 f\phi[\mathrm{V}]$$

한 코일의 양 코일변이 자극피치만큼 떨어져서 감기게 되면 양 코일변에 유도되는 기전력 사이의 위상차가 π가 되어 양 코일변의 기전력이 합해지므로 한 코일의 양단에 나타나는 기전력 E''[V]는 양쪽 기전력의 합과 같다.

$$E'' = 2E' = 4.44 f\phi[\mathrm{V}]$$

1상에 대하여 직렬로 접속된 코일의 권수를 w라고 하면 1상의 유기기전력 E

[V]는 다음과 같게 된다.

$$E = wE'' = 4.44fw\phi[\text{V}] \tag{2-2}$$

이것은 공극의 자속분포가 정현파분포일 경우의 유기기전력의 실효값을 나타내는 기본식이다.

그런데 동기기의 권선은 분포, 단절권선으로 되어 있으므로 어느 1상에 직렬로 연결되어 있는 각 도체의 기전력 사이에는 위상차가 생겨 그 합성기전력은 식 (2-2)에 의하여 계산한 값보다 적게 된다. 그러므로 집중전절권선의 기전력의 식 (2-2)에 1보다 작은 계수 K_w를 곱한

$$E = 4.44K_w fw\phi[\text{V}] \tag{2-3}$$

라는 식으로 기전력을 구한다.

여기서 K_w를 **권선계수**(winding factor)라고 한다.

예제 1 20극, 360[rpm]의 3상 동기발전기가 있다. 전 슬롯수 180, 각 코일의 권수 4, 전기자 권선을 성형으로, 단자 전압 6600[V]인 경우 1극의 자속[Wb]을 계산하시오.

풀이 1상의 기전력 $E = \dfrac{V}{\sqrt{3}} = \dfrac{6600}{\sqrt{3}} = 3810.6[\text{V}]$

$N_s = \dfrac{120f}{p}$ 에서

$f = \dfrac{PN_s}{120} = \dfrac{20\times360}{120} = 60[\text{Hz}],\quad w = \dfrac{180\times4}{3} = 240$

$E = 4.44K_w fw\phi$에서

$\phi = \dfrac{E}{4.44K_w fw} = \dfrac{3810.6}{4.44\times0.9\times60\times240} = 0.0662[\text{Wb}]$

2.2 동기발전기의 전기자 권선법

동기발전기의 고정자 코일에 유도되는 기전력의 파형은 공극의 자속밀도와 같기 때문에 기전력의 파형을 정현파에 가깝게 하려면 공극의 자속밀도의 분포를 정현파로 하여야 한다. 그러나 자속밀도의 분포는 비교적 정현파로 되지 않으므로 기전력의 파형이 찌그러지기 쉽다. 따라서 기전력을 개선하는 방법으로 분포권과 단절권을 쓴다.

1. 분포권

매극 매상의 도체를 한 슬롯에 집중시켜 감아 주는 권선방법을 **집중권**(concentrated winding)이라 하고, 매극 매상의 도체를 각각의 슬롯에 분포시켜 감아주는 권선법을 **분포권**(distributed winding)이라 하는데 분포권으로 하면 기전력의 파형이 좋아지고 권선의 누설 리액턴스를 감소시키며 전기자 동손에 의한 열을 골고루 분포시켜 과열을 방지하는 등 이점이 있다.

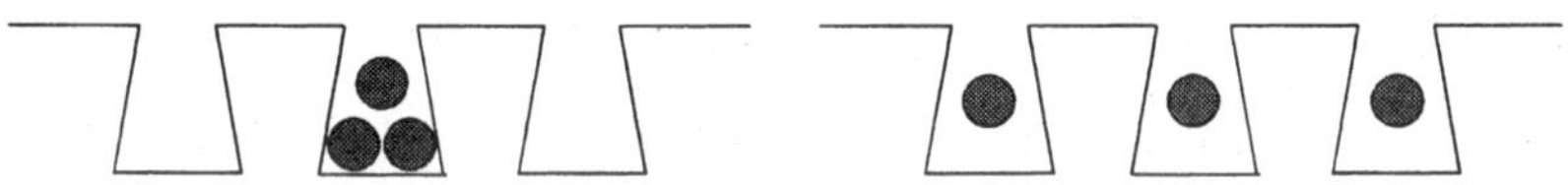

집중권 분포권

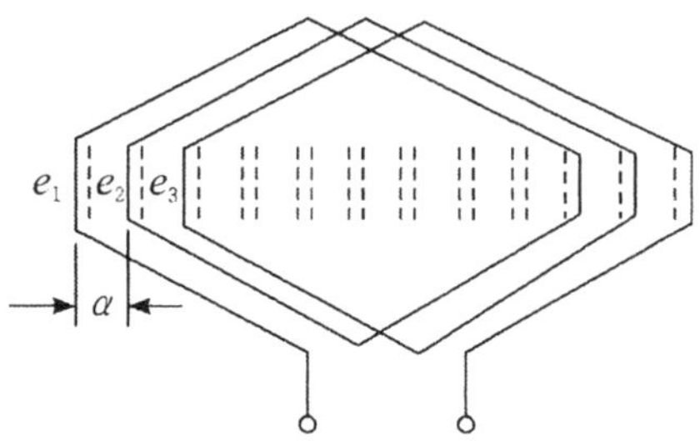

그림 2-4 분포권

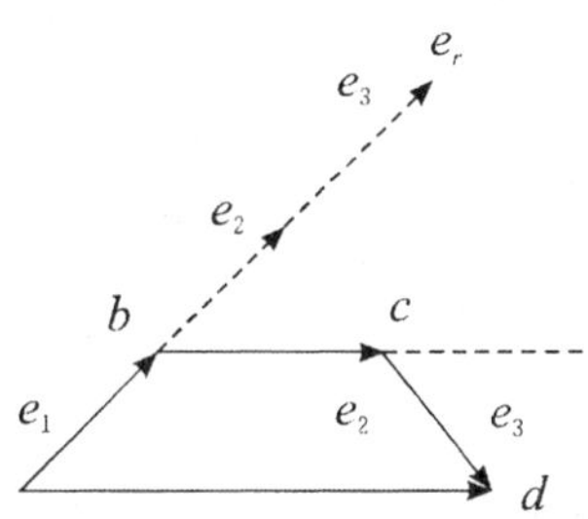

그림 2-5 벡터도

지금 매극 매상의 코일이 3개의 슬롯으로 분포되어 있는 경우를 생각하면 매극 매상의 합성기전력 e_r'는 그림 2-5와 같이 $e_1 = e_2 = e_3 = e$라 하면 $e_r = e_1 + e_2 + e_3 = 3e$가 아니고 이 3개의 벡터합 $\overline{ad}$와 같다. 따라서 합성기전력은 식 (2-3)의 값에 다음의 정수를 곱하면 된다.

$$K_d = \frac{\overline{ad}}{e_1 + e_2 + e_3} = \frac{e_r'}{3e} = \frac{e_r'}{e_r}$$

이 K_d를 **분포계수**(distribution factor)라 한다.

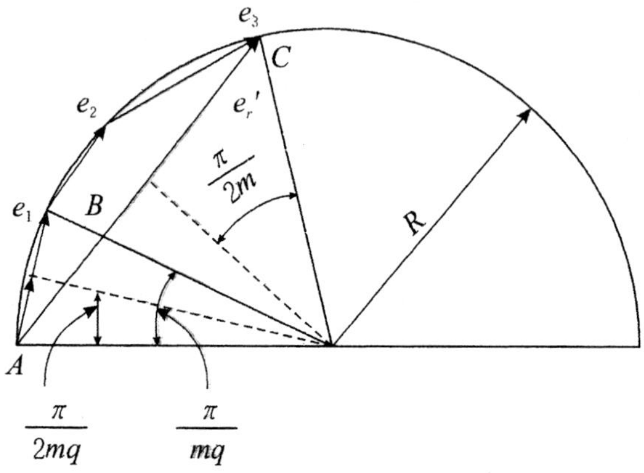

그림 2-6 분포계수

분포계수를 구하는 방법은 지금 상수를 m, 매극 매상의 슬롯수를 q, 슬롯의 간격을 α라 하면, 그림 2-6에서 알 수 있는 바와 같이 이 때의 매극 매상의 합성 유기기전력 $e_r' = \overline{AC}$는 각 코일변의 유기기전력 e_1, e_2, e_3, …, e_q(크기는 모두 e라 한다)의 벡터합이므로 분포계수 K_d는

$$K_d = \frac{e_r'}{e_1 + e_2 + e_3 + \cdots\cdots + e_q} = \frac{e_r'}{qe}$$

그런데 그림 2-6에서 원의 반지름을 r이라 하면

$$e = 2r\sin\frac{\alpha}{2}, \quad e_r' = 2r\sin\frac{q\alpha}{2}, \quad \alpha = \frac{\pi}{mq}$$

$$\therefore\ K_d = \frac{\sin\frac{q\alpha}{2}}{q\sin\frac{\alpha}{2}} = \frac{\sin\frac{\pi}{2m}}{q\sin\frac{\pi}{2mq}} \tag{2-4}$$

식 (2-4)가 분포계수의 일반식이다.

3상의 경우, 기본파에 대한 분포계수의 값은 표 2-1과 같다.

표 2-1 분포계수의 값

q	1	2	3	4	5	6	7	∞
K_d	1.00	+0.966	+0.960	+0.958	+0.957	+0.956	+0.956	+0.955

3상 발전기에서 q의 값은 보통 3~7 정도이다. 분포권에서는 집중권에 비하여, 합성 유기기전력은 감소하지만 기전력의 고조파가 감소하여 파형이 좋아지고 권선의 리액턴스가 감소하는 이점이 있다.

2. 단절권

권선 피치가 자극 피치 τ와 같은 전절권의 경우에는 양 코일변의 유기기전력의 위상은 π만큼 다르다.

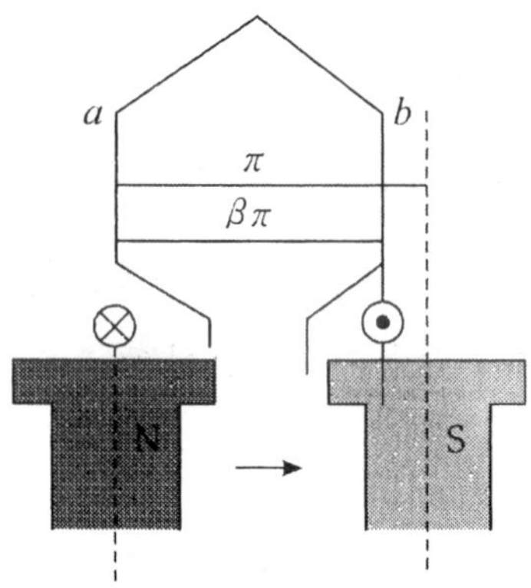

그림 2-7 단절권선

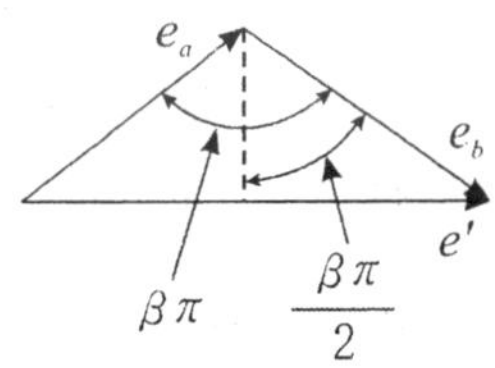

그림 2-8 단절권선의 벡터도

그림 2-7과 같은 단절권에서 권선피치와 자극피치 τ의 비를 $\beta(\beta<1)$라 하면, 양 코일변 a, b의 유기기전력 e_a와 e_b 사이에는 그림 2-8과 같이 $(1-\pi)\beta$만큼의 위상차가 생긴다. 따라서 코일의 양단에 나타나는 합성 유기기전력 e'는 e_a와 e_b의 벡터합이 된다.

이 때 $e_a = e_b = e$라 하고, $\frac{e'}{e_a + e_b} = K_p$라 하면,

$$K_p = \frac{e'}{e_a + e_b} = \frac{e'}{2e} = \sin\frac{\beta\pi}{2} \tag{2-5}$$

이 K_p를 **단절계수**(short-pitch factor)라 한다. 코일을 단절권으로 함으로써 코일의 양변에 유도되는 기전력의 위상차에 의하여 합성기전력은 감소한다. 단절계수는 감소하는 합성기전력이 비율을 표시한 것이다. 표 2-2는 기본파에 대한 β와 K_p의 값을 나타낸 것이다.

표 2-2 단절계수값

β	1.0	17/18	14/15	11/12	8/9	13/15	5/6	12/15	7/9	9/12	11/15
K_p	1.0	0.996	0.995	0.991	0.985	0.978	0.966	0.951	0.940	0.924	0.914

권선계수(winding factor)는 기전력의 기본식인 식 (2-3)은 집중권, 전절권에 적용되는 것이다. 따라서 분포권, 단절권의 경우의 유기기전력은 다음과 같이 된다.

$$E = 4.44 K_d K_p f w \phi = 4.44 K_w f w \phi \,[\mathrm{V}] \qquad (2\text{-}6)$$

여기서 $K_w = K_d \cdot K_p$로 권선계수라 한다.

예제 1 2층 중권, 3상 교류발전기가 있다. 분포권이며, 코일 피치는 10슬롯이고 슬롯 총수는 120개, 자극수는 10이다. 분포계수, 단절계수, 권선계수를 구하시오.

풀이 매극 매상의 슬롯수는

$q = 120/3 \times 10 = 4$

분포계수는

$$K_d = \frac{\sin \frac{\pi}{2m}}{q \sin \frac{\pi}{2mq}} = \frac{\sin \frac{\pi}{2\times3}}{4 \sin \frac{\pi}{2\times3\times4}} = 0.958$$

극간격은 슬롯수로 $\frac{120}{10} = 12$이고 코일피치는 10슬롯이므로 $\beta = \frac{10}{12} = \frac{5}{6}$의 단절권이다.

단절계수 $K_p = \sin \frac{\beta\pi}{2} = \sin \frac{\frac{5}{6}\pi}{2} = \sin \frac{5\pi}{12} = 0.966$

$\therefore$ 권선계수 $K_w = K_d \times K_p = 0.958 \times 0.966 = 0.925$

예제 2 한 극의 자속이 0.1[Wb], 주파수 60[Hz], 분포계수 0.96이며, 전절권으로 한 발전기의 1상에 6,000[V]를 유기시키려면 1상의 직렬권 횟수는 얼마로 하면 되는가?

(풀이) $E=4.44K_w f w\phi$에서

$$w=\frac{E}{4.44K_w f\phi}$$

그런데 $K_w=K_d \times K_p=0.96\times 1$, $f=60$, $\phi=0.1$, $E=6,000$을 대입하면

$$w=\frac{6,000}{4.44\times 0.96\times 60\times 0.1}=235[\text{회}]$$

2.3 동기발전기의 특성

1. 전기자 반작용

무부하의 경우 발전기의 자속은 계자 기자력만으로 만들어진다. 그러므로 식 (2-3)의 ϕ는 계자 기자력(계자 권선의 권회수가 일정하므로 계자전류라 해도 좋다)만으로 정해지고 기전력 E도 이것에 의하여 정해진다.

그런데 전기자에 전류가 흐르면 전기자 전류에 의한 기자력이 계자 기자력에 겹쳐서 작용하게 되므로 자속분포는 무부하의 경우와는 다르게 된다. 그러기 때문에 유기전압도 무부하의 경우의 전압보다 감소하거나 증가한다. 이와 같이 전기자 전류에 의한 자속 중에서 공극을 지나 자극에 들어가 계자 자속에 영향을 미치는 것을 **전기자 반작용**(armature reaction)이라 한다. 이 반작용은 전류의 크기가 같아도 역률에 따라서 그 작용이 다르게 된다.

(1) 유효전류에 의한 전기자 반작용(역률 1인 경우)

우선 전압과 동상의 유효전류가 전기자에 흐르고 있는 경우를 생각해 보자. 어느 도체의 기전력이 최대가 되는 것은 그 도체가 자극의 한 가운데를 지나는 순간이므로 이 전압과 동상인 전류가 최대로 되는 것도 역시 이러한 순간이며, 이것을 그림에 표시하면 그림 2-9 (a)와 같이 된다.

이 경우 전기자 전류에 의한 기자력은 N, S 양극의 중간에서 최대가 되는 정현파에 가까운 분포가 되어 자극의 한쪽 끝에서는 자속을 증가시키고, 다른 쪽 끝에서는

자속을 감소시키는 작용을 한다. 이것은 그림 2-9 (b)와 같이 전기자 반작용이 계자자계의 작용축과 전기적으로 90°의 각을 짓는 방향, 즉 횡축방향으로 작용하므로 이것을 **횡축 반작용**(quadrature reaction) 또는 **교차 자화작용**(cross magnetization)이라 한다.

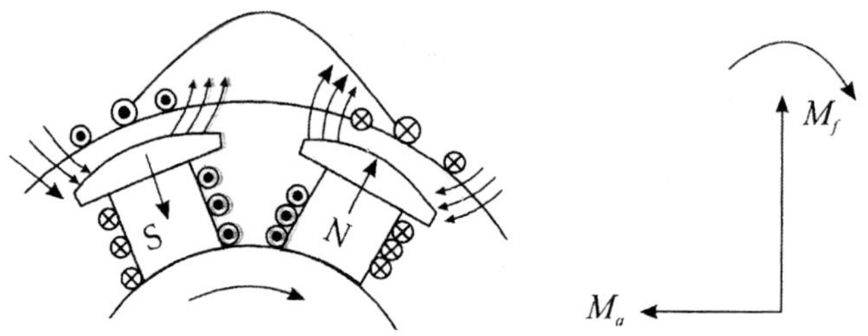

(a) (b)

그림 2-9 횡축 반작용

(2) 무효전류에 의한 전기자 반작용(역률 0인 경우)

전기자에 역률 0인 지상전류, 즉 기전력보다 90°만큼 위상이 뒤진 무효전류에 대하여 생각해 보자.

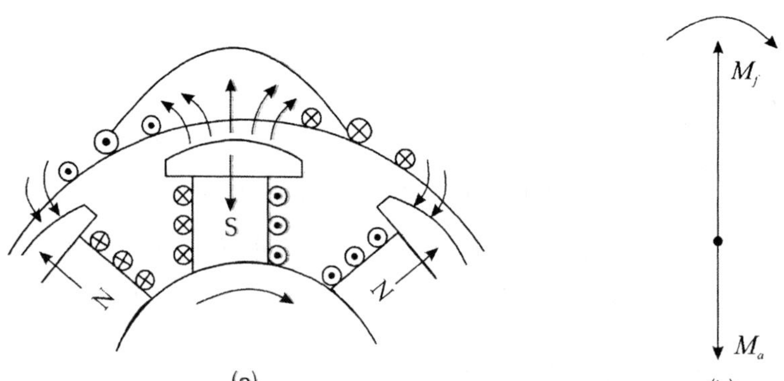

(a) (b)

그림 2-10 $\frac{\pi}{2}$ 지상전류의 직축 반작용

이 경우의 전류와 자극의 관계는 그림 2-10 (a)와 같게 된다. 즉 그림 2-9 (a)에 표시된 유기기전력이 최대인 위치에서 자극이 회전하여 그림 2-10 (a)의 위치에 왔을 때, 바꾸어 말하면 자극이 전기각 90°만큼 이동해서 유기기전력이 0이 되고

곧 방향이 반대로 되려고 하는 순간에 전류는 최대가 된다.

이 경우의 전기자 전류에 의한 반작용 기자력은 계자의 작용축과 일치하여 그림 2-10 (b)와 같이 직축방향으로 작용하므로 **직축 반작용**(direct reaction)이라 하며, 또는 계자 자속을 감소시키므로 **감자작용**(demagnetization)이라고도 한다.

다음에 위상이 90° 앞선 진상 무효전류가 흐르는 경우에는 자극이 그림 2-10 (a)와는 완전히 반대가 되어 그림 2-11 (a)와 같이 된다. 그림 2-11 (b)에서 알 수 있는 바와 같이 반작용 기자력은 계자 자속을 증가시키므로 **자화작용**(magnetization)이라 한다.

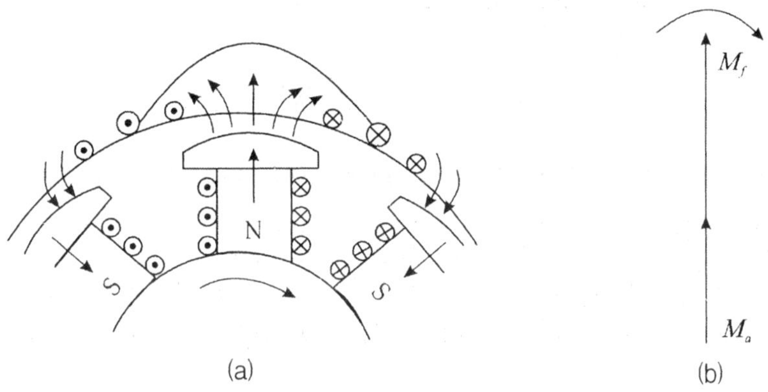

그림 2-11 $\frac{\pi}{2}$ 진상전류의 직축 반작용

2. 벡터도와 동기 임피던스

(1) 벡터도

동기발전기 1상에 대하여 전압, 전류 및 기전력의 관계를 표시한 것이 그림 2-12이다.

계자 기자력 $\dot{M}_f$에 의하여 자속 $\dot{\Phi}_f$가 생기고 $\dot{\Phi}_f$보다 90° 뒤진 위상의 기전력 $\dot{E}$를 유기한다. 그러면 부하전류 $\dot{I}$가 흐르고 $\dot{I}$와 동상으로 전기자 반작용 기자력 $\dot{M}_a$가 생기며, 이 $\dot{M}_a$와 $\dot{M}_f$의 합성기자력 $\dot{M}_i$에 의해 자속 $\dot{\Phi}_i$가 생긴다. 이 $\dot{\Phi}_i$가 부하시 공극에 실재하는 자속이다. 전기자 권선은 $\dot{\Phi}_i$와 쇄교해서 90° 뒤진 기전력 $\dot{E}_i$를 유기한다. 이 기전력 $\dot{E}_i$를 **내부전압**(internal voltage)이라 하는데 이것이 부하시 유기기전력이 된다.

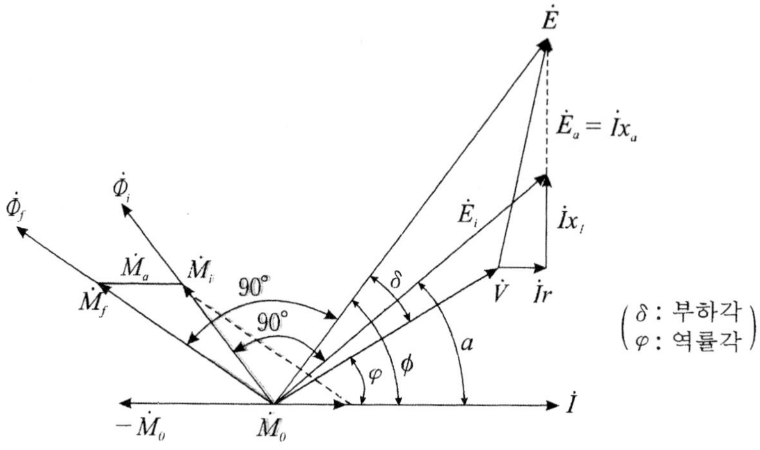

그림 2-12 동기발전기의 벡터도

이러한 사실은 $\dot{M}_f$에 의해서 이것보다 90° 뒤진 기전력 $\dot{E}$를 유기하고 $\dot{M}_a$가 또한 이보다 90° 뒤진 위상의 기전력을 유기시키지만 이것은 전기자 반작용 기자력에 의한 기전력이므로 전압강하로 보고 $\dot{M}_a$라 하면 $(\dot{E}-\dot{E}_a)$가 E_i가 된다고 생각해도 좋다.

단자전압 $\dot{V}$는 $\dot{E}_i$에서 전기자 권선의 저항 r에 의한 전압강하 $\dot{I}_r$과 누설 리액턴스 x_l에 의한 전압강하 $j\dot{I}x_l$을 뺀 것이므로 그림 2-12와 같은 벡터도가 된다.

(2) 동기 임피던스

벡터도를 보면 $\dot{E}_a$는 $\dot{I}$보다 90° 앞선 위상에 있으므로 자기포화를 무시하고 전류 $\dot{I}$에 비례하는 것으로 하면 $\dot{E}_a$를 리액턴스 x_a에 의한 전압 $j\dot{I}x_a$로 볼 수 있으므로

$$\dot{E}_a+j\dot{I}x_l=j\dot{I}(x_a+x_l)=j\dot{I}x_s$$

로 취급하는 것이 매우 간편하다.

이렇게 생각한

$$x_s=x_a+x_l \tag{2-7}$$

을 동기 리액턴스(synchronous reactance)라 하며, 이것과 전기자 저항 r로 되는

$$\dot{Z}_s=r+jx_s \tag{2-8}$$

를 동기 임피던스(synchronous impedance)라 한다. 일반적으로 동기기에서는 r은

x_s에 비해 대단히 적어 무시하면 실용상으로 $Z_s \fallingdotseq x_s$라 해도 좋다.

(3) 동기 임피던스법 벡터도

동기 임피던스 $\dot{Z}_s = r + jx_s$를 써서 동기기 1상에 대한 등가회로를 표시하면 그림 2-13과 같고 그림 2-14는 역률 $\cos\varphi$인 평형 부하전류 $\dot{I}$가 흐르는 경우의 벡터도이다.

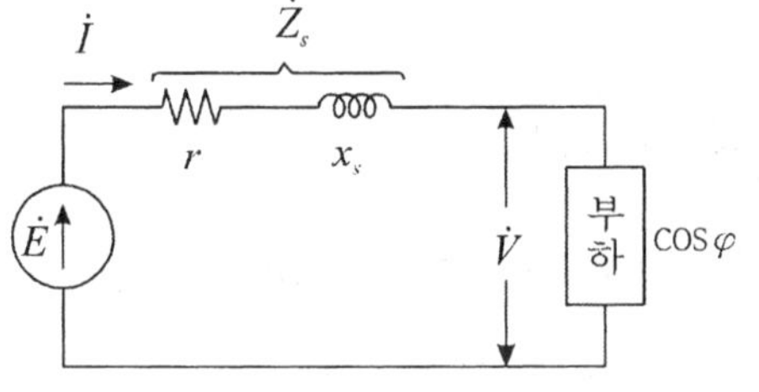

그림 2-13 동기발전기 회로

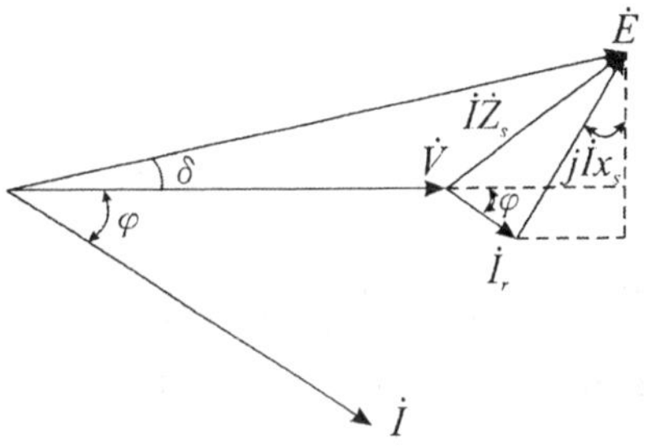

그림 2-14 비돌극형의 벡터도

그림 2-12, 그림 2-13의 $\dot{E}$는 계자 자속에 의한 유기 기전력이며, 이것을 공칭 유기 기전력이라 한다.

그림 2-14에서

$$\dot{E} = \sqrt{(V\cos\varphi + Ir)^2 + (V\sin\varphi + Ix_s)^2}$$

$$= \sqrt{(V + Ir\cos\varphi + Ix_s\sin\varphi)^2 + (Ix_s\cos\varphi - Ir\sin\varphi)^2} \qquad (2\text{-}9)$$

$$\tan\delta = \frac{Ix_s\cos\varphi - Ir\sin\varphi}{V + Ir\cos\varphi + Ix_s\sin\varphi} \qquad (2\text{-}10)$$

가 된다.

(4) 2반작용법 벡터도

비돌극기, 돌극기의 구별 없이 가장 간단한 벡터도는 동기 임피던스 Z_s를 써서 표시한 그림 2-14의 벡터도이다.

그런데 비돌극기에서는 공극이 균일하므로 전기자 반작용을 직축과 횡축으로 나눌 필요가 없으나 돌극기에서는 전기자 반작용을 직축과 횡축으로 나누어 생각하는 것이 정확하다. 이것은 직축이 횡축에 비하여 공극이 작으므로 직축 반작용에 대한 동기 리액턴스가 횡축에 대한 그것보다 크기 때문이다.

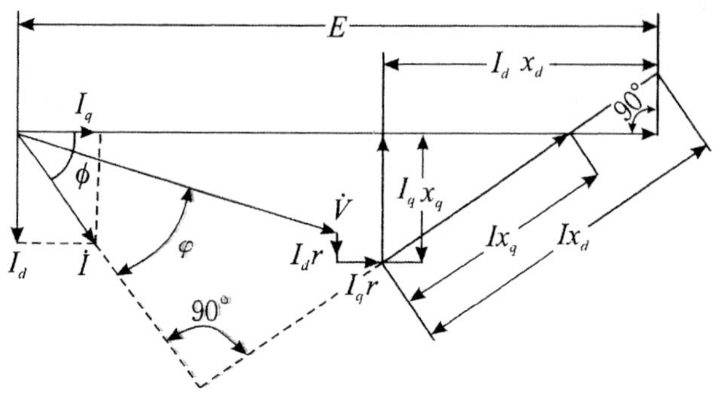

그림 2-15 돌극형의 벡터도

그림 2-15는 돌극기에서 적용되는 2반작용법(two reaction method) 벡터도이다.

여기서, E : 공칭 유기 기전력, I : 전기자 전류, V : 단자전압,

I_d : 전류 I의 직축분, I_q : 전류 I의 횡축분,

$x_d = x_l + x_{ad}$: 직축 동기 리액턴스(direct synchronous reactance)

x_{ad}는 직축 반작용에 대한 등가 리액턴스, x_l는 전기자 누설 리액턴스

$x_q = x_l + x_{aq}$: 횡축 동기 리액턴스(quadrature synchronous reactance)

x_{aq}는 횡축 반작용에 대한 등가 리액턴스

를 나타낸다.

계자전류에 의한 공칭 유기 기전력 E에서 직축 리액턴스 강하 $I_d x_d$와 이것과 직각인 횡축 리액턴스 강하 $I_q x_q$를 빼고, 또 저항강하 $I_d r$, $I_q r$을 뺀 것이 단자전압 V가 된다.

3. 무부하 포화곡선(No Load Saturation Curve)

$E = 4.44 K_w f \phi n$[V]에 의하면 발전기가 정격속도에서 무부하로 운전하고 있는 경우에 유기기전력은 자속 ϕ에 비례한다.

그러나 무부하의 경우 자속은 계자전류에 의해서만 정해지므로 무부하 유기기전력과 계자전류의 관계 곡선을 그릴 수 있다. 이것을 무부하 포화곡선이라 한다.

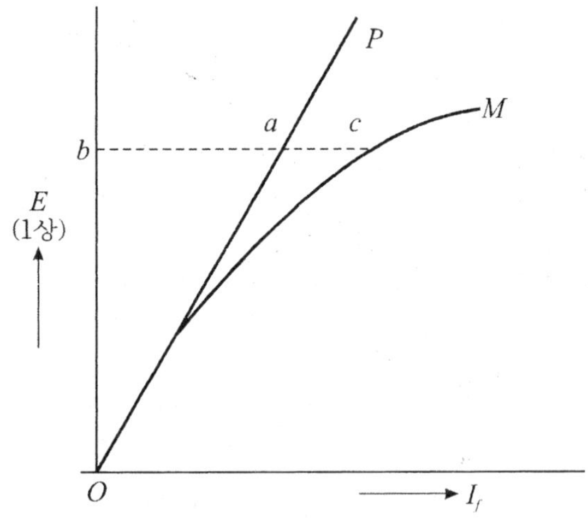

그림 2-16 동기발전기의 무부하 포화곡선

이 곡선은 전압이 낮은 부분에서는 유기기전력이 계자전류에 정비례해서 증가하지만 전압이 높아짐에 따라 철심의 포화로 인하여 자기저항이 증가하여 일정 기전력을 유기하는데 계자전류가 보다 더 많이 필요하게 되므로 그림 2-16의 OM과 같은 포화곡선이 된다. 이 그림에서 $\overline{OP}$는 무부하 포화곡선의 직선부를 연장한 직선이며 이것을 **공극선**(air gap line)이라 한다. 그림 2-16에서 점 b가 정격전압에 상당하는 점이 될 때

$$\sigma = \frac{\overline{ac}}{\overline{ba}}$$

를 **포화율**(saturation factor)이라 하고 이것으로 포화의 정도를 표시한다.

4. 3상 단락곡선

동기발전기의 중성점을 제외한 전 단자를 단락시키고, 정격속도로 운전하면서, 계자전류 I_f[A]를 0에서 서서히 증가시키는 경우에, 단락전류(영구 단락전류 또는 지속 단락전류라고도 한다.) I_s[A]와 I_f[A]의 관계를 나타낸 곡선을 **3상 단락곡선**이라 한다.

그림 2-17의 곡선 OS는 이것을 나타낸 것으로 거의 직선이다.

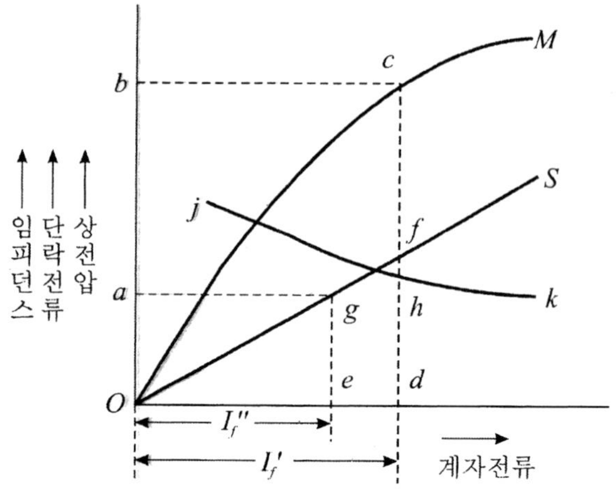

그림 2-17 동기발전기의 3상 단락곡선

(1) 단락비

그림 2-17의 곡선 OM은 무부하 포화곡선, 곡선 OS는 단락곡선이다. 정격속도에서 무부하 유기기전력 E[V](그림의 $\overline{dc}$)를 발생시키는데 필요한 계자전류 I_f'[A](그림의 $\overline{Od}$)와 정격전류 I_n[A](그림의 $\overline{eg}$)와 같은 영구 단락전류를 흘리는데 필요한 계자전류 I_f''[A](그림 $\overline{Oe}$)의 비를 단락비(short circuit ration)라 하며, 동기기의 중요한 특성 정수이다.

$$\text{단락비 } K_s = \frac{I_f'}{I_f''} = \frac{\overline{Od}}{\overline{Oe}} = \frac{\text{단락전류}}{\text{정격전류}} \qquad (2\text{-}11)$$

단락비 K_s의 값은, 수차와 엔진발전기는 0.9~1.2정도이고 터빈발전기는 0.6~1.0정도이다.

(2) %동기 임피던스

그림 2-13의 등가회로에서, 영구 단락전류 I_s[A]는 1상의 유기기전력 E[V]를 1상의 동기 임피던스 Z_s[Ω]로 나눈 것이므로 $Z_s = E/I_s$[Ω]로 된다.

그림 2-17에서 같은 계자전류에 대한 상전압 E와 단락전류 I_s의 비로부터 Z_s를 구하면 곡선 jhk와 같이 된다. 이 값은 일정한 값이 되지 않고, 자기회로의 포화현상 때문에 계자전류 I_f값에 따라 다르게 되는 것을 알 수 있다. 그러므로 보통 동기

임피던스란 정격상전압 E_n[V]와 E_n을 유도하는데 필요한 계자전류일때의 3상 단락전류 I_s[A]의 비로서 구한다. 즉,

$$Z_s = \frac{E_n}{I_s} = \frac{\overline{dc}}{\overline{df}} = \overline{dh}[\Omega] \tag{2-12}$$

Z_s는 편의상 정격전류 I_n에 대한 임피던스 강하 Z_sI_n[V]와 정격상전압 E_n[V]의 비를 퍼센트로서 나타내는 경우가 있다. 이것을 **퍼센트 동기 임피던스**(percentage synchronous impedance)라 한다.

$$\text{퍼센트 동기 임피던스 } z_s' = \frac{Z_sI_n}{E_n} \times 100[\%] \tag{2-13}$$

예제 1 정격전압 6,000[V], 용량 8,000[kVA]의 3상 교류발전기의 %동기 임피던스가 80[%]이다. 이 발전기의 단락비와 동기 임피던스[Ω]를 계산하시오.

풀이 단락비 $K_s = \frac{100}{Z_s'} = \frac{100}{80} = 1.25$

동기 임피던스 $Z_s = \frac{Z_s'E_n}{100I_n} = \frac{80 \times \frac{6,000}{\sqrt{3}}}{100 \times \frac{8,000 \times 10^3}{\sqrt{3} \times 6,000}} = 3.6$

예제 2 정격출력 10,000[kVA], 정격 전압이 6,600[V], 동기 임피던스가 매상 3.6[Ω]인 3상 동기발전기의 단락전류[A], 정격전류[A]와 단락비를 구하시오.

풀이 $P = 10,000$[kVA], $V = 6,600$[V], $Z_s = 3.6[\Omega]$

단락전류 $I_s = \frac{V}{\sqrt{3}Z_s} = \frac{6,600}{\sqrt{3} \times 3.6} = 1058.5$[A]

정격전류 $I_n = \frac{P}{\sqrt{3}V} = \frac{10,000 \times 10^3}{\sqrt{3} \times 6,600} = 874.8$[A]

∴ 단락비 $K_s = \frac{I_s}{I_n} = \frac{1058.5}{874.8} = 1.21$

5. 전압변동률

전압변동률은 여자 및 속도를 변화시킴이 없이 정격출력(지정역률)에서 무부하로 하였을 때의 전압변동의 비율을 말하며 일반적으로 정격전압에 대한 백분률로 표시한다.

즉, 정격 단자전압을 V_n, 정격출력에서 무부하로 하였을 때의 전압을 V_0라 하면 전압변동률 ε은 식 (2-14)와 같다.

$$\varepsilon = \frac{V_0 - V_n}{V_n} \tag{2-14}$$

전압변동률은 무부하전류의 대소에 따라서 달라질 뿐만 아니라 같은 부하전류에 대하여도 역률이 상이하면 그 값이 달라진다.

그림 2-18(이것을 외부 특성곡선이라 한다)은 이 관계를 표시한 것이다. 이 그림을 보아도 알 수 있는 바와 같이 유도부하의 경우에는 전압변동률은 $+(V_0 > V_n)$, 용량부하의 경우에는 $-(V_0 < V_n)$로 된다.

대체로 동기발전기의 전압변동률은 자동전압조정기를 병용하지 않는 기계에 있어서는 역률 1.0에서 15~18[%], 역률 0.8(lagging)에서 25~30[%] 정도이고, 자동전압조정기를 병용한 기계는 역률 1.0에서 18~25[%], 역률 0.8(lagging)에서 30~40[%] 정도이다.

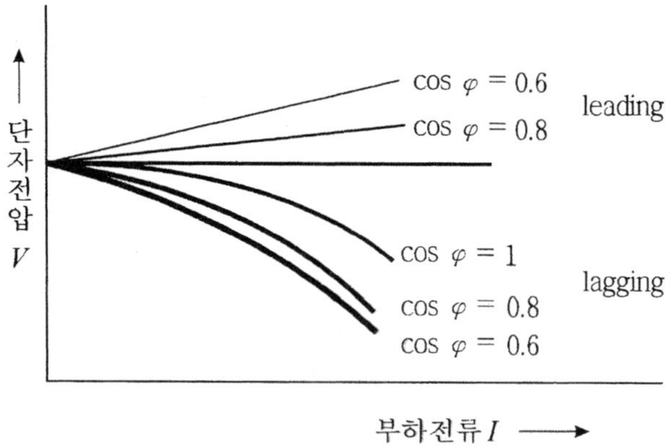

그림 2-18 전압변동률

예제 1 역률 1에서의 전압변동률이 15[%]인 정격전압 3,300[V]의 3상 발전기가 정격출력(역률1)을 내며 운전하고 있을 때, 여자와 회전수를 그대로 두고 무부하로 하였을 때의 전압을 계산하시오.

풀이 $\varepsilon = \dfrac{V_0 - V_n}{V_n} \times 100[\%]$

$V_0 = (1+\varepsilon)V_n = (1+0.15) \times 3,300 = 3,795[V]$

6. 동기발전기의 출력

(1) 비돌극기의 출력

그림 2-19의 벡터도에서 구한다. 이 그림의 각 δ는 V와 E사이의 각이며 이것을 부하각(power angle)이라 한다.

그림 2-19에서

$$\alpha = \sin^{-1}\frac{r}{Z_s}, \quad \gamma = \tan^{-1}\frac{x_s}{r}$$

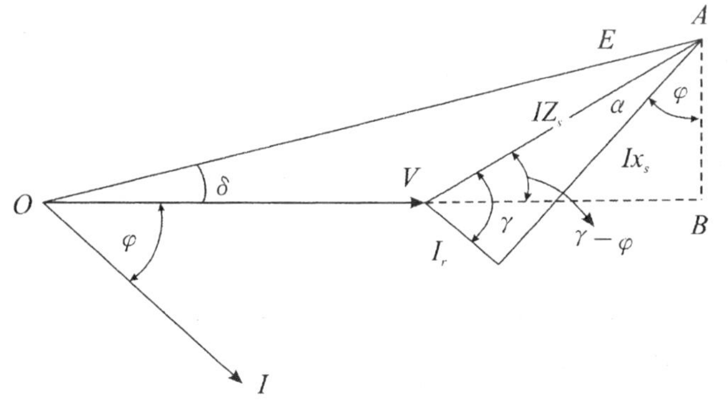

그림 2-19 비돌극기의 벡터도

발전기 1상의 출력 P는

$$P = VI\cos\varphi = \frac{VIZ_s\cos\varphi}{Z_s}$$

벡터도에서 $\triangle OAB$의 $\overline{AB}$는 식 $\cos(A \pm B) = \cos A\cos B \mp \sin A\sin B$

$\sin(A \pm B) = \sin A \cos B \pm \cos A \sin B$를 응용하면

$$IZ_s \sin(\gamma - \varphi) = IZ_s \cos(\varphi + \alpha) = E \sin\delta$$

또 $\overline{OB}$는

$$V + IZ_s \cos(\gamma - \varphi) = V + IZ_s \sin(\varphi + \alpha) = E \cos\delta$$

따라서

$$IZ_s(\cos\varphi \cos\alpha - \sin\varphi \sin\alpha) = E \sin\delta$$

$$IZ_s(\sin\varphi \cos\alpha + \cos\varphi \sin\alpha) = E \cos\delta - V$$

위의 식에 각각 $\cos\alpha$와 $\sin\alpha$를 곱하여 더하면

$$Iz_s \cos\varphi(\cos^2\alpha + \sin^2\alpha) = E \sin\delta \cos\alpha + (E \cos\delta - V) \sin\alpha$$

이고

$$IZ_s \cos\varphi = E \sin(\delta + \alpha) - V \sin\alpha$$

그러므로 $P = \dfrac{VIZ_s \cos\varphi}{Z_s} = \dfrac{V}{Z_s}\{E \sin(\delta + \alpha) - V \sin\alpha\}$

$$P = \frac{EV}{Z_s} \sin(\delta + \alpha) - \frac{V^2}{Z_s} \sin\alpha \qquad (2\text{-}15)$$

전기저항은 매우 적으므로 이것을 무시하고 $Z_s \fallingdotseq x_s$, $\alpha \fallingdotseq 0$이라 하면

$$P \fallingdotseq \frac{EV}{x_s} \sin\delta \qquad (2\text{-}16)$$

$\delta = 90°$에서 최대가 된다.

그림 2-20은 유기기전력 E와 단자전압 V를 일정하게 하고 출력과 부하각과의 관계를 표시한 것이다.

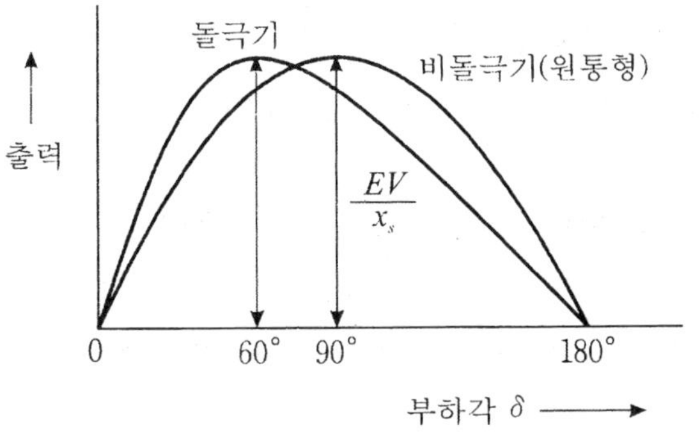

그림 2-20 비돌극기의 부하각과 출력의 관계

(2) 돌극기의 출력

그림 2-21은 전기자 저항 r을 무시한 2반작용법 벡터도이다.

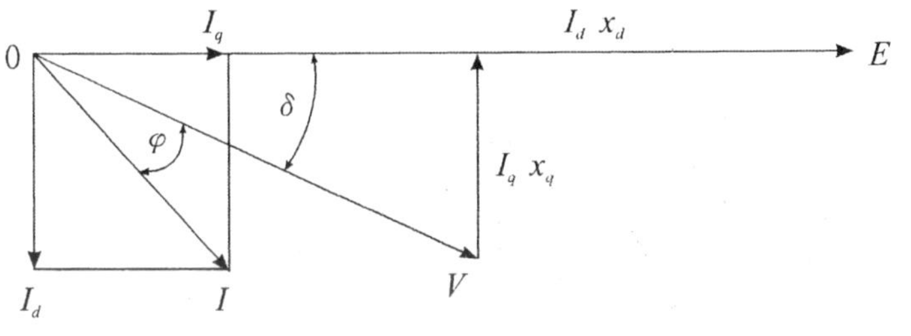

그림 2-21 돌극기의 벡터도

이 그림에서

$$V\cos\delta = E - I_d x_d$$

$$V\sin\delta = I_q x_q$$

위의 두 식에서

$$I_d = \frac{E - V\cos\delta}{x_q}$$

$$I_q = \frac{V\sin\delta}{x_q}$$

발전기 1상의 출력 P는

$$P = VI_q \cos\delta + VI_d \sin\delta$$

그러므로

$$\begin{aligned} P &= V\cos\delta \cdot \frac{V\sin\delta}{x_q} + V\sin\delta \cdot \frac{E - V\cos\delta}{x_d} \\ &= \frac{V^2}{x_q}\sin\delta \cdot \cos\delta + \frac{VE\sin\delta}{x_d} - \frac{V^2 \sin\delta\cos\delta}{x_d} \\ &= \frac{EV\sin\delta}{x_d} + \frac{V^2(x_d - x_q)}{x_q x_d}\sin\delta\cos\delta \\ &= \frac{EV}{x_d}\sin\delta + \frac{V^2(x_d - x_q)}{2x_d x_q}\sin 2\delta \qquad (2\text{-}17) \end{aligned}$$

식 (2-17)의 E, V를 일정하게 하고 δ를 변화시켰을 때의 출력 P는 그림 2-22와 같다.

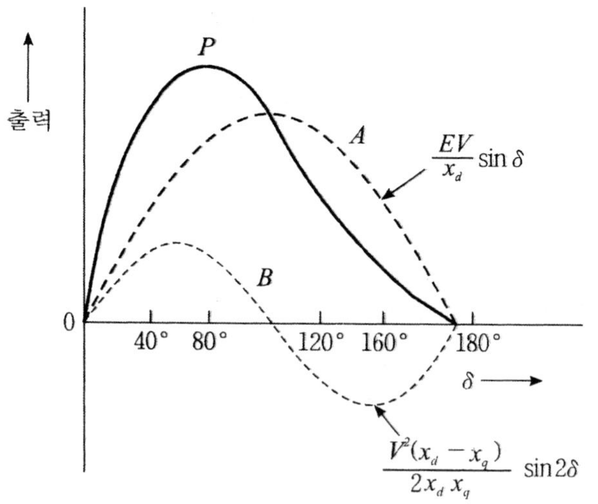

그림 2-22 돌극기의 부하각과 출력의 관계

A곡선은 식 (2-17)의 제1항을, B곡선은 제2항을 표시한다. 대체로 $\delta = 60°$ 부근에서 최대 출력이 되고 정격운전시의 δ는 20° 부근이 된다.

예제 1 3상 비돌극 동기발전기가 있다. 정격출력 10,000[kVA], 정격전압 6,600[V], 정격역률 0.8이다. 1상의 동기 리액턴스를 1.0[p.u]라고 할 때 정태안정 극한 전력[kW]을 구하시오.

풀이 ※ 단위법(p.u법): 동기기의 경우 사용되는 대부분 대용량이므로 수치가 매우 커서 이를 비례식의 개념으로 단자 전압 V를 1로 놓고 계산하는 방식이 있는데 이를 단위법이라 한다.

p.u법으로 풀면

$P = 10,000[\text{kVA}] = 1[\text{P.U}]$, $V = 6,600[\text{V}] = 1[\text{P.U}]$

$I = \dfrac{10,000 \times 10^3}{\sqrt{3} \times 6,600} = 874.77[\text{A}] = 1[\text{P.U}]$로 하면

$V\cos\theta = 1 \times 0.8 = 0.8[\text{P.U}]$

$V\sin\theta = 1 \times 0.6 = 0.6[\text{P.U}]$

$E = \sqrt{(V\cos\theta^2 + (V\sin\theta + IX)^2} = \sqrt{0.8^2 + (0.6 + 1 \times 1)^2} = 1.7[\text{P.U}]$

$P = \dfrac{EV}{X}\sin\delta$에서 정태안정 극한 전력은 $\delta = 90°$일 때이므로

$P_{\max} = \dfrac{EV}{X} = \dfrac{1.78 \times 1}{1} = 1.78[\text{P.U}]$

$\therefore\ P_{\max} = 1.78 \times 10,000 = 17,800[\text{kVA}]$

예제 2 3상 비돌극 동기발전기가 있다. 정격출력 10,000[kVA], 정격전압 6,600[V], 정격역률 $\cos\phi = 0.8$이다. 여자를 정격 상태로 유지할 때 이 발전기의 최대 출력[kW]은?(단, 1상의 동기 리액턴스는 0.9(단위법)이며 저항은 무시한다.)

풀이 단위법(p.u)을 사용하면 이 발전기의 출력은 $P = \dfrac{EV}{X}\sin\delta$이고, E는 벡터도에 의해 구해지며, 여자가 일정하므로 출력에 관계없이 일정하다.

$E = \sqrt{(0.8)^2 + (0.6 + 0.9)^2} = 1.7$

$P_{\max} = \dfrac{1.7 \times 1}{0.9}\sin 90° = 1.889[\text{P.U}]$

$\therefore\ P_{\max} = 1.889 \times 10,000 = 18,890[\text{kW}]$

2.4 동기발전기의 병렬운전

1. 동기발전기의 병렬운전의 조건

2대 이상의 동기발전기를 같은 모선에 연결하여 운전하는 것을 **병렬운전**(parallel running)이라 한다.

동기발전기를 완전하게 병렬 운전시키려면 발전기와 원동기는 각각 구비할 조건이 있다. 터빈발전기나 수차발전기와 같이 1회전 중에 원동기의 회전력이 균일한 것은 비교적 문제가 적지만, 디젤기관과 같은 왕복기관으로 운전되는 것은 고려할 여러 문제가 생긴다.

2대 이상의 발전기를 안전하게 병렬 운전시키려면 각 발전기는 다음의 조건을 만족하여야 한다.

① 기전력의 크기가 같을 것, 같지 않으며 무효 순환전류가 흐른다.
② 기전력의 위상이 같을 것, 같지 않으면 동기화 전류가 흐른다.
③ 기전력의 주파수가 같을 것, 같지 않으면 동기화 전류가 흐른다.
④ 기전력의 파형이 같을 것, 같지 않으면 고조파 순환 전류가 흐른다.

①은 계자전류를 조정해서 전압계로 확인할 수 있고, ②와 ③은 발전기의 속도, 즉 원동기의 속도를 조정해서 만족시킬 수 있는데 이것은 동기검정기(synchroscope)를 사용해서 조사한다. ④는 발전기 제작상의 문제이며, 운전 중에는 고려할 필요가 없다.

또 부하의 변동에 대하여 언제나 발전기 용량에 비례하는 부하를 각 발전기가 병렬운전시 원동기에는 다음의 조건이 필요하다.

① 균일한 각속도를 가질 것.
② 적당한 속도변동률을 가질 것.
③ 조속기가 적당한 불감도를 가질 것

터빈발전기와 수차발전기에서는 1회전중의 각속도가 균일하여 ①의 조건이 만족되지만 왕복기관으로 운전되는 엔진발전기에는 플라이휠(flywheel)을 붙여서 될수록 균일한 각속도에 가깝도록 해야 한다. 또한 부하변동에 대하여는 속도변동률이 적은 것이 좋지만 병렬운전에 있어 부하의 분배를 원활하게 하자면 수하특성의 적당한 속도변동률을 가져야 한다.

그런데 원동기에 대한 것은 최초 설비할 때에 고려해야 할 조건이므로 실제로 동기발전기를 병렬 운전시키려고 하는 경우에는 발전기에 필요한 조건만 생각하면 된다.

2. 무효순환전류

발전기 2대의 기전력의 위상은 일치하고 크기만 다를 때, 즉 그림 2-23과 같이 A, B 2대의 같은 정격의 동형 3상 발전기가 병렬운전하고 있는 경우 A기의 여자를 B기보다 세게 하였다면 무부하의 경우,

$$\dot{I}_c = \frac{\dot{E}_a - \dot{E}_b}{2\dot{Z}_s} \tag{2-18}$$

되는 순환전류 $\dot{I}_c$가 그림 2-24와 같이 흐른다. 여기서 $\dot{Z}_s$는 발전기의 동기 임피던스이다. 그런데 동기 임피던스 중의 저항분을 무시하면 $\dot{I}_c$는 그림 2-24와 같이 유기기전력보다 90° 뒤지는 무효순환전류(reactive circulating current)이므로 A기에 대하여는 이 전류 $\dot{I}_c$의 전기자 반작용이 감자작용을 하여 기전력을 감소시키고 B에 대하여는 $-\dot{I}_c$가 되어 90°의 진상전류가 되므로 자화작용을 하여 기전력을 증가시키며 결국 두 발전기의 전압은 같게 된다.

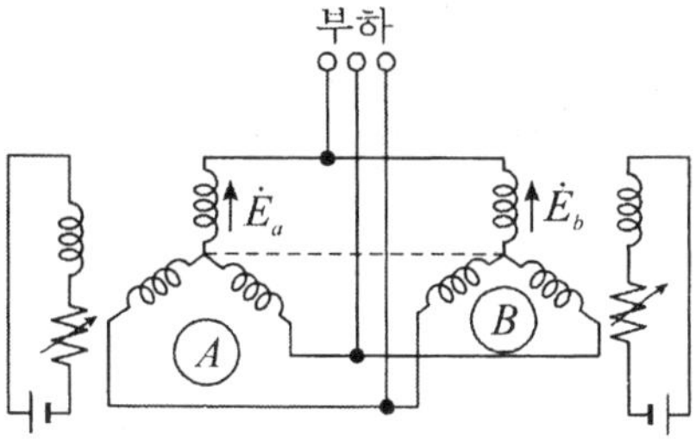

그림 2-23 병렬운전

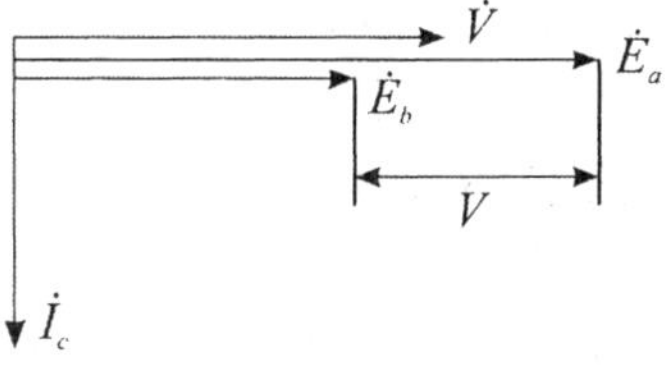

그림 2-24 기전력의 크기가 다른 경우

부하전류 $\dot{I}$가 흐르면 그림 2-26의 벡터도와 같게 되고,

$$\dot{I}_a = \frac{\dot{I}}{2} + \dot{I}_c, \quad \dot{I}_b = \frac{\dot{I}}{2} - \dot{I}_c \tag{2-19}$$

가 되어 A기의 역률은 $\cos\varphi_a$, B기는 $\cos\varphi_b$가 되고 부하역률 $\cos\varphi$와는 각각 다른 값이 된다.

이상과 같이 병렬운전 중에 있는 발전기의 여자전류를 적당하게 하여 유기기전력을 같게 해 놓지 않으면 그림 2-25와 같이 무효순환전류 $\dot{I}_c$가 흘러서 두 발전기의 역률이 달라지고 발전기는 과열한다.

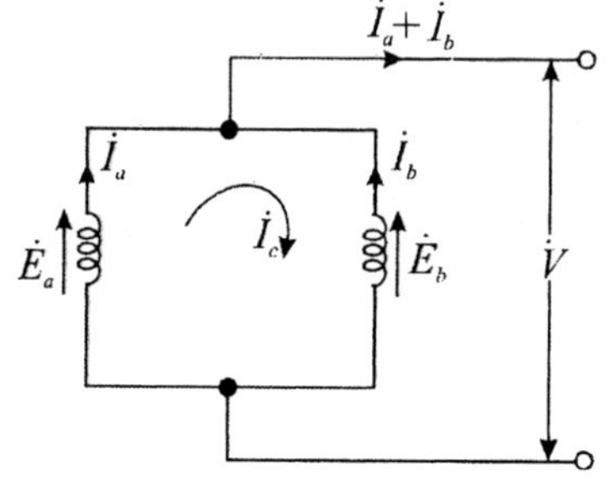

그림 2-25 병렬운전시 회로

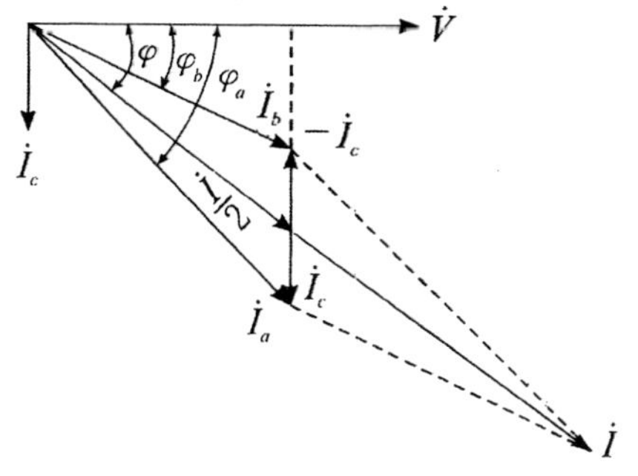

그림 2-26 기전력 크기가 다른 경우 벡터 관계

3. 동기화전류

발전기 A, B가 같은 부하를 분담되어 운전하고 있는 경우에는 어떤 원인으로 A기의 유기기전력의 위상이 B기보다 δ_s만큼 앞섰다고 하자.

그러면 그림 2-27과 같이,

$$\dot{E}_s = \dot{E}_a - \dot{E}_b \tag{2-20}$$

라는 전압에 의하여 순환전류가 흐른다.

이 순환전류를 $\dot{I}_s$라 하면,

$$\dot{I}_s = \frac{\dot{E}_s}{2\dot{Z}_s} \tag{2-21}$$

로 되며 저항을 무시하면 $\dot{I}_s$는 $\dot{E}_s$보다 90° 뒤지고 $\dot{E}_a$보다는 $\frac{\delta_2}{2}$ 뒤진다. $\dot{E}_b$에 대하여는 $-\dot{I}_s$가 되므로 그 상차는 $\pi - \frac{\delta_s}{2}$ 이다.

다음에 전력 관계는 매상 A기에서는

$$P_a = E_a I_s \cos\frac{\delta_s}{2}$$

의 부하전력이 되는데 B기에서는

$$E_b I_s \cos\left(\pi - \frac{\delta_s}{2}\right) = -E_b I_s \cos\frac{\delta_s}{2}$$

가 되어 (−)의 전력이 된다.

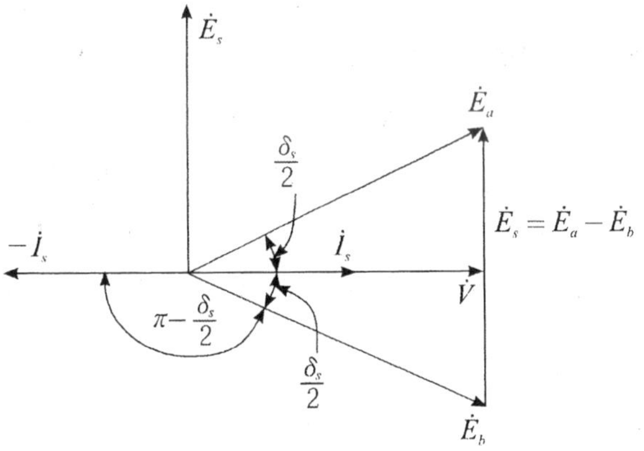

그림 2-27 위상이 다른 경우

이 관계를 표시한 것이 그림 2-27의 벡터도이다. 그림에서

$$|\dot{E}_a| = |\dot{E}_b| = \dot{E}_0$$

이라 하면

$$E_a \cos\frac{\delta_s}{2} = E_b \cos\frac{\delta_s}{2} = E_0 \cos\frac{\delta_s}{2}$$

로 되고 수수전력은

$$P = E_0 I_s \cos\frac{\delta_s}{2} = E_0 \cdot \frac{E_s}{2Z_s}\cos\frac{\delta_s}{2} = \frac{{E_0}^2}{2Z_s}\sin\delta_s \tag{2-22}$$

로 된다.

이 전력 P는 A기에는 (+)부하가 되고 B기에는 (−)의 부하가 된다. 즉, 발전기 A의 부하는 P만큼 증가하여 속도가 내려가고 B기의 부하는 P만큼 감소하여 속도가 올라가서 A기의 기전력의 위상은 뒤지고 B기의 위상은 앞서기 때문에 결국 A, B 두 발전기의 전압의 위상은 일치하게 된다.

이와 같이 I_s는 동기화작용을 하므로 **동기화 전류**(synchronizing current)라 한다.

4. 병렬 운전

그림 2-28에서 모선에 접속되어 운전 중에 있는 발전기 A에 발전기 B를 병렬 운전하려면 B기의 원동기를 정격 속도가 되도록 한 다음 B기의 무부하 단자 전압의 주파수와 크기를 A의 주파수와 전압이 같도록 주파수계와 전압계를 보면서 원동기의 속도와 계자 전류를 조정하고 동기 검정기를 보면서 원동기의 속도를 조정하여 동기가 됐을 때 차단기를 투입하여 B기를 모선에 접속한다.

그림 2-28의 3개의 전등 L_1, L_2, L_3은 동기 검정기의 일례로 L_1은 a와 a'상 사이에, L_2는 b와 c'상 사이에, L_3는 c와 b'상 사이에 접속한 경우 두 발전기의 주파수가 일치하지 않았을 때는 전등은 명멸한다.

B기의 속도가 느려서 A기의 주파수보다 B기의 주파수가 낮은 경우, 전등은 L_1, L_2, L_3의 순서로 밝게 되어 마치 빛이 시계 방향으로 회전하는 것 같이 보인다.

반대로 B기의 속도가 빠르면 L_1, L_2, L_3의 순서로 밝게 되므로 빛의 회전 방향을 보고 속도가 빠름과 느림을 알 수 있다.

B기의 속도를 조정해서 A기의 주파수에 가깝게 되면 빛의 회전은 점점 느려져 주파수가 일치하면 빛의 회전은 정지하고 각 전등은 일정한 빛을 내고 위상도 일치하면 L_1은 꺼지고 L_2, L_3의 빛은 같은 밝기로 된다. 이와 같이 주파수와 위상이 일치하였을 때 차단기로 B기를 모선에 접속하면 두 발전기는 병렬 운전의 상태로 된다.

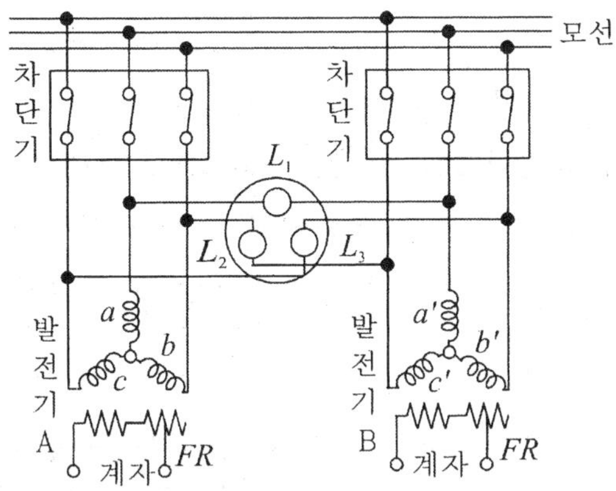

그림 2-28 동기발전기의 병렬 운전

발전소에서 사용하는 동기 검정기는 대부분 지침형의 계기로 주파수가 일치하지 않으면 지침은 주파수의 높고 낮음에 따라 좌우로 회전하고, 일치하면 지침은 정지하여 위상차를 나타낸다. 위상이 일치하면 지침은 위로 향하여 정지한다.

위와 같은 동기 검정은 수동으로 조작하므로 오조작의 염려가 있으므로 대용량의 동기발전기는 동기 검정과 차단기 투입을 자동적으로 하는 자동 동기장치를 사용하고 있다.

5. 속도 조정률과 부하 분담

병렬 운전 중 부하가 변할 때 부하 분담은 원동기의 조속기의 특성에 따르고 부하의 배분을 원활하게 하려면 속도 특성이 수하 특성을 가져야 한다.
조속기의 특성을 나타내는 속도 조정률 S는 다음과 같이 표시된다.

$$S=\frac{N_0-N}{N}\times 100[\%] \qquad (2\text{-}23)$$

여기서 N_0는 무부하 회전수이고 N은 정격 회전수이다.

속도 조정률의 값에 따라 속도 특성 곡선의 기울기가 결정되며 조정률이 작을 때는 속도 변화에 따르는 부하의 변화가 너무 커서 운전이 불안정하게 된다. 대체로 속도 조정률은 2~3[%]이며 보상기로 0~6[%]로 조정할 수 있다.

그림 2-29 (a)와 같이 동일한 속도 특성을 가진 동일 정격의 A, B발전기가 같은 부하로 운전하고 있을 때 어떤 원인으로 A기의 부하가 증가하여 I_A'가 되었다고 하면 A기의 속도는 감소하며, B기의 부하는 I_B'로 감소하여 B기의 속도

는 상승한다. 따라서 B기의 기전력의 위상이 A기의 위상보다 앞서게 되어 동기화력이 생겨 두 발전기의 부하 분담은 같게 된다.

만일 A, B의 속도 특성이 그림 2-29 (b)와 같이 서로 다르면 각 기의 부하 분담은 전부하에서는 같게 되나 부분 부하에서는 같지 않게 되므로 병렬 운전에서 어떠한 부하에 대해서나 각 발전기에 용량에 비례하는 부하 분담이 되려면 속도 변동률이 같아야 한다.

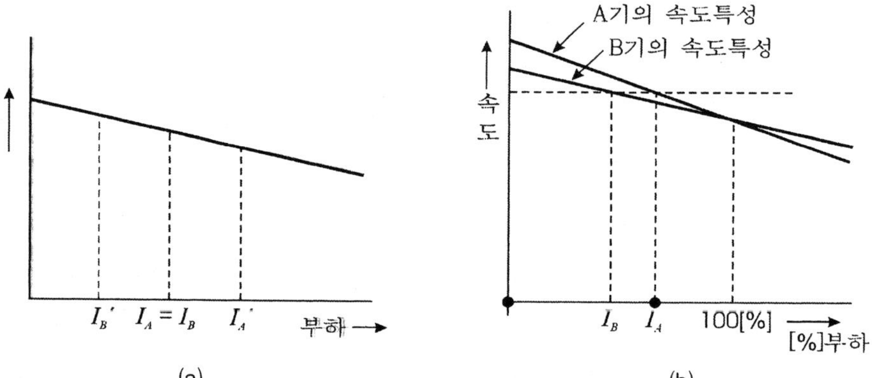

그림 2-29

조속기에는 속도 조정률을 조정하는 장치가 있으므로 이것으로 속도 조정률을 같게 할 수 있다.

예제 1 2대의 3상 동기발전기를 병렬운전하여 역률 0.8, 1000[A]의 부하전류를 공급하고 있다. 각 발전기의 유효 전류는 같고, A기의 전류가 667[A]일 때 B기의 전류는 몇 [A]인지 계산하시오.

풀이 부하 전류의 유효분 $I' = I\cos\theta = 1000 \times 0.8 = 800[\text{A}]$

I_A, I_B의 유효분 $I_A' = I_B' = \dfrac{I'}{2} = \dfrac{800}{2} = 400[\text{A}]$

A기의 역률 $\cos\theta_1 = \dfrac{I_A'}{I_A} = \dfrac{400}{667} \fallingdotseq 0.6$

I_B의 무효분 $I_B \sin\theta_2 = I\sin\theta - I_A \sin\theta_1$

$$= 1000 \times \sqrt{1-0.8^2} - 667 \times \sqrt{1-0.6^2} = 600 - 534 = 66[\text{A}]$$

$\therefore\ I_B = \sqrt{(I_B\sin\theta_2)^2 + (I_B')^2} = \sqrt{66^2 - 400^2} \fallingdotseq 405[\text{A}]$

예제 2 같은 정격인 2대의 동기발전기가 병렬로 운전하여 뒤진 역률 0.8, 전류 350[A]를 취하는 부하에 전력을 공급하고 있다. 각 발전기가 분담하는 유효 전력이 같고 한 발전기의 역률이 0.7(뒤짐)일 때 다른 발전기의 전류는 대략 몇 [A]인가?

풀이 2대의 출력 $P=EI\cos\phi=E\times350\times0.8$이고, 각 발전기의 유효 분담 전력은 같다. 각 발전기의 전류와 역률은 각각 I_A, I_B 및 $\cos\phi_A$, $\cos\phi_B$라고 하면

$$I_A\cos\phi_A=I_B\cos\phi_B=\frac{1}{2}I\cos\phi$$

$$I_A\times0.7=\frac{1}{2}\times350\times0.8=140[A]$$

$$\therefore\ I_A=\frac{140}{0.7}=200[A]$$

두 발전기에서 공급되는 무효 전류 $I\sin\phi$와 A, B 발전기의 무효 전류를 구하면

$$I\sin\phi=350\times\sqrt{1-0.8^2}=210[A]$$

$$I_A\sin\phi_A=200\times\sqrt{1-0.7^2}=142.8[A]$$

$$I_B\sin\phi_B=I\sin\phi-I_A\sin\phi_A=210-142.8672[A]$$

$$\therefore\ I_B=\sqrt{(I_B\cos\phi_B)^2+(I_B\sin\phi_B)^2}=\sqrt{140^2+67.2^2}=155.29[A]$$

2.5 동기전동기의 원리 및 이론

자극과 회전자계 사이의 흡인력에 의해서 자극이 회전자계에 끌려 토크가 발생한다. 즉, 강대한 모선에 접속되어 있는 동기발전기의 기계적 입력을 0으로 하면 이 발전기는 모선에서 발전기 자신의 무부하손실에 해당하는 전기적 입력을 받아들이고 여전히 동기속도로 계속 회전하여 전동기가 됨을 알 수 있다. 이것이 동기전동기인데 구조의 주요 부분은 동기발전기와 같다. 일반적으로 회전계자형이고 전기자 권선은 고정자측에 감고 회전자에 돌극형의 계자극을 설치한다. 여자전류는 슬립 링(slip ring)을 통해서 공급되는 것도 동기발전기의 경우와 같으며, 특별한 용도 이외에는 횡축형의 구조로 한다.

동기전동기의 용도는 저속도 대용량인 경우 시멘트 공장의 분쇄기, 각종 압축기, 송풍기, 제지용 쇄목기, 동기 조상기 등이며, 소용량은 전기시계, 오실로그래프, 전송사진 등이다.

여기서 동기전동기에서 회전력이 발생하는 원리를 더 자세하게 생각해 보기로 하자.

그림 2-30의 2극기가 그림 (a)와 같은 상태에 있을 때 도체의 전류와 자극 사이에는 Fleming의 왼손법칙에 따르는 힘이 작용하여 자극은 화살표방향으로 회전한다. 다음에 전류의 방향이 반전하고 동시에 자극도 반회전해서 그림 (b)의 상태로 되면 자극은 역시 (a)와 같은 방향의 회전력을 받는다. 이와 같이 자극이 항상 같은 방향의 회전력을 받으려면 자극은 교류의 반주기 $\frac{T}{2}\left(=\frac{1}{2f}\right)$사이에 반회전하지 않으면 안 된다.

즉, 자극수 P의 교류기에 주파수 f인 교류를 공급하면 회전자의 회전수가

$$N=\frac{120f}{P}\,[\text{rpm}]$$

이면 항상 같은 방향의 회전력이 생겨 전동기는 회전을 계속한다.

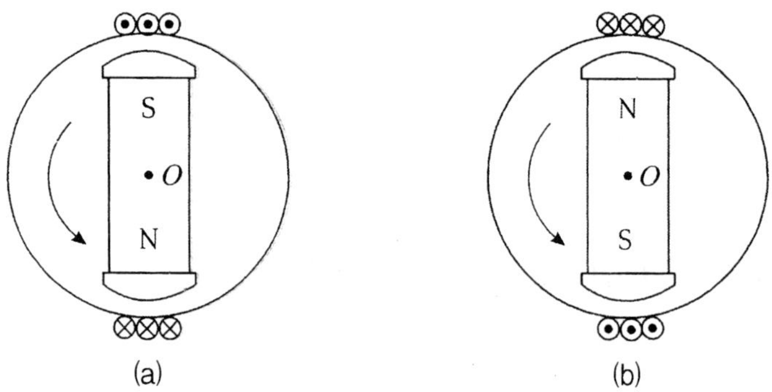

그림 2-30 동기전동기의 원리

이와 같이 동기전동기는 동기속도 이외의 속도에서는 회전력을 내지 못하므로 단지 전압을 고정자 권선에 가해 준 것만으로는 기동이 되지 않는다. 바꾸어 말하면, 정지상태에 있을 때 갑자기 단자에 교류전압을 가해 주어도(3상기에서는 3상전압을 가해도) 기동회전력을 낼 수 없다. 따라서 동기전동기를 운전하려면 정지상태에서 동기속도까지 이르게 하는 특별한 기동장치(소형의 기동전동기 또는 자극에 장치한 기동권선)가 필요하게 된다.

1. 벡터도

운전중의 동기전동기의 전기자에는 발전기에서와 같이 기전력이 유기된다. 이것은 직류전동기의 그것과 꼭 같은 역기전력이며, 전기자 전류와는 방향이 반대가 된다.

그림 2-31은 동기전동기의 등가회로이다. 이 그림에서는 $\dot{V}$는 공급 단자전압, $\dot{E}$는 역기전력, $\dot{I}$는 전기자 전류, $\dot{Z}_s = r + jx_s$는 동기 임피던스이다. 그러면 동기전동기의 벡터방정식은

$$\dot{V} = \dot{E} + \dot{I}Z_s, \quad \dot{E} = \dot{V} - \dot{I}Z_s \tag{2-24}$$

로 표시된다.

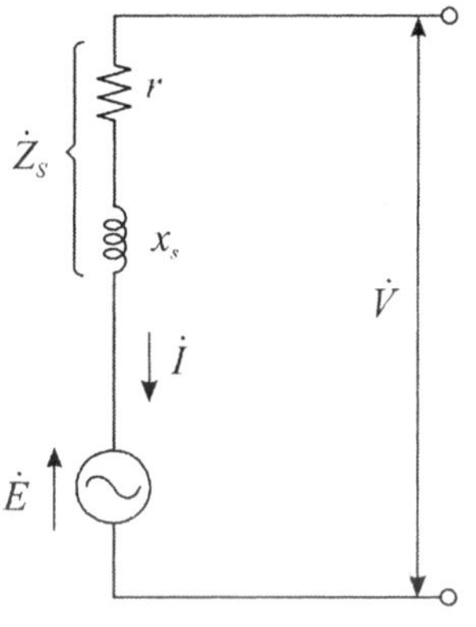

그림 2-31 동기전동기의 회로도

그림 2-32는 동기전동기의 1상에 대한 벡터도이며 (a)는 지상역률, (b)는 100 [%] 역률, (c)는 진상역률의 경우를 표시한다. 이 그림을 보아도 알 수 있는 바와 같이 같은 단자전압, 같은 전기자 전류에 대한 역기전력의 값은 진상역률일 때가 가장 크고 지상역률일 때가 가장 적다.

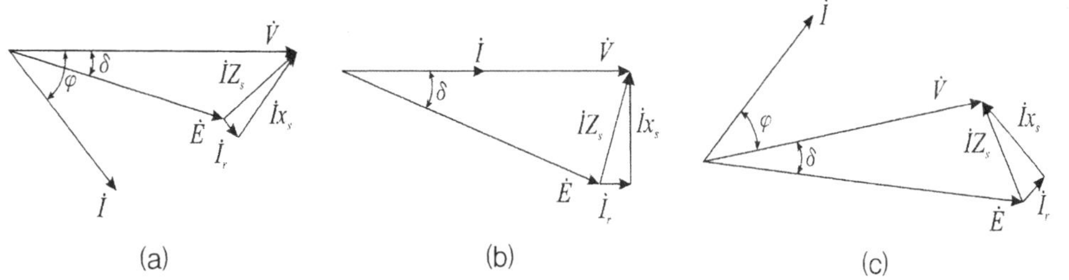

그림 2-32 동기전동기 역률에 따른 벡터

2. 전동기 입력

그림 2-33에서 전류 $\dot{I}$를 기준벡터로 한다. $\angle Oae'$를 각 $\alpha\left(\alpha=\tan^{-1}\frac{r}{x_s}\right)$와 같도록 하고 c에서 직선 $\overline{ae'}$에 수선 $\overline{ce}$를 긋는다. $\overline{ae}$선과 평형되게 $\overline{Od}$선을 그으면,

$$\angle aOd=\alpha$$

로 된다. 또

$$\angle faO=\angle cae$$

가 되어,

$$\triangle aOf \backsim \triangle ace$$

$$\therefore\ \angle ace=\varphi$$

전동기의 입력은 1상에 대하여,

$$P_1=VI\cos\varphi$$

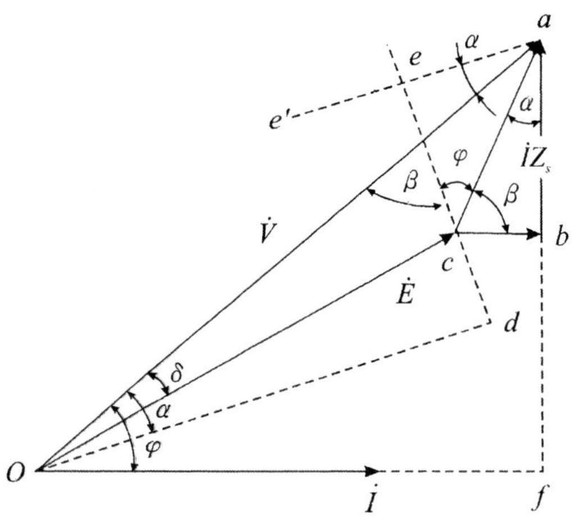

그림 2-33 동기전동기의 벡터도

그림 2-33에서

$$\overline{ec}=IZ_s\cos\varphi=\overline{ed}-\overline{dc}$$

$$\overline{ed}=V\sin\alpha$$

$$\overline{dc}=E\sin(\alpha-\delta)$$

$$\therefore\ \overline{ec} = V\sin\alpha - E\sin(\alpha-\delta)$$

$$IZ_s\cos\varphi = V\sin\alpha - E\sin(\alpha-\delta) = V\sin\alpha + E\sin(\delta-\alpha)$$

$$\therefore\ I\cos\varphi = \frac{V\sin\alpha + VE\sin(\delta-\alpha)}{Z_s}$$

$$\therefore\ P_1 = VI\cos\varphi = \frac{V^2\sin\alpha}{Z_s} + \frac{VE\sin(\delta-\alpha)}{Z_s} \qquad (2\text{-}25)$$

보통 $x_s \gg r$이므로

$Z_s \fallingdotseq x_s \quad \therefore\ \alpha = 0$이므로

따라서 위 식은

$$P_1 = \frac{VE\sin\delta}{Z_s}$$

$$\therefore\ P_1 \fallingdotseq \frac{VE\sin\delta}{x_s} \qquad (2\text{-}26)$$

3. 전동기 출력

1상의 출력을 P_2라 하면 이것은 1상의 입력 P_1에서 동손 P_c를 뺀 것이 되므로,

$$P_2 = P_1 - P_c = VI\cos\varphi - I^2 r$$
$$= (V\cos\varphi - Ir)I$$

그런데

$$V\cos\varphi - Ir = E\cos\theta$$

$$\therefore\ P_2 = EI\cos\theta \qquad (2\text{-}27)$$

즉, 전동기 출력은 역기전력 E와 전기자 전류 I사이의 전력과 같게 된다.

P_2안에는 철손과 기계손이 포함되어 있으므로 P_2에서 1상에 대한 철손과 기계손을 뺀 것이 실제로 축에서 기계적 부하에 전달되는 실출력이다.

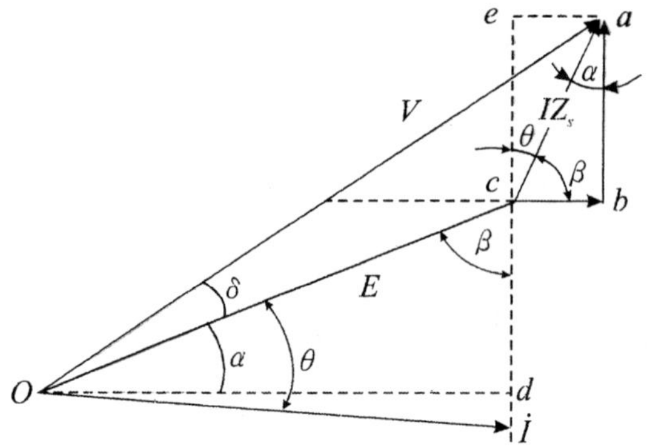

그림 2-34 동기전동기의 벡터도

그림 2-34에서 $\angle Ocd$를 각 $\beta\left(\beta=\tan^{-1}\dfrac{x_s}{r}\right)$와 같게 취하고 O에서 $\overline{cd}$에 수선 $\overline{Od}$를 긋고 a에서 $\overline{cd}$의 연장선에 수선 $\overline{ae}$를 긋는다. 그러면 $\angle ace=\theta$가 된다.

그러므로 $\overline{ce}=IZ_s\cos\theta$

또, $\overline{ce}=\overline{de}-\overline{dc}=V\sin(\delta+\alpha)-E\sin\alpha$

$$\therefore\ I\cos\theta=\frac{V\sin(\delta+\alpha)-E\sin\alpha}{Z_s}$$

$$\therefore\ P_2=EI\cos\theta=\frac{EV\sin(\delta+\alpha)}{Z_s}-\frac{E^2\sin\alpha}{Z_s} \tag{2-28}$$

여기서 전기자 저항 r이 대단히 적으므로 전기자 동손을 무시하면 $\alpha\fallingdotseq 0$이므로 위 식은

$$\therefore\ P_2=EI\cos\theta=\frac{EV}{Z_s}\sin\delta \tag{2-29}$$

가 되며, 전동기 출력도 입력과 같이 간단하게 $\therefore\ P_2=\dfrac{EV}{Z_s}\sin\delta$로 표시할 수 있다.

4. 토오크

(1) 동기와트

전동기의 출력(기계출력)은 회전력(torque)과 속도의 곱에 비례하지만 동기전동기는 어느 때나 동기속도 N_s이라는 일정속도로 운전하므로 기계출력은 회전력에

정비례한다. 그러므로 동기전동기에서는 기계출력 P_2로 회전력을 표시해도 좋다. 이와 같이 와트로 회전력을 표시하였을 때 이것을 **동기와트**(synchronous watt)라 한다.

식 (2-28)에서 P_2는 동기전동기 1상의 출력[W]이므로 3상 동기전동기이면 이것을 3배한 것이 동기와트로 표시한 회전력이다. 물론 이것은 이론상의 값이며, P_2에서 철손, 기계손을 뺀 것이 유효출력 또는 유효회전력이 됨은 이미 설명한 바와 같다.

그리고 [kg · m]로 표시한 회전력을 τ라 하면,

$$\tau = 0.975 \frac{P_2}{N} \text{ [kg · m]}$$

(2) 탈출 회전력과 절대 탈출 회전력

식 (2-28)에서 알 수 있는 바와 같이 일정한 여자를 주었을 때 발생할 수 있는 최대 출력은

$$\sin(\delta + \alpha) = 1$$

인 경우이며 이 때의 출력을 P_m이라 하면,

$$P_m = \frac{E}{Z_s}(V - E\sin\alpha) \tag{2-30}$$

가 된다.

동기전동기는 여자가 일정하면 P_m 이상의 회전력을 발생할 수 없으므로 부하회전력이 이 이상이 되면 $\delta + \alpha$가 90° 이상이 되어 $\sin(\delta + \alpha)$의 절대값이 1보다 적어진다. 그러면 더욱 발생회전력이 감소하여 결국에 가서는 동기를 벗어나 정지한다. 이러한 최대 회전력을 **탈출 회전력**(pull out torque)이라 한다.

그러나 여자를 늘려 유기기전력을 크게 하면 탈출 회전력 P_m의 값을 크게 할 수 있음은 식 (2-30)에서 알 수 있다.

식 (2-30)의 P_m을 E로 미분하여 0으로 놓으면,

$$\frac{dP_m}{dE} = \frac{1}{Z_s}(V - 2E\sin\alpha) = 0$$

$$V = 2E\sin\alpha$$

$$\therefore\ E=\frac{V}{2\sin\alpha}$$

유기기전력 E가 $\frac{V}{2\sin\alpha}$로 되었을 때 P_m은 최대가 된다. 이것을 $P_{ab\cdot m}$이라 하면,

$$P_{ab\cdot m}=\frac{V^2}{4Z_s\sin\alpha}$$

그런데

$$\alpha=\tan^{-1}\frac{r}{x_s}$$

$$\therefore\ \sin\alpha=\frac{r}{Z_s}$$

$$Z_s\sin\alpha=r$$

$$\therefore\ P_{ab\cdot m}=\frac{V^2}{4r} \tag{2-31}$$

식 (2-31) $P_{ab\cdot m}$을 **절대 탈출 회전력**(absolute pull out torque)이라 한다. 동기전동기는 이론상 이 이상의 회전력을 낼 수 없으며, 이것은 실제의 최대 출력을 훨씬 넘는 값이다.

5. 안정도

동기기 운전시는 안정도를 고려하지 않으면 안 된다. 특히 장거리 송전선로에 연결하는 동기기에는 이 문제가 매우 중요한 것이 된다. 안정도에는 정태안정도와 과도안정도가 있다.

정태안정도는 운전상태의 완만한 변화에 대하여 과도안정도는 운전상태의 급격한 변화에 대한 안정도를 문제로 한다. 여기서는 이 두 안정도가 어떠한 것이며 어떠한 요소가 여기에 관련이 있는지 또 안정도를 증진하는 방법에는 어떤 것이 있는가를 알아보기로 하자.

(1) 정태안정도(Static Stability)

동기발전기 또는 동기전동기에서 여자를 일정하게 유지하고 그 부하를 천천히 증대할 때, 출력이 어느 한도를 넘는 경우에는 안정하게 운전할 수 없게 되며 동기

이탈을 일으킨다. 이 때의 출력을 **정태안정 극한전력**(static stability limit)이라고 한다. 이것을 비돌극기에서 부하각 $\delta = 90°$일 때이며 전력은 $3VE/x_s$와 같다. 또 돌극기에서는 $\delta = 60 \sim 70°$일 때이다.

(2) 과도안정도(Transient Stability)

동기기의 부하가 갑자기 변한 경우에는 기계의 입력과 출력 사이에 과부족이 생겨서 새로운 부하에 따른 부하각을 취하도록 자극이 이동하기 시작한다. 그런데 회전체에는 관성이 있기 때문에 즉시 새로운 부하각의 위치로 되지 않고, 그 전후로 진동이 감소하면서 멈추든가 또는 부하변동의 크기에 따라서는 진동이 증대하여 동기이탈로 되는 일이 있다.

어떤 부하를 급격히 증대시킨 경우에 안정하게 운전을 계속할 수 있는 외란 직전의 극한의 전력을 **과도안정 극한전력**(transient stability limit)이라고 한다.

이것을 동기전동기의 경우에 대하여 설명한다. 그림 2-35는 전동기입력과 부하각의 관계를 나타내고, 입력 P_0에 대한 부하각을 δ_0, P_1에 대한 부하각을 δ_1이라고 하자. 전동기가 입력 P_0에 대한 부하가 갑자기 P_1로 증가했다고 하면, 그 순간 $P_1 - P_0$의 입력부족을 초래하고, 이 때문에 전동기의 회전부는 운동에너지를 방출하면서 감속하고, 부하각은 δ_0에서 δ_1으로 향해서 이동한다.

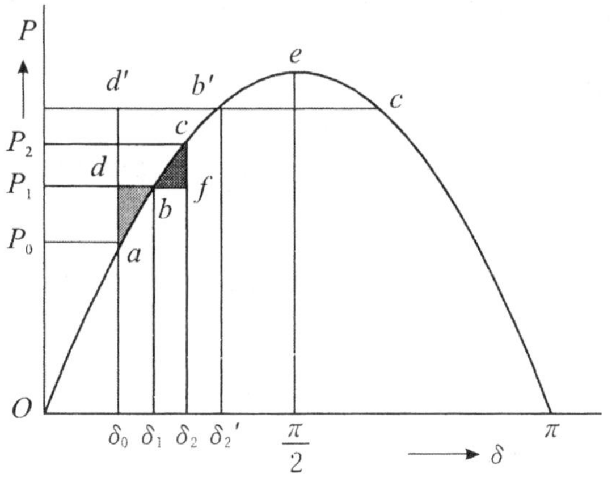

그림 2-35 전력대 부하곡선

이 에너지는 면적 abd에 비례한다. 동시에 전동기의 입력은 점점 증대하고 δ_1에서 전동기입력과 부하가 평형된다.

그러나 부하각의 변화속도는 δ_1에서 최대가 되고 회전부의 관성 때문에 δ_1에서 정지할 수는 없고 δ_1을 넘어서 커진다.

그러면 전동기 입력쪽이 부하보다 커져서 회전부는 점점 가속되고 운동에너지를 축척하게 된다. 이 값(면적 bcf)이 앞에서 상실한 에너지(면적 abd)와 같게 되는 부하각 δ_2까지 이동하여 동기속도가 된다. 가속은 계속되어서 동기속도 이상으로 되며 δ는 감소하여 다시 δ_1으로 돌아가나 관성 때문에 δ_1을 지나갔다가 다시 δ_1쪽으로 돌아온다. 이와 같이 하여 δ_1을 중심으로 부하각은 진동하나 전기적 및 기계적 손실 때문에 진폭은 점점 감소해서 최후에 δ_1으로 된다.

이상의 관계를 에너지의 평형식으로 적으면

$$\int_{\delta_0}^{\delta_1} \frac{P_1 - P_0}{\omega_0}\, d\delta = \int_{\delta_1}^{\delta_2} \frac{P_2 - P_1}{\omega_0}\, d\delta \tag{2-32}$$

즉, 그림의 면적 abd=면적 dcf가 되는 부하각 δ_2가 구해지는 한, 난조는 일으키나 동기이탈은 되지 않는다.

그러나 P_1이 지나치게 크면 위와 같은 관계를 유지하는 δ_2가 되지 않고 동기이탈로 된다.

과도안정 극한전력은 정태안정 극한전력의 40~50[%]가 된다.

(3) 안정도 증진법

① 단락비를 크게 한다. 따라서 철기계로 되고 기계의 크기, 중량이 커져서 고가로 된다.

② 회전부의 관성을 크게 한다. 부하각의 동요가 적게 되고 동기이탈의 가능성이 적어진다.

③ 속응여자방식을 채용한다. 부하의 급변시에 급속히 여자전류를 증가하면 부하각의 동요가 적게 되어 과도안정도가 증가한다.

6. 위상 특성(V곡선)

그림 2-36은 출력은 같고 계자 전류가 다른 세 경우의 원선도를 그린 것이다.

그림 2-36 (a)는 B점이 원선도의 선분 $\overline{CA}$ 위에 있는 경우로 벡터의 방향을

그림과 같이 잡고 $\overline{AB}$가 $\dot{I}\dot{Z}_s = \dot{I}r_a + j\dot{I}x_s$이 되도록 그리면 $\dot{I}r_a$는 전압 $\dot{V}$와 동위상이 되므로 부하 전류는 공급 전압과 동위상이 되고 그림 (b)는 (a)보다 적은 계자 전류를 흘린 경우로 $\overline{AB}$가 $\dot{I}\dot{Z}_s = \dot{I}r_a + j\dot{I}x_s$이 되도록 그리면 $\dot{I}r_a$는 전압 $\dot{V}$에 뒤진 위상이 되므로 부하 전류는 공급 전압에 뒤진 위상이 되며 그림 (c)는 (a)보다 많은 계자 전류를 흘린 경우로 $\overline{AB}$가 $\dot{I}\dot{Z}_s = \dot{I}r_a + j\dot{I}x_s$이 되도록 그리면 $\dot{I}r_a$는 전압 $\dot{V}$에 앞선 위상이 되므로 부하 전류의 위상은 공급 전압 보다 앞서게 된다. 따라서 일정한 공급 전압과 출력에서 계자 전류를 변화시키면 그림 2-37과 같은 곡선을 얻을 수 있다. 이와 같은 곡선을 **위상 특성 곡선** 또는 V**곡선**이라 한다.

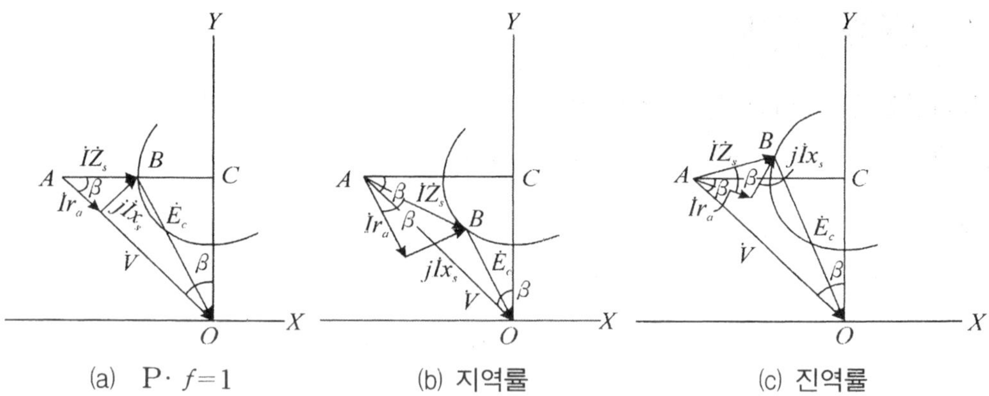

그림 2-36 위상 특성

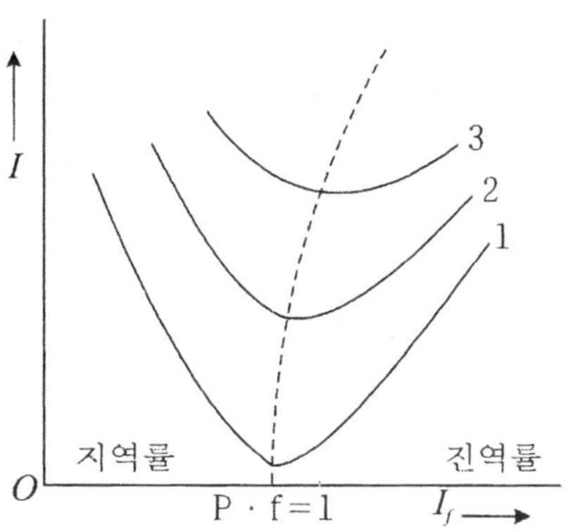

그림 2-37 위상 특성 곡선

곡선 1은 무부하, 곡선 2와 3은 부하를 증가시킨 경우의 곡선으로 부하가 클수록

V곡선은 위쪽으로 이동한다. 이들 곡선의 최저점은 역률 1인 점이며 이보다 오른쪽은 앞선 역률, 왼쪽은 뒤진 역률의 범위이다.

이와 같이 동기전동기는 계자 전류를 가감시켜서 부하 전류의 크기와 위상을 변경시킬 수 있으므로 항상 역률 1로 운전할 수도 있고 필요하면 뒤진 전류나 앞선 전류를 취할 수도 있다.

이러한 V특성을 이용하여 무부하 운전으로 여자를 가감하여 송전 선로의 전압 조정에 쓰이도록 설계된 것이 동기 조상기이다. 동기 조상기를 과여자로 하면 콘덴서로 작용하여 역률개선과 전압강화가 감소되며, 부족여자로 하면 리액터 작용으로 자기 여자작용에 의한 단자전압의 이상 상승을 방지한다.

7. 브론델 원선도

동기전동기의 벡터도를 기초로 한 그림 2-38과 같은 브론델 원선도를 그리면 원선도에서 동기전동기의 특성을 구할 수 있다.

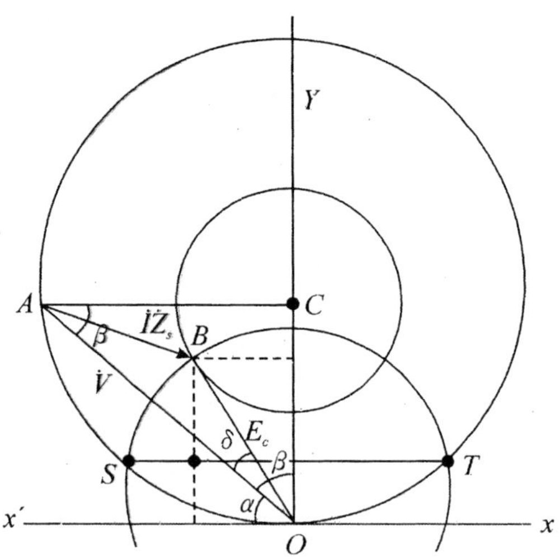

그림 2-38 브론델 원선도

브론델 원선도는 다음과 같이 그린다.

① 직각 좌표의 원점 O에서 Y축과 $\beta = \tan^{-1}(x_s/r_a)$의 각을 이루고 크기가 V가 되도록 선분 $\overline{OA}$을 그린다.

② A에서 $\angle OAC = \beta$가 되도록 직선을 그려 Y축과 만나는 점 C까지 선분

$\overline{AC}$를 그린다.

③ 직각 좌표의 원점 O에서 $\angle AOB=\delta$가 되고 크기가 E_c가 되도록 선분 $\overline{OB}$을 그린다.

④ 선분 $\overline{AB}$를 그린다.

⑤ C를 중심으로 하고 반지름이 $\overline{CB}$인 원을 그린다.

⑥ O를 중심으로 하고 반지름이 $\overline{OB}$인 원을 그린다.

그림 2-38에서 $\angle X'OA=\alpha=\tan^{-1}(r_a/x_s)$이 되므로 B점의 좌표를 $(x,\ y)$라 하면

$$x=-E_c\cos(\delta+\alpha)$$

$$y=E_c\sin(\delta+\alpha)$$

$$x^2+y^2=E_c{}^2$$

이 되며 이들을 식 (2-28)에 대입하여 정리하면 다음과 같이 된다.

$$P_2=\frac{E_cV\sin(\delta+\alpha)}{Z_s}-\frac{E_c^2\sin\alpha}{Z_s}$$

$$=\frac{V}{Z_s}y-(x^2+y^2)\frac{r_a}{Z_s^2}x^2+\left(y-\frac{VZ_s}{2r_a}\right)^2$$

$$=\left(\frac{Z_s}{r_a}\sqrt{\frac{V^2}{4}-P_2r_a}\right)^2 \qquad (2\text{-}33)$$

위의 식은 $\left(0,\ \frac{VZ_s}{2r_a}\right)$를 중심으로 하고 $\frac{Z_s}{r_a}\sqrt{\frac{V^2}{4}-P_2r_a}$을 반지름으로 하는 원으로 그림 2-38에서 $\overline{OC}=\frac{VZ_s}{2r_a}$ 이므로 B점은 C를 중심으로 하고 $\overline{BC}=\frac{Z_s}{r_a}\sqrt{\frac{V^2}{4}-P_2r_a}$을 반지름으로 하는 원둘레 위에 있게 된다.

C를 중심으로 하고 반지름이 $\overline{BC}$인 원을 출력원이라 하고 출력원의 반지름은 출력 P_2에 따라 달라져 무부하일 때는 반지름이 $\overline{CA}$가 되고 이론상의 최대 출력일 때는 반지름은 0이다.

V와 E_c를 일정하게 하고 P_2를 변화시키면 B점은 원점을 중심으로 하고 E_c를 반지름으로 하는 원이 되는데 이 원을 여자원이라 하며 B점은 출력원과 여자원의 교점이 된다.

원선도에서 C를 중심으로 하고 반지름이 $\overline{CA}$인 원을 그려 여자원과 만난 두 점 S와 T을 직선으로 연결하고 B에서 선분 $\overline{ST}$에 수선을 내려 만나는 점을 Q라 하면 출력 P_2는 다음과 같이 나타낸다.

$$P_2 = \overline{BQ} \times \frac{V}{Z_s} \tag{2-34}$$

8. 난 조

동기기의 부하가 변동해서 부하 출력과 전기자 출력 사이에 불평형이 되면 즉시 새로운 평형 상태의 부하각으로 옮겨지는 것이 아니다.

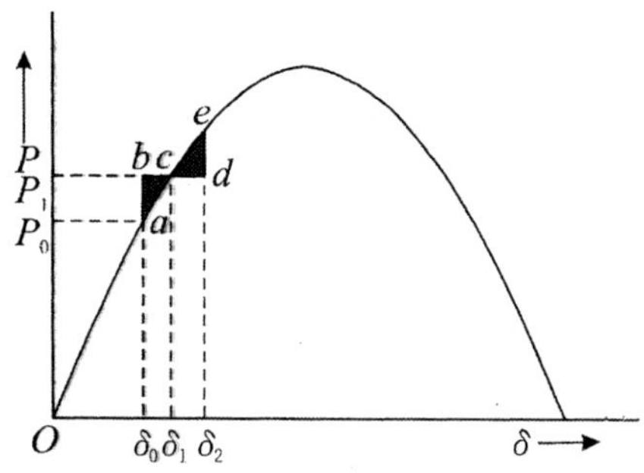

그림 2-39 전력대 부하곡선

일정한 단자 전압과 기전력 상태로 부하각 δ_0로 운전하고 있는 동기기의 부하가 갑자기 증가하면 부하각은 δ_0에서 증가된 부하에 상당한 부하각 δ_1이 되어야 하지만 회전자의 관성으로 δ_0는 즉시 δ_1로 될 수 없어 증가된 부하 출력보다 동기기의 출력이 부족하여 회전자는 순간적으로 에너지를 방출하며 감속하여 동기 속도 이하가 된다. 그러면 δ_0는 증가해서 δ_1이 되나 회전자의 관성이 다시 작용하여 δ_1에서 부하각이 안정되지 않고 지나치게 증가하여 δ_2에 이른다. 이렇게 하여 부하각이 δ_1 이상으로 되면 동기기의 출력은 부하 출력보다 크게 되므로 회전자는 가속되고 부하각은 다시 감소하여 δ_1을 지나 변동전의 부하에 대한 부하각 δ_0 부근까지 되돌아간다. 이와 같이 회전자가 δ_1을 중심으로 해서 진동하는 현상을 난조라 하며 이상의 관계를 에너지의 평형식으로 적으면

$$\int_{\delta_0}^{\delta_1} \frac{P_1 - P_0}{\omega_0} d\delta = \int_{\delta_1}^{\delta_2} \frac{P_1 - P_0}{\omega_0} d\delta \tag{2-35}$$

와 같이 되어 그림 2-39에서 면적 abc = 면적 cde가 되는 부하각 δ_2가 구해지는 한 난조는 일어나나 동기 이탈은 생기지 않는다.

난조는 병렬 운전하고 있는 동기발전기에 갑자기 부하 변동이 있을 때 조속기의 감도가 너무 예민한 경우, 엔진 발전기와 같이 원동기 회전력에 고조파분이 포함되는 경우 및 병렬 운전하고 있는 발전기 사이의 송전 선로의 저항이 큰 경우에 발생한다. 이러한 진동은 자극편의 와전류 및 계자 권선이나 제동 권선의 유도 전류가 제동 역할을 하여 난조가 억제되어 부하각은 δ_1이 되지만 엔진 발전기와 같이 원동기의 회전력이 주기적으로 변할 때는 이 주기와 난조의 주기가 겹쳐 공진이 일어나서 발전기는 정지하게 된다.

동기전동기의 이러한 진동은 곧 억제되지만 회전자의 고유 진동과 전원 또는 부하의 주기적 변화로 인한 강제 진동이 일치하였을 때에는 한층 더 심하게 되어 결국은 동기를 이탈하여 정지한다.

난조를 방지하는 방법으로는 제동 권선을 설치하는 방법과 회전자에 플라이 휠을 붙이는 방법이 있다. 제동 권선은 자극면의 홈에 유도전동기의 농형 회전자와 같이 저항이 적은 단락 권선을 설치하는 것으로 회전자가 동기 속도로 회전하고 있는 경우는 회전자와 회전자계의 상대 속도는 0으로 제동 권선에 전류가 흐르지 않으나 회전자가 동기 속도를 벗어나면 전류가 흘러 제동 작용을 한다.

회전자에 플라이 휠을 붙이면 전동기의 자유 진동의 주기가 길어지므로 난조가 일어나는 것을 방지할 수는 있으나 플라이 휠의 무게와 크기가 알맞지 않은 때는 도리어 자유 진동의 주기가 강제 진동의 주기에 일치하여 공진이 일어나 전동기는 동기를 이탈하여 정지하는 경우가 있다.

2.6 특수 동기기

1. 단상 동기발전기

단상 교류 전력을 발생하는 동기발전기를 **단상 동기발전기**라고 한다. 소용량은 소형 선박이나 자동차용 전원, 신호용 및 실험실용으로 사용되며 수십 [kVA] 정도까지 제작되고 있지만 3상 발전기에 비해 출력, 효율 및 파형의 특성이 뒤지므로 대용량기는 사용하지 않는다.

단상발전기의 전력은 2배의 주파수로 맥동하여 전기자에 기계적인 진동을 일으키므로 베이스(base)와 고정자 프레임의 레그 사이에 강력한 스프링을 넣어서 맥동을 흡수하도록 한 것이 많다.

단상발전기의 전기자 반작용은 공간적으로 고정된 위치에서 다만 진폭만이 변화하는 교번 자계로 전기자에는 기본파의 3배, 5배, 7배 등의 고조파가 발생하고 계자 권선에는 직류 이외에 우수 고주파 전류가 흐르므로 이것을 경감시키기 위하여 자극 면에 제동 권선을 설치한다.

2. 단상 정현파발전기

부하에 관계없이 항상 정현파 교번 기전력을 발생하는 발전기를 **정현파발전기**라고 한다. 단상발전기는 무부하 기전력이 정현파라도 부하 전류가 흐르면 전기자 반작용으로 고조파 자속이 발생하여 전압의 파형이 변한다. 따라서 정현파발전기는 원통형 회전자를 채용하여 공극의 자기 저항을 균일하게 하고 계자 권선은 평형 2상 또는 3상으로 하여 계자 기자력의 분포를 정현파로 만드는 구조로 되어 있다.

3. 고주파발전기

동기발전기에는 $f = \frac{pn_s}{2}$ 관계가 있기 때문에 고주파발전기(high-frequency generator)로는 극수를 많게 할 필요가 있다. 그러나 돌극기에서는 구조상의 제한이 있으므로 수 백~수 천[Hz]와 같은 고주파용에는 유도자형 발전기(induction alternator)가 사용된다. 회전계자형이나 회전전기자형에서는 전기자 코일에 대하여 자속이 서로 그 방향을 바꿈에 따라 전기자 권선에 기전력을 유도하는 것이다. 유도자형에는 전기자 권선과 계자 권선이 모두 고정되고, 회전자에는 유도자(inductor)라고 하는 철괴에 돌극과 슬롯이 있고, 전기자 코일 밑으로 돌극이 닿는 경우와 슬롯이 닿는 경우에는 자기저항이 변화하므로, 전기자 코일과 쇄교하는 자속이 증감하는 결과에 따라 전기자 권선에 기전력을 유도하는 것이다. 이와 같은 구조로 된 회전자는 고속도에 견디고 극수도 많아짐으로 고주파용에 적합하다.

이런 형에서는 유도자의 돌극과 슬롯이 한 개의 조이며, 전기자 권선에 1[Hz]의 기전력을 유도하기 때문에, 유도자 돌극의 극수를 p로 하고 1초 동안의 회전수를 n_s라고 하면 주파수는 $f=\frac{pn_s}{2}$ [Hz]가 된다.

유도자형 발전기는 고주파 전기로의 전원으로 1,000~3,000[Hz]가 사용되며, 그 밖에 전기기기의 층간절연시험용(변압기의 유도시험)이나 고주파건조 설비용 전원으로도 사용된다.

4. 동기 주파수 변환기

주파수가 다른 두 개의 송전계통을 서로 연결하여 전력을 사용할 경우, 또는 상용 주파수의 50[Hz], 60[Hz]를 100~180[Hz] 정도의 주파수로 바꾸려는 경우에 사용되는 주파수 변환기에는 많은 종류가 있다. 이들 중에서 동기전동기와 동기발전기를 직결하고 각 기계의 극수를 적당히 선정한 정비 주파수 변환기(constant ratio frequency changer)인 동기 주파수 변환기(synchronous frequency changer)에 대하여 설명하기로 한다.

동기 주파수 변환기의 구조는 일반적인 돌극형 동기기 2대를 직결한 전동발전기이며 전동기 자극편에 제동권선을 설치한다. 가역 주파수 변환기(reversible frequency changer)로써 사용되는 일도 있으나 이와 같은 경우에는 발전기도 제동권선을 설치한다. 기동은 보통 자기동법으로 하나 전원의 형편상 기동전류를 제한할 필요가 있는 경우에는 기동전동기를 직결해서 사용한다.

동기 주파수 변환기는 조작이 비교적 간단하고 효율이 좋으며 구조도 간단하다. 그러나 부하, 주파수, 전압 등이 갑자기 변동하면 난조나 동기이탈 등을 일으키거나 병렬운전이 잘 되지 않는 결점이 있다.

5. 초동기전동기

일반적인 동기전동기는 기동회전력이 작기 때문에 무부하 또는 경부하의 경우가 아니면 기동이 되지 않는다. 그러므로 중부하 상태로도 기동할 수 있도록 제작된

동기전동기가 여러 가지로 고안되어 있는데 **초동기전동기**(super-synchronous motor)도 그 중의 한가지이다.

이 형의 특징은 회전계자형의 동기전동기에 있는 전기자 부분이 회전자의 주위를 회전하도록 베어링부를 2중으로 하고 있는 것이다.

이 전동기를 기동시키기 위하여 축에 부하를 걸은 상태대로 전기자 권선을 전원에 접속하면 회전자계가 생기고, 이것과 회전자의 제동권선에 흐르는 전류에 따라 회전력이 생기나, 부하가 걸려 있으므로 회전자의 기동이 곤란하다. 이에 대하여 전기자는 자유롭게 회전할 수 있기 때문에 우선 전기자가 회전자계의 방향과 반대방향으로 기동한다. 기동한 다음 점점 속도가 빨라지고 동기속도에 가까워졌을 때, 계자에 여자를 주면 동기에 인입되며 동기속도로 회전한다. 이 때에 전기자 바깥 프레임에 설치되어 있는 브레이크 드럼(brake drum)에 브레이크를 걸어서 속도를 늦게 하면, 회전자는 고정자(전기자)와의 상대속도가 항상 동기속도가 되는 속도로 회전해야 하므로 고정자와 반대방향으로 회전하기 시작하고, 브레이크를 조임에 따라 점점 속도를 증가하여 고정자를 정지시키면 회전자는 동기속도로 된다.

이 방식의 특징은 회전자의 기동회전력을 탈출회전력까지 할 수 있기 때문에 강력한 기동회전력을 얻을 수 있는 것이다. 그러나 외형이 크고 고압의 권선으로 된 전기자를 회전시킬 필요가 있는 점에 문제가 있다.

이러한 전동기를 고정자 회전기동형 전동기라고도 하며 시멘트공장 등에서 사용되고 있다.

6. 유도자형 발전기

유도자형은 전기자 원선, 계자권선 모두 고정되고 회전자 표면에는 유도자라고 하는 요철의 철을 붙인 것이며, 권선을 감지 않은 것으로 500~20000[Hz]의 고주파를 발생 하는데 사용된다.

7. 단락발전기

단락발전기를 대전류용 차단기의 단락 전류 시험용으로 사용하는 것으로 돌 또는 비돌극형 회전자에 강력한 단락 권선을 설치하여 단락 전류의 감쇠를 줄인 발전기이다.

8. 유도 동기전동기

유도 동기전동기는 보통의 권선형 유도전동기와 같은 구조를 갖고 있고, 소용량 직류 여자기를 직결하여 이것을 슬립링을 통해 회전자에 접속되어 있다. 기동시에는 2차 권선인 계자 권선을 기동 저항기를 통해 접속시켜 유도전동기로 기동시키고 동기 속도 부근에 도달 했을 때 저항기를 분리하고 직류 여자기를 접속시켜 동기 전동기로 운전하는 것이다.

예제 1 동기전동기의 용도가 아닌 것은?

① 크레인 ② 분쇄기 ③ 압축기 ④ 송풍기

정답 ①

풀이 동기전동기의 용도

① 저속도 대용량 : 시멘트 공장의 분쇄기, 각종 압축기, 송풍기, 제지용 쇄목기, 동기 조상기

② 소용량 : 전기 시계, 오실로그래프, 전송 사진

크레인에 3상의 권선형 유도전동기를 사용한다.

예제 2 동기전동기에서 위상에 관계없이 감자 작용을 할 때는 어떤 경우인가?

① 진전류가 흐를 때 ② 지전류가 흐를 때

③ 동상 전류가 흐를 때 ④ 전류가 흐르면

정답 ①

풀이

작 용	동기전동기	동기발전기
교차 자화 작용(횡축 반작용)	I_a가 V와 동상인 경우	I_a가 E와 동상인 경우
감자작용(직축 반작용)	I_a가 V보다 $\frac{\pi}{2}$ 앞서는 경우	I_a가 E보다 $\frac{\pi}{2}$ 뒤지는 경우
증자 작용(자화 작용)	I_a가 V보다 $\frac{\pi}{2}$ 뒤지는 경우	I_a가 E보다 $\frac{\pi}{2}$ 앞서는 경우

예제 3 3상 동기기의 제동 권선의 효용은?

① 출력 증가 ② 효율 증가 ③ 역률 개선 ④ 난조 방지

정답 ④

풀이 최전 자극 표면에 설치한 유도전동기의 농형 권선과 같은 권선으로서 최전자가

동기속도로 회전하고 있는 동안에는 전압을 유도하지 않으므로 아무런 작용이 없다. 그러나, 조금이라도 동기 속도를 벗어나면 전기자 자속을 끊어 전압이 유도되어 단락 전류가 흐르므로 동기 속도로 되돌아가게 된다. 즉, 진동 에너지를 열로 소비하여 진동을 방지한다. 이 제동 권선은 난조 방지에 쓰인다.

예제 4 동기 조상기를 부족 여자로 사용하면?

① 리액터로 작용　　② 저항손의 보상

③ 일반 부하의 뒤진 전류의 보상　　④ 콘덴서로 작용

정답 ①

풀이 부족여자(계자 전류 : I_{f3}, 즉, $I_{f1} > I_{f3}$)

전기자 전류 I가 단자 전압 V보다 위상이 θ만큼 뒤진다.

① $\cos\theta$ = 지상

② 리액터의 역할

③ 지상의 전기자 전류 증대

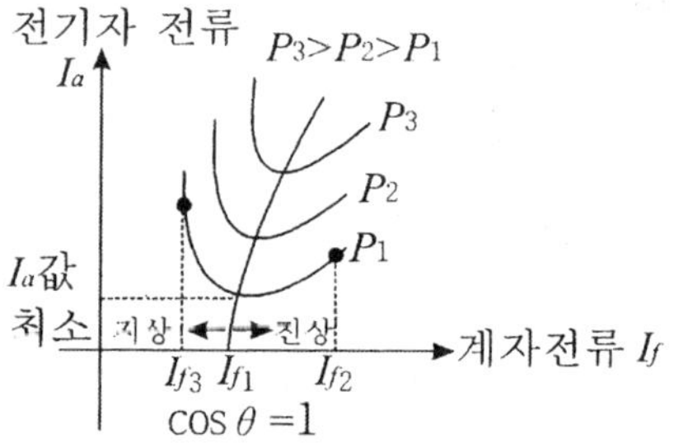

예제 5 수차발전기가 난조를 일으키는 원인은?

① 발전기의 관성 모우먼트가 크다.

② 발전기의 자극에 제동권선이 있다.

③ 수차의 속도 변동률이 적다.

④ 수차의 조속기가 예민하다.

정답 ④

풀이 난조 발생의 원인은 원동기 관계, 발전기 관계를 포함하여 다음과 같은 것을 들 수 있다.

① 조속기의 감도가 너무 예민하거나 둔감할 때

② 원동기의 토크에 고조파 토크가 호함되었을 때

③ 전기자 저항이 극도로 클 때

④ 부하가 맥동할 때

⑤ 회전자의 관성 모우먼트가 작을 때

익 힘 문 제

1. 발전기 탈조 보호에 해당하지 않는 것은?
   ① 지나친 과부하 방지
   ② 고장발생시 과도 안정도의 한계초과방지
   ③ 급격한 부하 변동 방지
   ④ 동기 화력의 증가방지

정답 ④
풀이 병렬운전 중 두 발전기의 기전력에 위상차가 생기면 동기 화력이 발생한다.

2. 발전기나 모터의 회전속도를 검출하기 위한 계전기로 다이나모미터 등의 계측제어로 사용되는 계전기는?
   ① 조도계 ② 태코미터 ③ 속도계전기 ④ 비율차동계전기

정답 ③

3. 발전기 권선의 층간 단락보호에 가장 적당한 계전기는?
   ① 과부하계전기 ② 차동계전기
   ③ 온도계전기 ④ 접지계전기

정답 ②
풀이 차동계전기와 비율차동계전기는 발전기와 변압기 내부 단락사고나 지락사고시 보호하는 계전기로서 동작특성이 비슷하다.

4. 발전기의 단락비나 동기 임피던스를 산출하는데 필요한 시험은?
   ① 무부하 포화시험과 3상 단락시험
   ② 정상, 영상 리액턴스의 측정시험
   ③ 돌발 단락시험과 부하시험
   ④ 단상 단락시험과 3상 단락시험

정답 ①

5. 여자기(Excitor)에 대한 설명으로 옳은 것은?
① 발전기의 속도를 일정하게 하는 것이다.
② 부하변동을 방지하는 것이다.
③ 직류전류를 공급하는 것이다.
④ 주파수를 조정하는 것이다.

정답 ③

6. 동기전동기의 기동을 다른 전동기로 할 경우에 대한 설명으로 옳은 것은?
① 유도전동기를 사용할 경우 동기전동기의 극수보다 2극 정도 적은 것을 택한다.
② 유도전동기의 극수를 동기전동기의 극수와 같게 한다.
③ 다른 동기전동기로 기동시킬 경우 2극 정도 많은 전동기를 택한다.
④ 유도전동기로 기동시킬 경우 동기전동기보다 2극 정도 많은 것을 택한다.

정답 ①
풀이 유도전동기는 같은 극수에서는 동기전동기보다 회전수가 늦기 때문에 동기속도 이상으로 기동하려면 적은 극수의 전동기를 사용하여야 한다.

7. 동기조상기에 유입되는 여자 전류를 정격보다 적게 공급시켜 운전했을 때의 현상으로 옳은 것은?
① 콘덴서로 작용한다. ② 저항부하로 작용한다.
③ 부하의 앞선 전류를 보상한다. ④ 부하의 뒤진 전류를 보상한다.

정답 ③
풀이 V특성곡선 : 여자전류를 적게 공급하면 부족여자로서 리액터로 작용하여 앞선 전류를 보상한다.

8. 동기발전기를 병렬운전할 때 동기 검정기를 사용하여 측정이 가능한 것은?
① 기전력의 크기 ② 기전력의 파형
③ 기전력의 진폭 ④ 기전력의 위상

정답 ④

9. 동기기의 전기자 권선법이 아닌 것은?

① 분포권 ② 2층권

③ 중권 ④ 전절권

정답 ④

풀이 전절권 대신 단절권을 사용한다.

10. 수소냉각 발전기에서 발전기 내 수소 순환용(Fan)의 전후 입력차로 식별하고자 하는 것은?

① 발전기 내 수소압력 ② 수소가스의 순도

③ 팬의 회전속도 ④ 가스의 수분함량

정답 ②

11. 동기조상기를 과여자로 해서 운전하였을 때 나타나는 현상이 아닌 것은?

① 리액터로 작용한다. ② 전압강하를 감소시킨다.

③ 진상전류를 취한다. ④ 콘덴서로 작용한다.

정답 ①

12. 3상 동기기의 제동 권선의 효용은?

① 출력 증가 ② 효율증가

③ 역률개선 ④ 난조방지

정답 ④

13. 회전 전기자형 동기발전기에서 3상 교류 기전력은 어느 부분을 통하여 출력해 내는가?

① 모선 ② 전기자 권선

③ 회전자 권선 ④ 슬립링

정답 ④

풀이 회전자 권선(전기자 권선)이 회전하기 때문에 슬립링과 브러시를 이용해서 전기를 인출한다.

14. 다음 중 동기발전기의 병렬운전 조건으로 옳지 않은 것은?

① 유기기전력의 역률이 같을 것　　② 유기기전력의 위상이 같을 것

③ 유기기전력의 파형이 같을 것　　④ 유기기전력의 주파수가 같을 것

정답 ①

풀이 역률과는 관계가 없다.

15. 동기기의 안정도를 증진시키기 위한 방법으로 잘못된 것은?

① 속응 여자방식을 채용한다.　　② 단락비를 크게 한다.

③ 회전부의 관성을 크게 한다.　　④ 역상 및 영상 임피던스를 작게 한다.

정답 ④

풀이 · 동기 안정도 증진대책

① 속응 여자방식 채택

② 단락비를 크게 한다.

③ 회전부 관성 모멘트를 크세 한다.

④ 정상 임피던스는 작게, 역상 및 영상 임피던스는 크게 한다.

⑤ 동기 임피던스는 작게 한다.

⑥ 동기 탈조 계전기를 사용한다.

16. 동기전동기를 무부하로 하였을 때, 계자권류를 조정하면 동기전동기는 마치 L, C소자로 작동하고, 계자전류를 어떤 일정값 이하의 범위에서 가감하면 가변 리액턴스가 되고, 어떤 일정값 이상에서 가감하면 가변 커패시턴스로 작동한다. 이와 같은 목적으로 사용되는 것은?

① 변압기　　② 동기조상기　　③ 균압환　　④ 제동권선

정답 ②

풀이 동기조상기는 역률개선용 동기전동기이다.

17. 정전압 계통에 접속된 동기발전기는 그 여자를 약하게 하면?

① 출력이 감소한다.　　② 지상 무효전류가 증가한다.

③ 전압강하가 생긴다.　　④ 진상 무효전류가 증가한다.

정답 ④

풀이 동기발전기의 여자를 약하게 하면 진상 무효전류가 흐르고, 여자전류를 크게 하면 지상 무효전류가 흐른다.

18. 동기 임피던스가 작은 동기발전기는?

① 단락비가 작다. ② 전기자 반작용이 작다.
③ 전압변동률이 크다. ④ 과부하 내량이 작다.

정답 ②

풀이 · 동기 임피던스가 작은 동기발전기

① 전기자 반작용이 작다.
② 단락비가 크다.
③ 전압 변동률이 작다.
④ 과부하 내량이 크다.
⑤ 안정도가 높다.

19. 동기발전기에서 전기자 권선을 단절권으로 하는 목적은?

① 절연을 좋게 한다. ② 기전력을 높게 한다.
③ 역률을 좋게 한다. ④ 고조파를 없앤다.

정답 ④

풀이 전절권보다 단절권을 채택하면 고조파가 제거되어 기전력 파형이 개선된다.

20. %동기 임피던스가 130[%]인 3상 동기발전기의 단락비는 약 얼마인가?

① 0.7 ② 0.77 ③ 0.8 ④ 0.88

정답 ②

풀이 단락비 $K_S = \dfrac{100}{\%Z} = \dfrac{100}{130} \fallingdotseq 0.77$

제3장

변압기

변압기(transformer)는 발전소에서 발전된 전력을 공장이나 가정에서 필요로 하는 전압으로 변환하는 정지기기이다.

교류 전력은 역률이 일정하면 전압과 전류의 곱에 비례하므로, 대 전력을 송전하려면 전압을 높이고 전류를 적게 해서 송전선의 전압강하를 적게 하는 것이 경제적이다.

높은 전압으로 송전된 전력은 1차, 2차 변전소에서 다시 전압을 낮추어서 각 공장 등의 수용가에 배전되며, 주상 변압기에서 전압을 다시 낮추어서 가정에 공급된다.

변압기의 종류로는 전력의 수송과 분배에 이용되는 전력용 변압기, 전자기기용 변압기, 용접기용 변압기, 고압 대 전류를 측정할 수 있는 계측용 변압기 등이 있다.

이 장에서는 변압기의 원리와 구조, 이론, 정격, 특성, 결선 및 운전, 특수 변압기에 대하여 알아보도록 한다.

3.1 변압기 이론

1. 전자유도작용

그림 3-1과 같이 철심에 권선 P와 S를 감고 권선 P에 시간에 따라 변화하는 전류, 즉 교류를 흘리면 권선 P에 교번 자속 ϕ가 발생한다. 발생된 자속이 권선 P와 S를 지나가면 권선 P와 S에는 전자유도작용으로 유기기전력이 발생한다.

권선 P에 발생된 기전력 e_1을 자기 유도기전력, 권선 S에 발생된 기전력 e_2을 상호 유도기전력이라 하며, 권선 P와 S의 권수를 각각 n_1, n_2라 하면 유기기전력은 다음과 같이 나타낼 수 있다.

$$\left.\begin{aligned} e_1 &= -n_1 \frac{d\phi}{dt} [\text{V}] \\ e_2 &= -n_2 \frac{d\phi}{dt} [\text{V}] \end{aligned}\right\} \qquad (3\text{-}1)$$

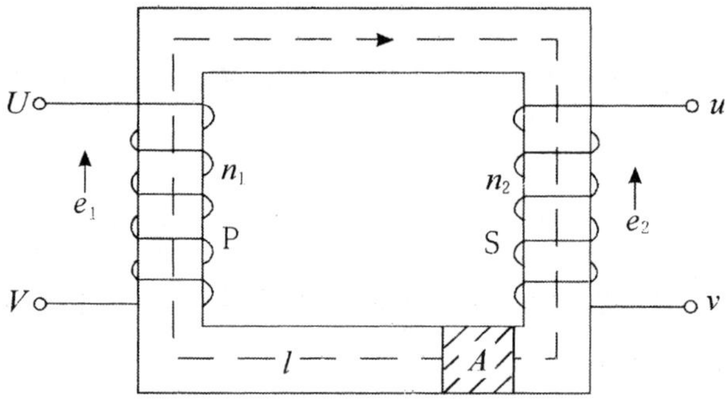

그림 3-1 이상 변압기

2. 이상 변압기

변압기의 실제 등가회로를 유도하기 위해서 이상적인 변압기가 먼저 고려되어야 한다. 그림 3-1은 1차 권선의 수 n_1, 2차 권선의 수 n_2로 구성된 변압기의 단면도이다. 단면도에서 실제 변압기에서는 권선들이 교대로 되어 있지만 철심의 2개 다리에 2개의 권선을 나타내는 것은 일반적인 관례이다.

이상적인 변압기(idealtransformer)는 다음과 같은 특성을 갖는다고 가정한다.

① 권선 저항은 무시한다.

② 모든 자속은 철심을 통과하고, 양 권선과 쇄교한다. 즉, 누설자속 및 철손은 무시한다.

③ 철심의 투자율은 무한대이다. 따라서 철심에 자속을 발생시키기 위한 여자 전류는 무시해도 좋다. 즉 철심에 자속을 발생시키기 위한 순기자력은 0이다.

위의 사항을 고려하여 이상변압기(理想 變壓器)를 다룬 다음에 이들을 고려한 보통의 변압기에 대하여 전압, 전류의 기본식을 유도하도록 한다.

(1) 자기 인덕턴스

길이 l[m], 단면적 A[m^2]의 철심에 감긴 권수 n_1인 1차 권선과 권수 n_2인 2차 권선의 자기 인덕턴스 L_1과 L_2는

$$L_1 = \frac{n_1^2}{R}[\mathrm{H}],\ L_2 = \frac{n_2^2}{R}[\mathrm{H}] \tag{3-2}$$

이며 $R = \frac{l}{\mu A}$는 자기 저항이고 μ는 철심의 투자율($\mu = \mu_0 \mu_s$)이다.

(2) 여자 전류

2차 단자를 개방하고 1차 단자에 실효값 V_1'[V], 주파수 f[Hz]인 정현파전압 $v_1' = \sqrt{2}\, V_1' \sin \omega t$[V]를 가하면 1차 권선에 다음과 같은 전류가 흐른다.

$$i_0 = \frac{\sqrt{2}\, V_1'}{\omega L_1} \sin\left(\omega t - \frac{\pi}{2}\right) = \sqrt{2} I_0 \sin\left(\omega t - \frac{\pi}{2}\right)[\mathrm{A}]$$

여기서 이 전류의 실효값 I_0는

$$I_0 = \frac{V_1'}{\omega L_1} \tag{3-3}$$

이고 i_0를 **여자전류**(exciting current)라 하며 정현파전압 v_1'보다 $\pi/2$ 뒤지게 되고, 이 여자전류에 의해서 철심에 다음과 같은 교번자속 ϕ가 생긴다.

$$\phi = \frac{\text{기자력}}{\text{자기저항}} = \frac{n_1 i_0}{R} = \frac{n_1 i_0}{l/\mu A} = \frac{n_1 i_0 \mu A}{l}[\mathrm{Wb}]$$

$$= \frac{n_1 \cdot \dfrac{\sqrt{2}\, V_1}{\omega L_1} \sin\left(\omega t - \dfrac{\pi}{2}\right)\mu A}{\dfrac{\mu n_1{}^2 A}{L_1}}$$

이므로 위 식에 L_1 및 I_0를 대입하면,

$$\phi = \frac{\sqrt{2}\, V_1'}{\omega n_1} \sin\left(\omega t - \frac{\pi}{2}\right) = \sqrt{2}\, \Phi \sin\left(\omega t - \frac{\pi}{2}\right) = \phi m \sin\left(\omega t - \frac{\pi}{2}\right)[\mathrm{Wb}]$$

이다. 여기서

$$\phi = \frac{V_1'}{\omega n_1} = \frac{V_1'}{2\pi f n_1} \text{[Wb]} \tag{3-4}$$

자속 ϕ는 전압 v_1'보다 $\pi/2$ 뒤지고, 여자전류 i_0와 동상이다.

(3) 유기기전력

① 1차 유기기전력은 자속 ϕ의 변화에 의해서 1차 권선 중에는 기전력 e_1이 유도된다. 일반적으로 유기기전력 e의 정방향과 자속 ϕ의 정방향과의 관계는 바른 나사의 법칙에 따르는 것이 보통이므로, 이와 같이 정하면 유기기전력 e_1은 다음과 같이 된다.

$$e_1 = -n_1 \frac{d\phi}{dt} = -\sqrt{2}\,\omega n_1 \phi \sin \omega t = -\sqrt{2}\,V_1' \sin \omega t \text{[V]} \tag{3-5}$$

즉, 유기기전력 e_1의 크기는 공급전압 V_1'와 같고, 그 방향은 반대이다. 따라서 1차 권신내에서는 두 전압이 평형되기 때문에 과대한 전류가 흐르지 않는다. 식 (3-5)에서 알 수 있는 바와 같이 1차 유기기전력의 실효값 E_1은 다음과 같이 된다.

$$E_1 = 2\pi f n_1 \Phi = 4.44 f n_1 \times \sqrt{2}\,\Phi = 4.44 f n_1 \Phi_m \tag{3-6}$$

② 2차 유기기전력은 자속 ϕ는 동시에 2차 권선에도 쇄교하므로 누설이 없다고 가정하면 2차 권선에 유도되는 기전력 e_2와 그 실효값 E_2은 다음과 같이 된다.

$$e_2 = -n_2 \frac{d\phi}{dt} = -\sqrt{2}\,\omega n_2 \Phi \sin \omega t \text{[V]} \tag{3-7}$$

$$E_2 = 2\pi f n_2 \Phi = 4.44 f n_2 \sqrt{2}\,\Phi = 4.44 f n_2 \Phi_m \tag{3-8}$$

위의 관계를 벡터도로 나타내면 그림 3-2와 같이 된다. 또, 식 (3-6)과 식 (3-8)의 비를 구하면

$$\frac{E_1}{E_2} = \frac{n_1}{n_2} = a \tag{3-9}$$

이고 위 식에서 변압기의 1차와 2차 권선에 유도되는 기전력의 비는 그 권수의 비와 같음을 알 수 있으며, 일반적으로 이것을 a로 표시하며 **권수비**(turn ratio)라고 한다.

$E_2 < E_1$인 변압기로 강압변압기(step down transformer)라 하고, 반대로 $E_2 > E_1$인 변압기를 승압변압기 또는 체승변압기(step-up transformer)라고 한다.

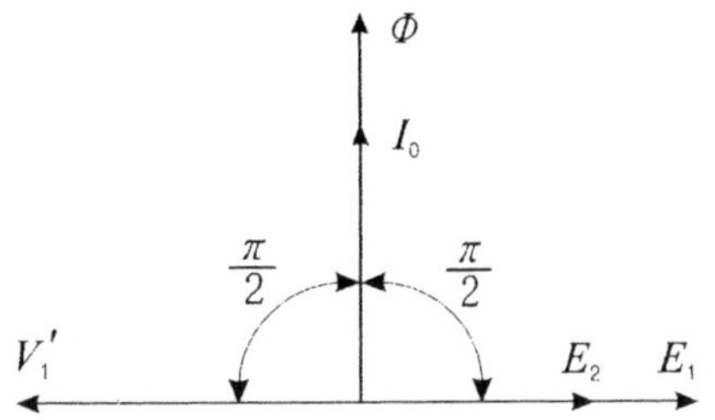

그림 3-2 이상 변압기의 벡터도

예제 1 정격 1차 전압이 6,600[V], 2차 전압이 220[V], 주파수가 60[Hz]인 단상 변압기가 있다. 이 변압기를 이용하여 정격 220[V], 10[A]인 부하에 전력을 공급할 때 변압기의 1차측 입력은 몇 [kW]인가?(단, 부하의 역률은 1로 한다.)

풀이 권수비 $a = \frac{V_1}{V_2} = \frac{I_2}{I_1} = \frac{6600}{220} = 30$

$$I_1 = \frac{I_2}{a} = \frac{10}{30}\,[\mathrm{A}]$$

입력 $P = V_1 I_1 \cos\theta[\mathrm{W}] = 6600 \times \frac{10}{30} \times 1 \times 10^{-3}[\mathrm{kW}] = 2.2[\mathrm{kW}]$

예제 2 변압기의 1차 권선수 80회, 2차 권선수 320회일 때 2차측의 전압이 100[V]이면 1차 전압[V]은 얼마인가?

풀이 $V_1 = \frac{N_1}{N_2} \times V_2 = \frac{80}{320} \times 100 = 25[\mathrm{V}]$

예제 3 1차 전압 6,900[V], 1차 권선 3,000회, 권수비 20의 변압기가 60[Hz]에 사용할 때 철심의 최대 자속[Wb]은?

풀이 $\phi_m = \frac{E_1}{4.44 f N_1} = \frac{6,900}{4.44 \times 60 \times 3,000} = 0.00863 = 8.63 \times 10^{-3}[\mathrm{Wb}]$

(4) 부하전류와 기전력 평형

이상 변압기의 2차 권선에 그림 3-3 (a)와 같이 임피던스 $\dot{Z}=R+jX$인 부하를 접속하면 2차 권선에는 다음과 같은 부하 전류 $\dot{I}_2$가 흐른다.

$$\dot{I}_2=\frac{\dot{E}_2}{\dot{Z}}=\frac{\dot{E}_2}{R+jX}\,[\mathrm{A}] \tag{3-10}$$

2차 권선에 부하 전류 $\dot{I}_2$가 흐르면 2차 권선에 기자력 $n_2\dot{I}_2$가 발생하므로 자속 ϕ가 변화하지 않으면 안된다. 그러나 1차 권선에 가해지고 있는 전압 V_1'은 일정하고, 이것과 평형을 이루고 있는 E_1이 일정한 값을 유지하지 않으면 안된다.

그러므로 식 (3-8)에서 E_1이 일정한 값을 유지하기 위해서는 ϕ가 일정하여야 하므로 기자력 $n_2\dot{I}_2$를 상쇄할 수 있는 기자력 $n_1\dot{I}_1'$이 발생하도록 1차 권선에 전류 $\dot{I}_1'$가 흘러 두 기자력 $n_2\dot{I}_2$와 $n_1\dot{I}_1'$의 벡터합은 0이 되어야 한다. 즉,

$$n_1\dot{I}_1'+n_2\dot{I}_2=0$$

$$\therefore\ \dot{I}_1'=-\frac{n_2}{n_1}\dot{I}_2=-\frac{1}{a}\dot{I}_2 \tag{3-11}$$

이 되고 $\dot{I}_1'$를 1차 부하 전류라 한다.

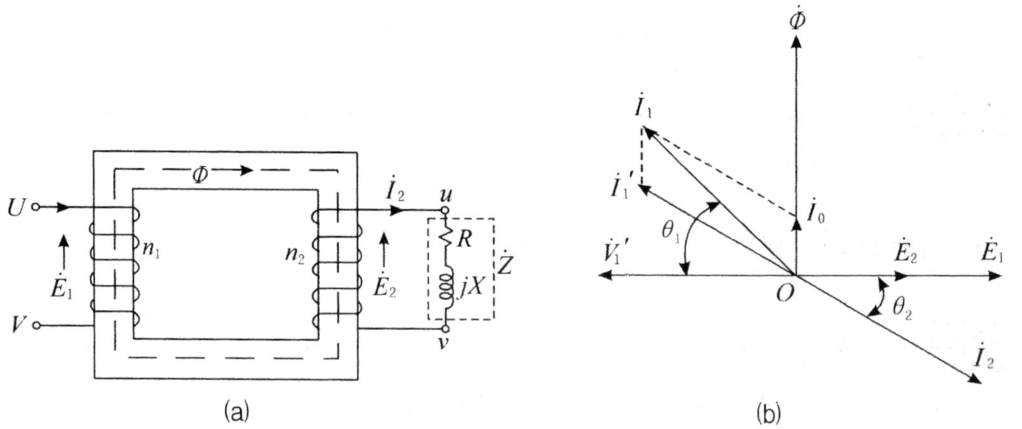

그림 3-3 이상 변압기에 부하를 연결하는 경우

따라서 1차 권선에는 여자 전류 I_0와 1차 부하 전류 I_1'가 흐르게 된다.

$$\dot{I}_1 = \dot{I}_0 + \dot{I}_1{}' = \dot{I}_0 - \frac{n_2}{n_1}\dot{I}_2[\mathrm{A}] \tag{3-12}$$

$\dot{I}_1$을 1차 전류라 하고 여자 전류 $\dot{I}_0$는 보통 매우 작으므로, 부하 전류가 클 때는 무시할 수 있다.

$$\dot{I}_1 \fallingdotseq \dot{I}_1{}' = -\frac{n_2}{n_1}\dot{I}_2 = \frac{-\dot{I}_2}{a}[\mathrm{A}] \quad \therefore \frac{I_1}{I_2} = \frac{n_2}{n_1} = \frac{1}{a} \tag{3-13}$$

식 (3-13)에서 1차 전류와 2차 전류의 비, 즉 변류비는 부하 전류가 큰 경우에는 권수비에 반비례한다. 위의 관계를 벡터도로 표시하면 그림 3-3 (b)와 같다.

또 변압기 부하에 공급되는 전력 P_2는

$$P_2 = E_2 I_2 \cos\theta_2[\mathrm{W}]$$

전원에서 공급되는 전력 P_1은

$$P_1 = V_1{}' I_1 \cos\theta_1[\mathrm{W}]$$

이상 변압기에서는 손실이 없으므로 $P_1 = P_2$ 즉, 효율은 100[%]로 된다.

예제 1 3,300/110[V]인 단상변압기의 1차에 5[A]의 전류가 흐를 때 2차의 출력 [kVA]은?

풀이 $I_2 = aI_1 = \frac{V_1}{V_2} I_1 = \frac{3,300}{110} \times 5 = 150[\mathrm{A}]$

$P_2 = V_2 I_2 = 110 \times 150 = 16,500 = 16.5[\mathrm{kVA}]$

3. 실제적인 변압기

실제적인 변압기(practical transformer)에서는 이상적인 변압기의 가정은 유효하지 못하다. 예를 들면 실제적인 변압기 권선에는 권선 저항이 있고, 모든 권선이 같은 크기의 자속과 쇄교하지 않으며, 철심 재료의 투자율은 무한대가 아니다. 또한 철심 재료에 시변 자속이 흐르면 손실이 발생한다. 실제적인 변압기를 해석하는 경우에는 이러한 모든 단점이 고려되어야 한다.

변압기를 해석하기 위한 2가지 방법은 이상 변압기와의 차이를 설명하는데 이용될 수 있다.

① 물리적인 관점에 기초를 둔 등가 회로 모델

② 자기적 결합 회로의 고전적인 이론에 기초를 둔 수학적 모델

실제적인 변압기에 대해 두 가지 방법으로 해석할 경우 똑같은 특성을 얻게 된다. 그러나 등가 회로는 내부에 포함된 물리적 현상을 더욱 잘 이해할 수 있으므로 등가 회로에 의한 실제적인 변압기의 해석에 대하여 알아보자.

실제적인 변압기의 권선에는 저항이 분포되어 있으나 변압기 회로에는 그림 3-4 (a)와 같이 집중 저항으로 권선에 직렬로 연결되어 있다. 전류가 변압기 권선에 흐를 때 철심에 통과하는 상호 자속 ϕ_m을 형성하게 된다. 그러나 작은 양의 누설 자속 ϕ_l는 한 쪽 권선만 쇄교하고 다른 쪽 권선은 쇄교하지 않는다. 누설 자속의 경로는 주로 공기 중이므로 누설 자속은 전류에 따라 선형적으로 변한다. 누설 자속에 의한 영향은 다음과 같은 누설 인덕턴스로 설명할 수 있다.

$$L_{l1} = \frac{N_1 \phi_{l1}}{i_1} = \text{권선 1의 누설 인덕턴스}$$

$$L_{l2} = \frac{N_2 \phi_{l2}}{i_2} = \text{권선 2의 누설 인덕턴스}$$

그림 3-4 (a)와 같이 전기 저항 R과 누설 리액턴스 $X_l(=2\pi f L_l)$에 의해 권선 저항과 누설 자속에 의한 영향을 설명할 수 있다.

실제 권선에서 흐르는 자화 전류 I_m은 일정한 투자율을 갖는 철심 내에서 자속을 만든다. 이러한 자속은 자화 인덕턴스 L_m으로 나타낼 수 있다. 물론, 철심 재료에 의한 철손은 저항 R_c로 나타낼 수 있다. 그러므로 실제적인 변압기의 등가회로는 이상적인 변압기에 손실부분을 합친 것이다.

(1) 권선의 저항

이상 변압기는 권선의 저항을 무시하였으나 보통의 변압기는 권선의 저항이 있으므로 권선의 저항에서 전압 강하와 동손이 발생하므로 권선에 발생되는 기전력은 이상 변압기의 경우와 다소 다르게 된다.

따라서 보통의 변압기는 그림 3-4 (a)와 같이 권선에는 저항이 없고, 1차 권선과 2차 권선의 저항 r_1과 r_2가 각각 1차 권선과 2차 권선에 직렬로 접속된 것으로 생각할 수 있다.

(2) 누설 리액턴스

이상 변압기는 1차와 2차 권선에서 발생한 자속이 모두 1차와 2차 권선을 지나가는 것으로 가정하였으나 보통의 변압기는 다소의 누설 자속이 있다. 그림 3-4 (a)에서 ϕ는 1차와 2차 권선을 지나가는 자속으로 **주자속**이라 하고, ϕ_{l1}은 1차 권선에서 발생한 자속 중 1차 권선에만 지나가고 2차 권선을 지나가지 않는 자속이고, ϕ_{l2}는 2차 권선에서 발생한 자속 중 2차 권선에만 지나가고 1차 권선을 지나가지 않는 자속으로 ϕ_{l1}과 ϕ_{l2}를 각각 **1차 누설 자속**과 **2차 누설 자속**이라 하며 ϕ_{l1}은 1차 전류에, ϕ_{l2}은 2차 전류에 비례한다.

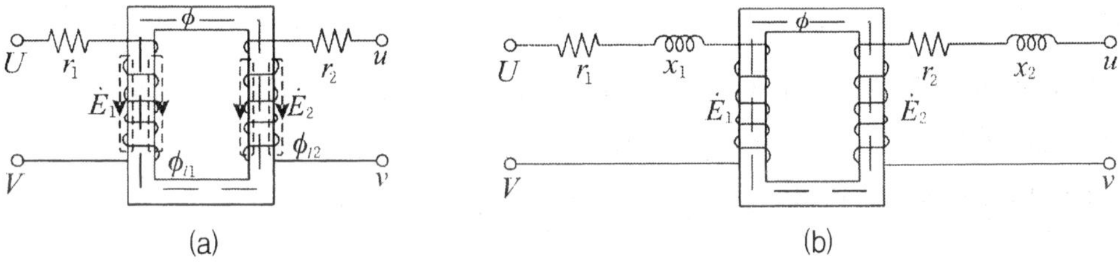

그림 3-4 보통의 변압기

주자속으로 기전력이 발생되는 것과 같이, 누설 자속으로 권선에 기전력이 발생되지만 1차 누설 자속 ϕ_{l1}은 2차 권선에는 기전력을 발생하지 않고 1차 권선에만 기전력을 발생하며 2차 누설 자속 ϕ_{l2}는 1차 권선에는 기전력을 발생하지 않고 2차 권선에만 기전력을 발생한다.

누설 자속 ϕ_{l1}와 ϕ_{l2}에 의해서 발생되는 기전력 E_{l2}와 E_{l1}은 다음과 같이 나타낼 수 있으며 누설 자속보다 $\pi/2$ 뒤지고, 크기는 누설 자속의 크기에 비례한다.

$$\dot{E}_{l1} = -jx_1\dot{I}_1,\quad \dot{E}_{l2} = -jx_2\dot{I}_2 \tag{3-14}$$

여기서 x_1과 x_2를 각각 1차와 2차의 누설 리액턴스라 한다.

전원에서 볼 때 E_{l1}와 E_{l2}은 전압 강하로 볼 수 있으므로 그림 3-4 (b)와 같이

x_1과 x_2가 각 권선에 직렬로 접속된 것으로 취급할 수 있다.

여기서 $\dot{Z}_1 = r_1 + jx_1$과 $\dot{Z}_2 = r_2 + jx_2$를 각각 변압기의 1차 누설 임피던스 및 2차 누설 임피던스라고 한다.

4. 여자전류

(1) 여자전류의 파형과 철손

변압기의 1차 단자에 가해지는 전압 v_1'을 정현파라고 하면, 이것과 평형을 유지하는 1차 유기기전력 e_1도 당연히 정현파이어야 한다. 따라서 이것을 유도하는 자속 ϕ도 정현파이어야 한다. 그런데 변압기의 철심에는 자기포화현상과 히스테리시스 현상이 있으므로 자속 ϕ를 발생하는 전류 i_0는 그림 3-5와 같이 일그러진 파형(distortion wave)이 되어 정현파형으로 될 수가 없다. 그림 3-5에서 보는 바와 같이 히스테리시스 현상으로 인하여 여자전류 i_0는 일그러질 뿐만 아니라 자속 ϕ보다 위상이 앞서게 되므로 i_0와 전압 v_1간에는 전력이 발생하여 히스테리시스손(hysteresis loss)이 생기게 된다. 이 외에 철심에는 자속의 변화 때문에 와류가 흐르고 이로 인해서 와전류손(eddy current loss)이 발생하게 된다.

이 히스테리시스손과 와류손의 합을 철손(iron loss)이라고 한다.

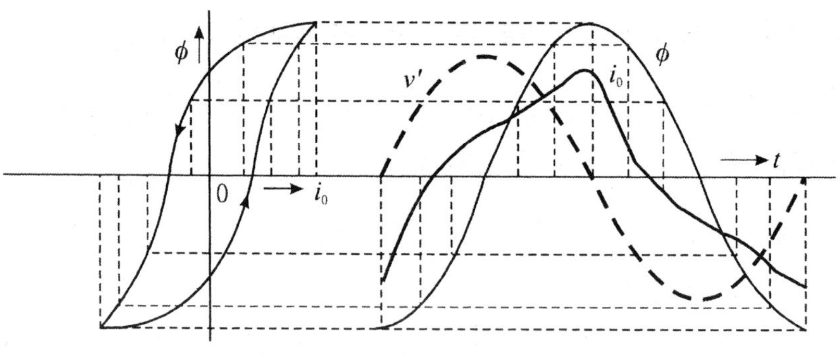

그림 3-5 히스테리시스현상에 의한 여자전류의 파형

(2) 여자전류

해석의 편의상 무부하상태의 변압기에 전압 V_1'를 가했을때 흐르는 왜형파의 무부하전류 대신에, 이것과 실효값이 같고 V_1'와의 사이의 전력이 전 철손과 같으며,

또 위상이 같은 등가인 정현파전류 I_0를 사용한다. 이 전류를 **무부하전류** 또는 **여자전류**라고 한다. 그 실효값을 I_0[A], 철손을 P_i[W], 위상각을 θ_0라고 하면 다음과 같다.

$$\cos\theta_0 = \frac{P_i}{V_1{}' I_0}$$

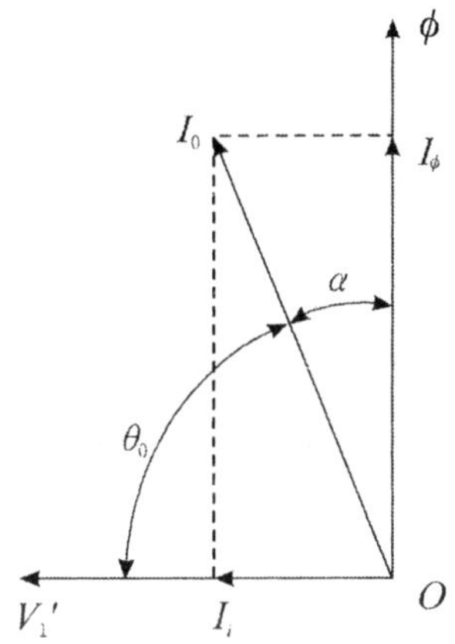

그림 3-6 여자전류의 벡터

이와 같이 등가 정현파로 바꾸어 놓으면 전압 $V_1{}'$나 자속 ϕ와 같이, I_0를 벡터로 표시할 수 있다. 그림 3-6과 같이 I_0는 ϕ보다 α만큼 앞서고 있다. 이것은 철손으로 인하여 여자전류의 위상이 앞서게 된 때문이고, 이것을 **철손각**이라고 한다. 여자전류 I_0를 주자속 ϕ와 동상인 무효분 I_ϕ와 직각인 유효분 I_i로 나누면

$$\dot{I}_0 = \dot{I}_\phi + \dot{I}_i \qquad (3\text{-}15)$$

$$\left.\begin{aligned} I_i &= \frac{P_i}{V_1{}'} = I_0 \sin\alpha = I_0 \cos\theta_0 [\text{A}] \\ I_\phi &= I_0 \cos\alpha = I_0 \sin\theta_0 [\text{A}] \end{aligned}\right\} \qquad (3\text{-}16)$$

I_i는 철손을 공급하는 전류로서, **철손전류**(iron loss current)라 하고, I_ϕ는 자속을 유지하는 전류로 **자화전류**(magnetizing current)라고 한다.

예제 1 50[kVA], 3,000/100[V] 변압기의 무부하 시험에서 무부하 전류 0.5[A], 입력 600[W]이다. 철손 전류[A]는?

풀이 $P_i = V_1 I_i$

$$I_i = \frac{P_i}{V_1} = \frac{600}{3,000} = 0.2[\mathrm{A}]$$

(3) 여자 회로와 여자 어드미턴스

무부하인 변압기의 1차 권선에는 여자 전류 i_0만 흐르므로 식 (3-15)에 등가인 회로는 그림 3-7과 같이 나타낼 수 있으며 이 회로를 여자 회로라 하며 여자 회로의 어드미턴스를 Y_0로 나타내면 $\dot{Y}_0 = g_0 - jb_0$ 이므로 다음과 같이 된다.

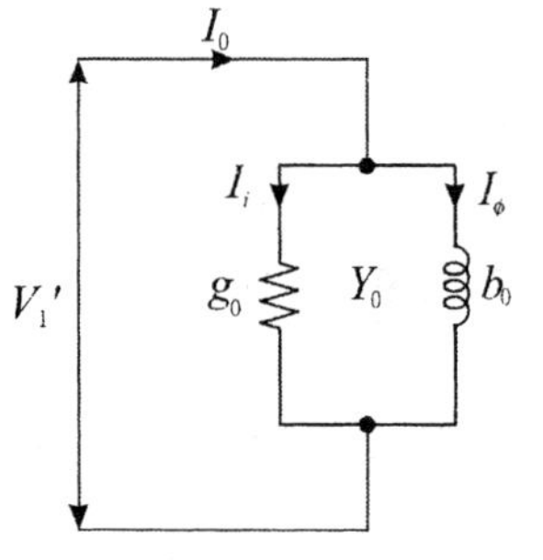

그림 3-7 여자회로

$$\left.\begin{aligned} Y_0 &= \sqrt{g_0{}^2 + b_0{}^2} = \frac{I_0}{V_1'}[\mho] \\ g_0 &= \frac{I_i}{V_1'} = \frac{P_i}{V_1'^2}[\mho] \\ b_0 &= \sqrt{Y_0^2 - g_0^2} = \sqrt{\left(\frac{I_0}{V_1'}\right)^2 - \left(\frac{P_i}{V_1'^2}\right)^2}[\mho] \end{aligned}\right\} \qquad (3\text{-}17)$$

여기서 Y_0는 여자 어드미턴스, g_0는 여자 컨덕턴스, b_0를 여자 서셉턴스라고 하며 V_1', I_0, P_i을 알면 식 (3-17)에서 Y_0, g_0, b_0를 구할 수 있으며 여자 전류 $\dot{I}_0$는 다음과 같이 나타낼 수 있다.

$$\left.\begin{aligned}\dot{I}_0 &= (g_0 - jb_0)\dot{V}_1{}' = \dot{Y}_0\dot{V}_1{}' \\ I_i &= g_0 V_1{}',\ \ I_\phi = b_0 V_1{}'\end{aligned}\right\} \tag{3-18}$$

권선의 저항, 누설 자속, 철손을 고려하면 보통의 변압기 회로는 그림 3-8과 같이 나타낼 수 있고 여자 전류 I_0는 여자 어드미턴스 Y_0에 흐른다. 부하가 접속되어 2차 권선에 부하 전류 I_2가 흐르면 이에 대응해서 1차 권선에 1차 부하 전류 $I_1{}'$이 흐른다고 생각할 수 있다.

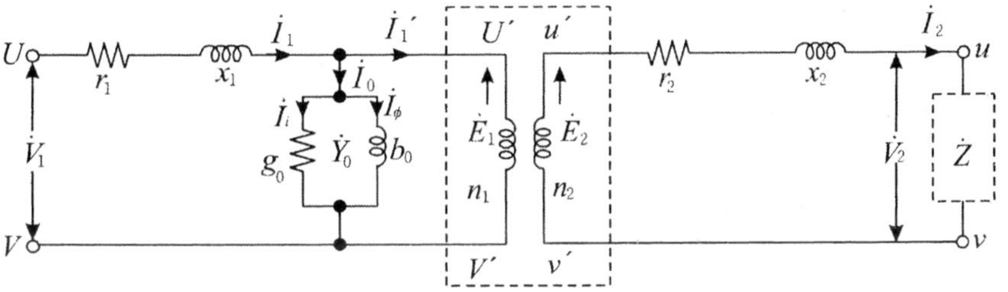

그림 3-8 변압기의 회로

예제 1 용량 3[kVA], 주파수 60[Hz], 1차 전압 3,150[V], 여자전류 0.109[A], 철손이 48.8[W]인 변압기가 있다. Y_0, g_0, b_0를 구하시오.(단, 누설 리액턴스와 저항은 무시한다.)

풀이 $Y_0 = \dfrac{I_0}{V_1{}'} = \dfrac{0.109}{3150} = 34.6\times10^{-6}$[℧]

$g_0 = \dfrac{P_i}{(V_1{}')^2} = \dfrac{48.8}{3150^2} = 4.92\times10^{-6}$[℧]

$b_0 = \sqrt{Y_0{}^2 - g_0{}^2} = \sqrt{34.6^2 - 4.92^2}\times10^{-6} = 34.2\times10^{-6}$[℧]

$Y_0 = g_0 - jb_0 = (4.92 - j34.2)\times10^{-6}$[℧]

3.2 변압기의 벡터도 및 등가회로

1. 변압기의 벡터도

(1) 전압과 전류의 계산

실제 변압기에서는 저항, 누설 리액턴스, 철손 등을 고려하여 그림 3-8에서 전압, 전류, 변압비, 변류비 등을 계산한다.

여기서 1차 임피던스 $\dot{Z}_1 = r_1 + jx_1$, 2차 임피던스 $\dot{Z}_2 = r_2 + jx_2$, 부하 임피던스 $\dot{Z} = r + jx$라고 하면 이상 변압기와 같이

$$\text{권수비 } a = \frac{E_1}{E_2} = \frac{n_1}{n_2} \tag{3-19}$$

이고, $\dot{V}_1'$를 기준 벡터, 즉 $\dot{V}_1' = V_1'$로 하면

$$\dot{E}_2 = \frac{n_2}{n_1}\dot{E}_1 = \frac{1}{a}(-\dot{V}_1') = -\frac{\dot{V}_1'}{a}$$

와 같이 되고 2차 전류 $\dot{I}_2$는

$$\dot{I}_2 = \frac{\dot{E}_2}{\dot{Z}_2 + \dot{Z}} = \dot{Y}\dot{E}_2 = -\frac{\dot{Y}}{a}\dot{V}_1' \left(\text{단, } \dot{Y} = \frac{1}{\dot{Z}_2 + \dot{Z}} \right) \tag{3-20}$$

이에 대하여 1차 권선에 흐르는 1차 부하전류 $\dot{I}_1'$는 식 (3-11)과 식 (3-20)에 의하여

$$\dot{I}_1' = -\frac{\dot{I}_2}{a} = \frac{\dot{Y}}{a^2}\dot{V}_1' \tag{3-21}$$

여자전류는

$$I_0 = Y_0 V_1'$$

따라서 1차 전류는

$$\dot{I}_1 = \dot{I}_0 + \dot{I}_1' = \dot{Y}_0 \dot{V}_1' + \frac{\dot{Y}}{a^2}\dot{V}_1' = \frac{\dot{V}_1'}{a^2}(\dot{Y} + a^2 \dot{Y}_0) \tag{3-22}$$

1차 단자전압은

$$\dot{V}_1 = \dot{V}_1' + \dot{Z}_1\dot{I}_1 = \dot{V}_1' + \dot{Z}_1\left(\dot{Y}_0\dot{V}_1' + \frac{\dot{Y}\dot{V}_1'}{a^2}\right)$$

$$= \dot{V}_1'\left(1 + \dot{Z}_1\dot{Y}_0 + \frac{\dot{Z}_1\dot{Y}}{a^2}\right) \tag{3-23}$$

2차 단자전압은

$$\dot{V}_2 = \dot{E}_2 - \dot{Z}_2\dot{I}_2 = -\frac{\dot{V}_1'}{a} + \frac{\dot{Y}\dot{V}_1'\dot{Z}_2}{a} = -\frac{\dot{V}_1'}{a}(1 - \dot{Z}_2\dot{Y}) \tag{3-24}$$

식 (3-23)과 식 (3-24)에서 변압기의 1차와 2차의 전압비(voltage ratio : 변압비)는

$$\frac{\dot{V}_1}{\dot{V}_2} = -\frac{a\left(1 + \frac{\dot{Z}_1\dot{Y}}{a^2} + \dot{Z}_1\dot{Y}_0\right)}{1 - \dot{Z}_2\dot{Y}} \tag{3-25}$$

보통의 변압기에는 $\dot{Z}_1\dot{Y}_0$는 매우 작고, 무부하의 경우에는 $\dot{Y}=0$이므로 식 (3-25)는 다음과 같이 된다.

$$\left[\frac{\dot{V}_1}{\dot{V}_2}\right]_{Y=0} \fallingdotseq -a(1 + \dot{Z}_1\dot{Y}_0) \fallingdotseq -a \tag{3-26}$$

즉, 변압비 $\dot{V}_1/\dot{V}_2$은 무부하의 경우나 경부하시에는 a에 가깝고 부하가 증가함에 따라 a와 차가 생기나 그 차는 작다.

1차 전류와 2차 전류의 비 즉, 전류비(current ratio : 변류비)는 식 (3-20)과 식 (3-22)에서

$$\frac{\dot{I}_1}{\dot{I}_2} = -\frac{1}{a}\left(1 + a^2\frac{\dot{Y}_0}{\dot{Y}}\right) \tag{3-27}$$

이고 부하전류가 매우 클 때(Y가 클 때)에는 $a^2\dot{Y}_0/\dot{Y} \ll 1$이므로, 식 (3-27)은 다음과 같이 된다.

$$\left[\frac{\dot{I}_1}{\dot{I}_2}\right]_{Y=\infty} = -\frac{1}{a}\left(1 + a^2\frac{\dot{Y}_0}{\dot{Y}}\right) \fallingdotseq = -\frac{1}{a} \tag{3-28}$$

즉, 부하가 증가할수록 변류기 $\dot{I}_1/\dot{I}_2$는 $1/a$에 가까워진다.

실제로 변압기의 특성을 계산할 때에는 위의 식보다 다음에 설명하는 등가회로에 의하는 것이 편리하다.

식 (3-20)~(3-24)에 의해서 벡터도를 그리면 그림 3-9와 같이 된다. 이 벡터도를 그리는 방법은 다음과 같다.

① 기준 벡터를 $\dot{E}_2$로 하고, $\dot{E}_2$보다 $\pi/2$ 앞서게 ϕ를 그린다.

② $\dot{V}_1' = (-\dot{E}_1)$을 ϕ보다 $\pi/2$ 앞서게, $\dot{I}_0$는 ϕ보다 철손각 α만큼 앞서게 그린다.

③ 부하전류 $\dot{I}_2$를 $\dot{E}_2$보다 $\theta_2' = \tan^{-1}\dfrac{x_2+X}{r_2+R}$ 만큼 뒤지게 그린다.

④ $\dot{I}_2$와 반대방향으로 $\dot{I}_1'$를 그리고, $\dot{I}_0$와 합성하여 $\dot{I}_1$을 그린다.

⑤ $\dot{V}_1'$의 선단에서 $\dot{I}_1$과 평행하게 $r_1\dot{I}_1$을 그리고, $\dot{I}_1$과 직각으로 이 보다 $\pi/2$ 앞서게 $jx_1\dot{I}_1$을 그어 이를 $\dot{V}_1'$와 합성해서 $\dot{V}_1$을 구한다.

⑥ $\dot{E}_2$와 선단에서 $\dot{I}_2$와 직각방향으로, 이 보다 $\pi/2$ 뒤지게 $jx_2\dot{I}_2$를 그리고 $r_2\,\dot{I}_2$를 $\dot{I}_2$와 평행하게, 반대방향으로 그어 이것을 $\dot{E}_2$와 합성하여 $\dot{V}_2$를 얻는다. 이 벡터도와 같이 2차 전류 $\dot{I}_2$가 뒤진 전류일 때는 2차 단자전압 $\dot{V}_2$는 임피던스 강하 $\dot{Z}_2\dot{I}_2$ 때문에 2차 유기기전력 $\dot{E}_2$보다 뒤지고, 그 크기도 적어진다.

또, 이상변압기에 걸리는 전압 $\dot{V}_1'$는 임피던스 강하 $\dot{Z}_1\dot{I}_1$ 때문에 1차에 가해진 전압 $\dot{V}_1$보다 뒤지고, 크기도 적어진다. 따라서 $\dot{V}_1$와 $\dot{V}_2$의 비가 권수비 n_1/n_2과 달라질 뿐만 아니라, 위상도 역상이 되지 않게 된다. 이것은 계기용 변압기를 전력 측정에 이용할 때 오차의 원인이 되기도 한다.

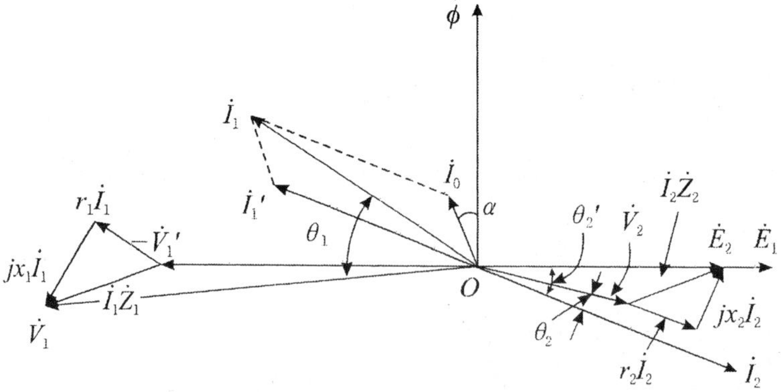

그림 3-9 변압기의 벡터도

2. 등가회로

변압기 실제 회로는 전자유도작용에 의해서 결합된 두 개의 독립된 회로로 이루어지며 1차측에서 2차측으로 전력이 전달되는 것이지만 이와 같은 양들을 수량적으로 취급하기 위해서는 단일회로로 취급하는 것이 매우 편리하다. 이렇게 생각한 회로를 등가회로라고 한다.

(1) 무부하시의 등가회로

그림 3-10의 (a)는 무부하의 경우를 표시한 것이며 이때의 벡터도는 그림 (b)와 같이 된다.

여자전류 $\dot{I}_0$는 1차 기전력 $\dot{E}_1$과 동상분의 철손전류 $\dot{I}_i$와 $\dot{E}_1$보다 90° 뒤진 위상의 자화전류 $\dot{I}_\phi$와의 합이다. 그래서 이들 $\dot{E}_1$, $\dot{I}_0$, $\dot{I}_i$, $\dot{I}_\phi$와 똑같은 관계를 가진 회로 즉, 등가회로는 그림 (c)와 같이 콘덕턴스(conductance) g_0와 서셉턴스(susceptance) b_0의 병렬회로로 표시될 수 있다.

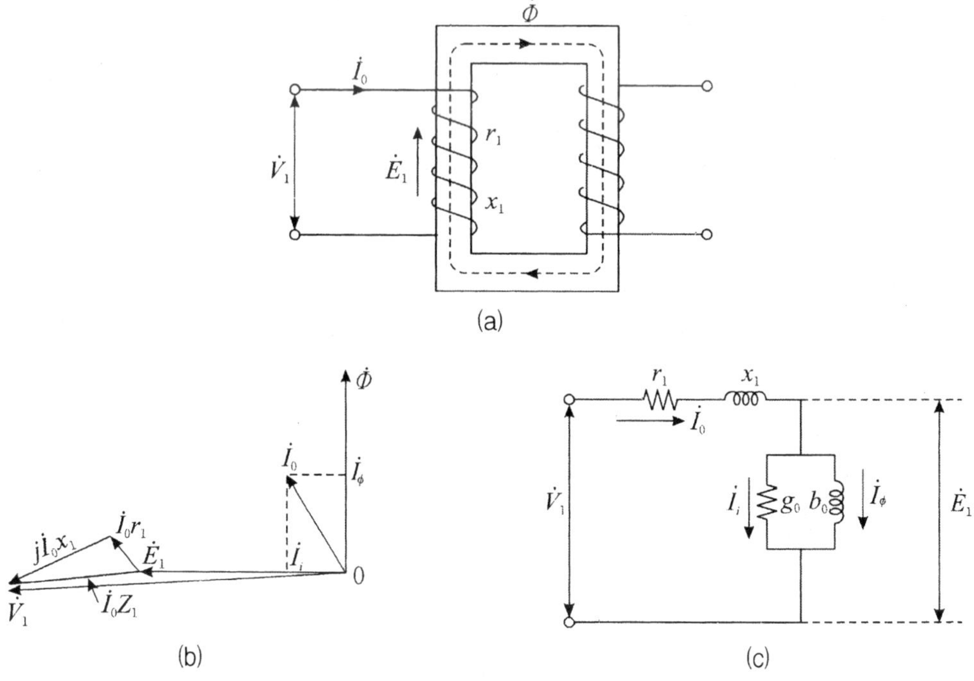

그림 3-10

그림 (c)에서

$$\dot{I}_i = g_0\dot{E}_1, \quad g_0 = \frac{\dot{I}_i}{\dot{E}_1} \tag{3-29}$$

$$\dot{I}_\phi = b_0\dot{E}_1, \quad b_0 = \frac{\dot{I}_\phi}{\dot{E}_1} \tag{3-30}$$

$$\dot{I}_0 = Y\dot{E}_1, \quad \dot{Y} = \frac{\dot{I}_0}{\dot{E}_1} = \sqrt{{g_0}^2 + {b_0}^2} \tag{3-31}$$

여자 어드미턴스(exciting admittance)는

$$\dot{Y} = g_0 - jb_0 \tag{3-32}$$

의 관계가 있도록 해야 한다. 그러면 그림 (c)에서 $V = E_1 + I_0 r_1 + jI_0 x_1$이 되어 그림 (a)와 (b)의 전압관계를 만족시키고 있으므로 무부하의 변압기 등가회로는 그림 (c)가 됨을 알 수 있다.

(2) 2차를 1차로 환산한 등가회로

변압기에 부하하면 전압, 전류의 관계는 그림 3-11 (a)와 같이 된다.

그림에서 2차 회로의 전체 임피던스를 $\dot{Z}_2$라 하면

$$\dot{Z}_2 = (r_2 + R_2) + j(x_2 + X_2)$$

이므로, 2차 전류 $\dot{I}_2$는

$$\dot{I}_2 = \frac{\dot{E}_2}{\dot{Z}_2} = \frac{\dot{E}_2}{(r_2 + R_2) + j(x_2 + X_2)} \tag{3-33}$$

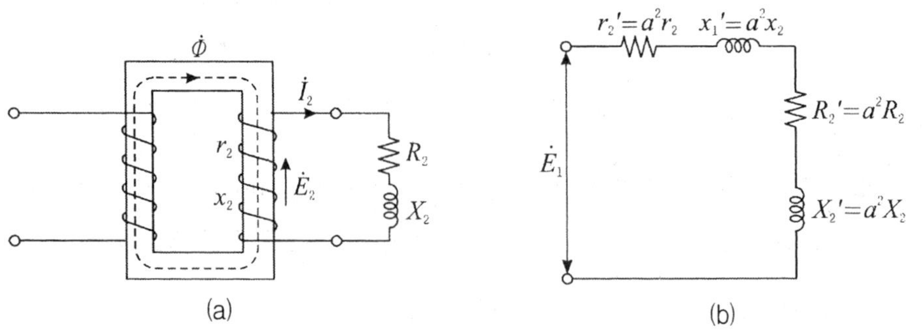

그림 3-11

그런데 $\dot{I}_2 = \frac{n_1}{n_2} \dot{I}_1{}' = a\dot{I}_1{}'$, $\dot{E}_2 = \frac{n_2}{n_1} \dot{E}_1 = \frac{1}{a} \dot{E}_1$

이들 관계를 식 (3-33)에 넣으면

$$a\dot{I}_1{}' = \frac{1}{a} \frac{\dot{E}_1}{\dot{Z}_2}$$

$$\therefore \; I_1{}' = \frac{\dot{E}_1}{a^2 \dot{Z}_2} = \frac{\dot{E}_1}{(a^2 r_2 + a^2 R_2) + j(a^2 x_2 + a^2 X_2)}$$

$$= \frac{\dot{E}_1}{(r_2{}' + R_2{}') + j(x_2{}' + X_2{}')} \tag{3-34}$$

$$r_2{}' = a^2 r_2,\; x_2{}' = a^2 x_2,\; R_2{}' = a^2 R_2,\; X_2{}' = a^2 X_2$$

여기에서 $a^2 r_2 + ja^2 x_2 = r_2{}' + jx_2$를 1차에 환산한 2차 누설 임피던스라 한다. 식 (3-34)의 관계는 그림 3-11 (b)와 같은 회로로 표시할 수 있다. 즉 이것을 변압기의 2차측을 1차측에 환산한 등가회로이다.

그런데 그림 3-11 (b) 회로의 단자전압 $\dot{E}_1$과 그림 3-10 (c)에서 g_0 및 b_0로 된 병렬회로의 양단의 전압 $\dot{E}_1$은 같은 것이므로 이들 단자를 연결하여도 전류 $\dot{I}_1$ 및 $\dot{I}_0$에는 변화가 없으며, r_1 및 x_1에 흐르는 전류는 $\dot{I}_1 = \dot{I}_0 + \dot{I}_1{}'$가 되어 부하를 건 변압기의 1차측 전류와 같게 된다. 그림 3-12를 1차측에 환산한 등가회로라 부른다.

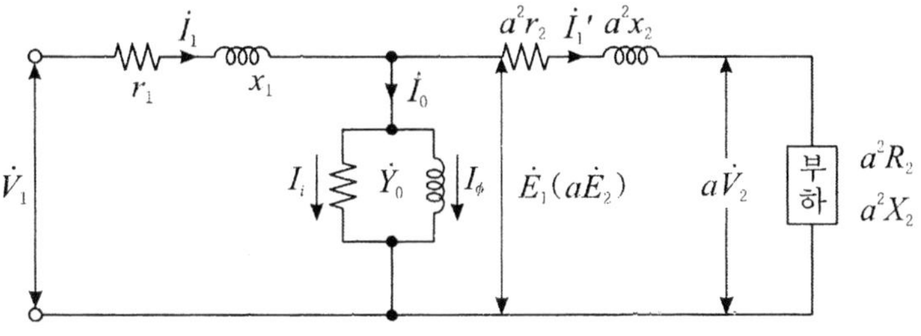

그림 3-12 등가회로

그런데 $\dot{I}_0$는 매우 작으므로 이 전류와 $\dot{Z}_1 = r_1 + jx$사이에 생기는 임피던스 전압 $\dot{Z}_1 \dot{I}_0$를 무시하면 등가회로는 그림 3-13과 같게 되어 더욱 간편하게 된다.

변압기의 등가회로는 그림 3-13을 쓰는 것이 보통이다.

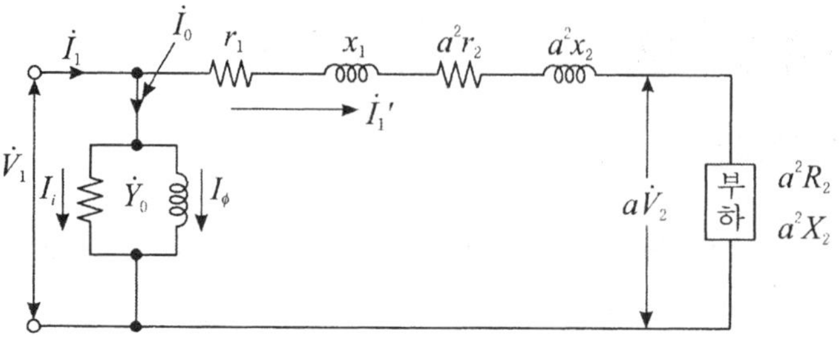

그림 3-13 간이 등가회로

예제 1 권선비 20의 10[kVA] 변압기가 있다. 1차 저항이 3[Ω]이라면 2차로 환산한 저항[Ω]은?

풀이 저항 : 1차를 2차로 환산

임피던스, 저항 : $\dfrac{1}{a^2}$ 배

$\because\ R_{12} = \dfrac{1}{a^2} R_1$

문제에서 $a = 20$, $R_1 = 3[\Omega]$이므로 $R_{12} = \dfrac{1}{20^2} \times 3 = 0.0075[\Omega]$

예제 2 변압기의 권선비가 60일 때 2차측 저항이 0.1[Ω]이면 이것을 1차로 환산하면 몇 [Ω]이 되는가?

풀이 저항 : 2차를 1차로 환산 : $R_{21} = a^2 R_2$

$\therefore\ R_{21} = a^2 R_2 = 60^2 \times 0.1 = 360[\Omega]$

예제 3 3300/110[V], 1차 임피던스 $13 + j12[\Omega]$, 2차 임피던스 $0.016 + j0.012[\Omega]$인 변압기가 있다. 1차에 환산한 등가 임피던스[Ω]는?

풀이 권수비 $a = \dfrac{3300}{110} = 30$

2차를 1차로 환산한 등가 임피던스 식

$$Z_{21} = Z_1 + a^2 Z_2 = (13 + j12) + 30^2(0.016 + j0.012)$$

$$= (13 + 14.4) + j(12 + 10.8) = 27.4 + j22.8[\Omega]$$

3.3 변압기의 구조

1. 변압기의 분류

변압기는 자기 회로를 이루는 철심과 전기 회로를 이루며, 구조는 철심관 권선의 권선이 중요 부분이지만 냉각 방식에 따라 외함의 형태가 다르며 고압용은 외함을 통하여 도체를 인출하는 부분에 부싱이라는 절연체가 사용되며 여러 가지 보호장치들이 있다.

변압기를 철심과 권선의 상대적인 위치와 철심의 형태에 따라 내철형과 외철형, 권철심형이 있다.

내철형(core type)은 권선이 철심을 둘러싸는 형태로 하나의 자기 회로를 변압기의 철심은 단책형으로 절단한 얇은 규소 강판을 겹친 것이 일반적이나 냉간 압연한 방향성 규소 강대를 나선형으로 감은 권철심은 주상 변압기에 주로 사용되고 있다.

2. 변압기의 재료

(1) 철 심

철심에는 비투자율과 저항률이 크고 히스테리시스손이 적은 규소강판을 사용한다. 규소강판의 규소함유량은 약 4[%]이며 두께는 전력용이 보통 0.35[mm]이다. 열간 압연 규소강판은 대개 915×1,830[mm]로 된 것을 사용하고, 냉간압연 규소강대는 폭이 760[mm] 등 각각 코일모양으로 된 것을 사용한다. 또한, 와류손을 적게 하기 위하여 철판 표면에 절연 바니시, 물유리, 혼합물 등을 구어서 부착시키거나, 한 쪽 면에 얇은 종이로 바르고 또한 특수한 처리법으로 표면에 절연성으로 된 무기질 피막을 만든다.

(2) 도 체

권선 도체에는 둥근 동선이나 평각동선 등을 사용하며 전류가 적은 경우에는 주로 둥근 동선을 사용한다. 소용량의 변압기에는 2중 면권선 외에 포르마르선이 점적률이 높기 때문에 주로 사용되며 H종 절연 건식변압기 등에서는 유리권선, 석면권선을 사용한다.

(3) 절 연

변압기의 절연은 철심과 권선 사이의 절연, 권선 상호간의 절연, 권선층간의 절연으로 나눈다. 보통 절연유 안에서 사용되므로 절연물은 모두 내유성(耐油性)이 커야 된다.

절연물로는 면사, 면포, 종이, 프레스 보드(press board) 등의 섬유재료를 사용하고, 권선을 완성하면 충분히 건조시킨 다음 절연 바니시 안에 담갔다가 다시 건조한다. 이런 조작을 2~3회 반복하면 바니시층이 생겨서 방습성이 증가하고 전기적인 강도를 증대 시킨다.

고전압, 대용량의 변압기에서는 단락할 때에 강대한 기계력이 생기므로 이것에 견디기 위하여 절연내력이 크고, 또 기계적 강도가 큰 성층절연물을 사용한다. 성층절연물이란 튼튼한 종이를 여러 장으로 겹치고 천연 또는 수지를 합침시켜서 고온도와 압력을 가하여 성형한 절연물을 말한다.

(4) 절연의 종류

전기기기의 권선이나 그 밖의 도전부분에 한 절연은 그 내열 특성에 따라 Y종, A종, E종, B종, F종, H종 및 C종으로 구별되며 표 3-1은 그 종별에 따라 허용 최고 온도를 나타낸 것이다.

표 3-1 각종 절연의 허용 최고 온도

절연의 종류	허용 최고 온도[℃]	절연의 종류	허용 최고 온도[℃]
Y	90	F	155
A	105	H	180
E	120	C	180을 초과
B	130		

① Y종 절연 : 목면, 천, 종이 등으로 구성되며 바니시를 합침시키지 않고, 또 기름(oil)에 담그지 않은 것을 말한다.

② A종 절연 : 목면, 천, 종이와 같은 자연식물성 및 동물성 섬유 재료로 구성되며 합침시키고 또는 기름에 담근 것을 말한다.

③ E종 절연 : 면 또는 종이를 적층시킨 것을 합성수지, 바니시 등으로 담근 것을 말한다.

④ **B종 절연** : 운모, 석면, 유리섬유 등의 재료를 접착 재료와 함께 사용한 것을 말한다.
⑤ **F종 절연** : 운모, 석면, 유리섬유 등의 재료를 실리콘 알키드수지 등의 접착 재료와 함께 사용하여 구성한 것을 말한다.
⑥ **H종 절연** : 운모, 석면, 유리섬유 등의 재료를 규소수지 또는 이와 동등한 성질을 가진 재료로 된 접착 재료를 함께 사용해서 구성한 것을 말한다.
⑦ **C종 절연** : 생운모, 석면, 자기 등을 단독으로 사용하여 구성한 것을 말한다.

3. 외함과 부싱

(1) 외 함(Casing)

변압기 본체와 절연유를 넣은 외함은 주철제나 강판을 용접해서 만든다.

(2) 부 싱(Bushing)

변압기의 구출선은 외함을 관통하여 외부로 나오며, 외함은 철심과 함께 대지(earth)와 같이 전위가 0이기 때문에, 구출선과 외함은 변압기의 사용 전압에 견디도록 충분히 절연되어야 한다. 이와 같이 절연에 사용하는 것을 **부싱**(bushing)이라고 한다. 또, 부싱은 구출선과 외함 사이에 누설전류가 생기지 않도록 충분한 연면거리를 갖고 이상전압 상승, 또는 전압에 대하여 안전하도록 적당한 플래시오버 전압값을 갖는 형상으로 한다.

① **단일형 부싱** : 간단한 모양의 자기제로 된 애자관을 부싱으로 사용하고, 연면거리를 증가하기 위하여 표면을 주름모양으로 한다. 30[kV] 이하에 사용.
② **콤파운드부싱** : 자기제 애자관과 중심 도체 사이에 절연 콤파운드(insulating compund)를 채워서 공기가 남지 않도록 하여 절연내력을 증가시킨 부싱이며 70[kV]급까지 사용된다.
③ **유입 부싱** : 전압이 70[kV] 이상이 되면 보통 유입 부싱 및 콘덴서형 부싱을 사용한다. 유입 부싱은 자기제 애자관과 중심 도체 사이에 절연유를 충만시키고, 그 속에 상당수의 성층절연물의 원통을 동일한 축에 배치하여, 유전변형(誘電變形)을 균일하게 한 것이다. 헤드(head)부에는 온도에 의한 오일(oil)의 용적 변화에 대하여 오일통(oil sump)을 비치하고 오일표시를 설치한다(그림 3-14 (a) 참조).

④ **콘덴서 부싱** : 콘덴서형 부싱의 본체는 중심 도체의 주위에 절연종이와 금속박을 교대로 동일한 축에 감아서 가장 외층에 있는 금속박을 접지하고, 각 층을 각각 같은 정전용량으로 된 여러 개의 원통형 콘덴서로 형성시켜서, 절연종이에 걸리는 전압을 각 층마다 균일화하여 절연물의 이용률을 향상시키는 구조인 것이다. 이것을 유입 부싱과 똑같이 자기제 애자관에 넣고 주위에 절연물을 충만시켜서 사용한다(그림 3-14 (b) 참조).

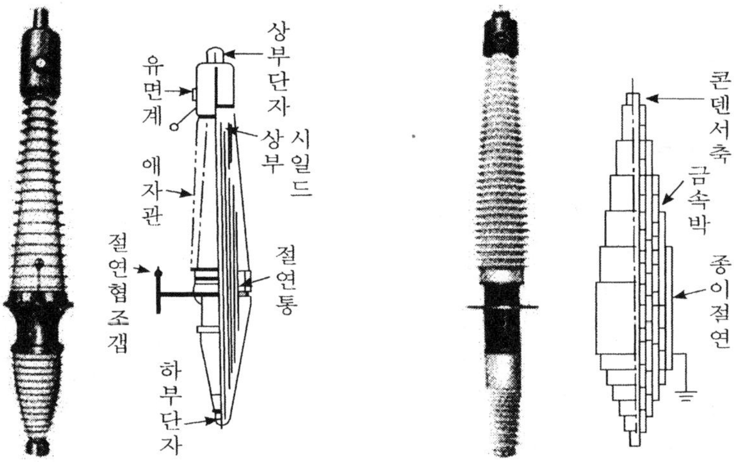

(a) 유입 부싱 (b) 콘덴서 부싱

그림 3-14 부싱

4. 변압기유와 열화방지

(1) 변압기유

광유(鑛油)는 공기에 비하여 수 배의 절연내력이 있고 비열이 공기보다도 크며 냉각매체로 유효하기 때문에, 변압기의 절연 및 냉각작용을 시키기 위하여 광유를 사용하고 있다.

변압기에 사용하는 절연유는 절연내력이 클 것, 절연재료 및 금속과 접촉해도 화학작용을 일으키지 않을 것, 인화점이 높을 것, 유동성이 풍부하고 비열이 커서 냉각효과가 클 것, 고온도에서도 석출물이 생기거나 산화하지 않을 것 등의 성질을 가지고 있어야 한다.

(2) 절연유의 열화방지

변압기의 외함은 밀폐되어 있으나 외부 공기의 온도변화나 부하의 변동에 따라 외함 내의 절연유의 온도가 변화하고, 따라서 용적이 변화하기 때문에 외함 내의 기압과 대기압 사이에 차가 생겨 공기가 출입한다. 이것을 변압기의 **호흡작용**이라고 한다. 이 때문에 변압기 안에 습기가 들어가서 절연유의 절연내력이 저하되고, 또 열을 받은 절연유가 공기와 접촉하여 산화작용을 일으켜 절연유를 열화시키고 불용해성 침전물이 생긴다. 이러한 작용을 방지하기 위하여 **콘서베이터**(conservator)를 설치한다. 그림 3-15는 이의 구조를 나타낸 것이다.

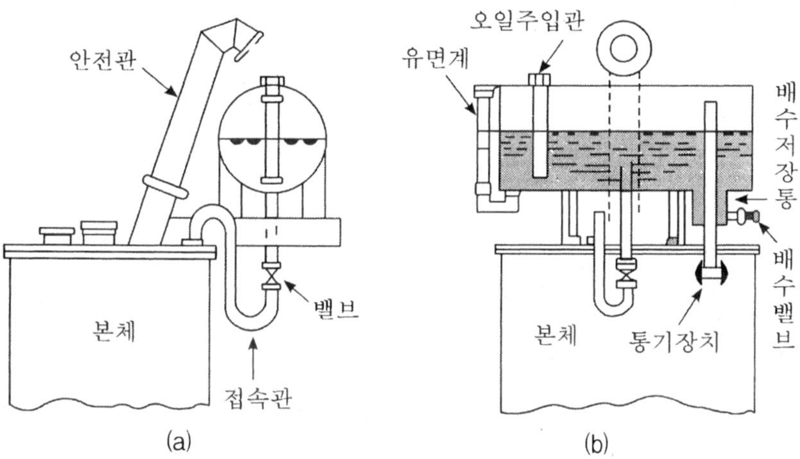

그림 3-15 콘서베이터

외함에는 절연유가 충만되어 있고, 접속관에 의하여 콘서베이터와 접속되어 있기 때문에 공기는 외함 안으로 출입하지 않고, 또한 콘서베이터 안의 절연유와 공기의 접촉면이 적기 때문에 변압기유의 열화는 대단히 적다. 또한 침전물이나 수분은 콘서베이터의 하부에 고이므로 가끔 배수밸브를 열어서 배출한다.

화학적 방법을 사용하여 콘서베이터 안에 들어가는 공기로부터 수분 및 산소를 제거하면 절연유의 열화는 한층 더 방지된다.

이와 같은 방법에 의해서도 장기간에 걸쳐 산화에 의한 절연유의 열화를 방지할 수는 없다. 이것을 방지하기 위하여 근래의 대용량 변압기에서는 질소봉입기 등을 사용하는데 콘서베이터의 유면위에 건조된 질소가스를 봉입하여 공기가 절연유와 접촉하지 않도록 한 것이며, 격막식은 절연유와 공기의 접촉면에 내유성의 막

(diaphragm)을 두어서 공기와의 접촉을 방지하는 방식이다. 그림 3-16의 (a)는 질소봉입방식의 3실형 콘서베이터, 그림 (b)는 격막식의 예를 나타낸 것이다.

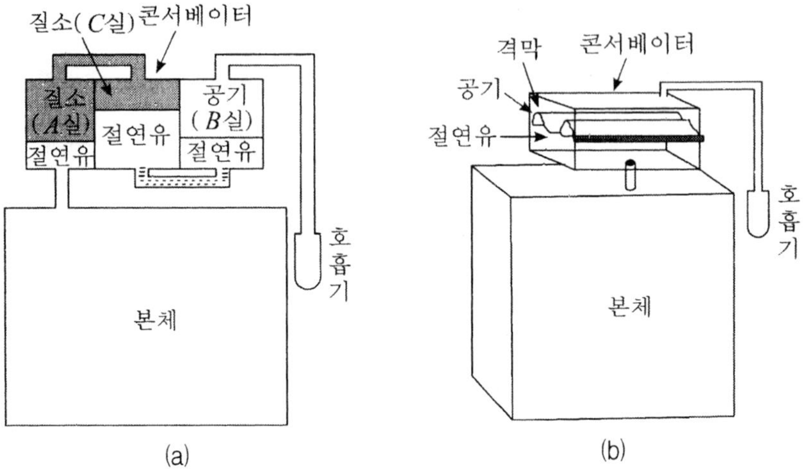

그림 3-16 질소봉입방식의 콘서베이터

변압기 본체의 고장으로 급격한 가스의 발생 또는 절연유의 팽창 등으로 위험이 초래되므로 이를 방지하기 위하여 콘서베이터를 사용한 것은 안전관(bursting tube)을 설치하고, 그 앞 끝에 얇은 베이크라이트판이나 유리판을 끼워서 이것이 파괴되도록 하고 있다. 절연유의 가연성을 피하려는 경우에는 광유 대신에 염화디페닐(diphenyl)을 주체로 합성하는 액체 절연물을 사용한다.

5. 냉각방식

변압기에는 회전 부분이 없으므로 효율은 좋으나 냉각 작용이 불충분하다. 또, 대용량의 변압기일수록 열방산이 곤란하며 온도 상승이 크기 때문에 용량에 따라 여러 가지 냉각방식(cooling system)이 이루어지고 있다.

① **건식자냉식**(air-cooled type) : 극히 소용량의 변압기는 전력손실에 의한 발생 열량에 대하여 냉각면적이 크기 때문에 공기 중에서 그대로 사용하고 공기의 대류에 의하여 냉각한다. 22[kV] 정도 이하의 계기용 변압기나 배전용 변압기에 사용한다.

② **건식풍냉식**(air-blast type) : 이것은 건식변압기에 송풍기로 강제통풍을 하므로 냉각 효과를 크게 한 것이나 절연유를 사용하지 않기 때문에 22[kV] 정도 이상의

고압에는 사용하지 않는다. 절연유에 의한 화재를 특히 방지할 필요가 있는 장소나 지하실의 변전소, 또는 전기로용 변압기 등에 사용한다.

③ **유입자냉식**(air-immersed self-cooled type) : 이것은 절연유를 충만시킨 외함 내에 변압기를 수용하고, 절연유의 대류작용에 의하여 철심 및 권선에 발생한 열을 외함에 전달하며, 외함의 방산이나 대류에 의하여 열을 대기로 방산시키는 방식이다.

소용량의 변압기는 외함의 표면은 평활하나, 용량이 커지면 외함 표면에 방열관 또는 파형강판을 사용하고, 다시 대형이 되면 방열기를 설치해서 냉각 효과를 증가시킨다.

이 방식은 설비가 간단하고 취급이나 보수도 쉬우므로 소형 배전변압기에서 대형 전력변압기까지 널리 사용되고 있다.

④ **유입풍냉식**(oil-immersed air-blast type) : 이것은 방열기를 부착한 유입변압기에 송풍기를 설치해서 강제 통풍으로 냉각 효과를 높이는 방식이며 대용량에 널리 사용한다.

⑤ **유입수냉식**(oil-immersed water-cooled type) : 이것은 외함 상부의 오일 속에 냉각관을 설치하고 냉각수를 순환시켜서 냉각하는 방식이다.

즉, 손실에 의하여 생긴 열은 절연유의 대류에 의하여 상부로 이동하고 절연유 속의 냉각관을 지나는 물에 전달되어서 없어진다.

이 방식은 급수설비와 냉각설비가 필요하며 냉각관의 내부에 물때가 끼는 경우에는 관내에 청소가 곤란하고 또, 절연유 안에 냉각관이 있으므로 냉각관이 고장인 경우에는 물이 절연유 안으로 혼입하는 결점이 있기 때문에 질이 좋은 물이 풍부한 경우에만 사용한다.

⑥ **유입송유식**(oil-immersed forced oil circulating type) : 유입자냉식 및 유입풍냉식은 절연유의 자연대류를 이용하여 냉각을 하므로 대용량(30[MVA] 정도 이상)에는 부적당하다. 유입송유식은 절연유를 펌프(pump)로 외부에 있는 냉각기로 보내고 냉각된 절연유를 외함의 밑부분에서 공급하는 방식이다.

이 경우 절연유의 냉각에는 자냉식, 강제통풍에 의한 풍냉식 및 수냉식이 있다. 펌프나 냉각부 등의 부속장치가 필요하나 냉각 효과가 크고 유량도 적게 들기 때문에 대용량 변압기에 가장 널리 사용된다.

예제 1 변압기 철심용 강판의 규소 함유량은 대략 몇 [%]인가?

① 2 ② 3 ③ 4 ④ 7

정답 ③

풀이 ① 규소 함유량 : 4 ~ 4.5[%]

② 강판의 두께 : 0.3 ~ 0.35[mm]

예제 2 변압기에 콘서베이터(conservator)를 설치하는 목적은?

① 열화방지 ② 통풍장치

③ 코로나방지 ④ 강제순환

정답 ①

풀이 ① 절연유 열화의 원인은 절연유의 온도상승과 공기와의 접촉에서 발생한다.

② 절연유 열화 방지설비 : 브리더, 질소봉입, 콘서베이터

예제 3 변압기 기름의 열화 영향에 속하지 않는 것은?

① 냉각효과의 감소 ② 침식작용

③ 공기 중 수분의 흡수 ④ 절연내력의 저하

정답 ③

풀이 · 변압기 기름의 열화 영향

① 절연 내력의 저하

② 냉각효과의 감소

③ 침식 작용

3.4 백분률 전압강하 및 전압변동률

1. 백분률 전압강하

단락전류 I_{1s}을 1차 정격전류와 같게 조정했을 때의 1차 전압을 **임피던스 전압**(impedance voltage), 이 때의 입력 P_s[W]를 **임피던스 와트**라고 한다.

1차 정격전류 I_{1n}에 의한 저항 강하 및 임피던스 강하를 1차 정격전압 V_{1n}에 대한 백분률로 표시한 것을 각각 **백분률 저항 강하**(% resistance drop), **백분률 임피던스 강하**(% impedance drop)라고 한다.

백분률 저항 강하 $p = \dfrac{I_{1n}(r_1 + a^2 r_2)}{V_{1n}} \times 100[\%]$

$$= \frac{I_{1n}^2(r_1 + a^2 r_2)}{V_{1n} I_{1n}} \times 100 \fallingdotseq \frac{P_S}{V_{1n} I_{1n}} \times 100[\%] \quad (3\text{-}35)$$

백분률 리액턴스 강하 $q = \dfrac{I_{1n}(x_1 + a^2 x_2)}{V_{1n}} \times 100[\%]$ (3-36)

백분률 임피던스 강하 $z = \dfrac{I_{1n}\sqrt{(r_1 + a^2 r_2)^2 + (x_1 + a^2 x_2)^2}}{V_{1n}} \times 100$

$$= \sqrt{p^2 + q^2} = \frac{V_s}{V_{1n}} \times 100[\%] \quad (3\text{-}37)$$

식 (3-35)에 의해서 백분률 저항 강하는 임피던스 와트의 변압기 용량에 대한 백분률과 같고, 식 (3-37)에서 백분률 임피던스 강하는 임피던스 전압의 정격전압에 대한 백분률과 같다.

2차를 단락하고, 1차 단자에 정격전압을 가했을 때의 1차 단락전류 I_{1s}와 정격전류 I_{1n}의 비는 다음 식과 같다.

$$\frac{I_{1s}}{I_{1n}} = \frac{V_{1n}}{I_{1n}\sqrt{(r_1 + a^2 r_2)^2 + (x_1 + a^2 x_2)^2}} = \frac{100}{z} \quad (3\text{-}38)$$

표 3-2는 p 및 q의 실측값의 예이다.

표 3-2 백분률 저항 강하와 백분률 리액턴스 강하

용량[kVA]	사용전압[V]	p 75[℃]	q
1	3,300	2.9	0.9
15	3,300	1.75	2.4
100	11,000	1.64	4.62
3,000	66,000	0.8	6.83
15,000	169,000	0.558	9.3

예제 1 10[kVA], 2,000/100[V] 변압기에서 1차에 환산한 등가 임피던스가 $6.2+j7[\Omega]$이다. 이 변압기의 % 리액턴스 강하는?

풀이 $I_{1n}=\dfrac{10\times10^3}{2,000}=5[A]$

$$q=\frac{I_{1n}x}{V_{1n}}\times100=\frac{5\times7}{2,000}\times100=1.75[\%]$$

예제 2 임피던스 강하가 5[%]인 변압기가 운전 중 단락되었을 때 그 단락전류는 정격 전류의 몇 배인가?

풀이 단락전류 I_{1s}는

$$I_{1s}=I_{1n}\frac{100}{\%z}=I_{1n}\times\frac{100}{5}=20I_{1n}$$

2. 전압변동률

변압기의 2차에 정격역률로 정격전류 I_{1n}이 흐를 때, 2차 단자의 전압이 정격전압 V_{2n}이 되도록 1차 전압과 부하를 조정한 다음, 1차 전압을 그대로 유지하면서 무부하로 했을 경우의 2차 단자전압을 V_{20}라고 하면, 전압 상승 $(V_{20}-V_{2n})$의 정격 전압 V_{2n}에 대한 백분률을 **전압변동률**(voltage regulation)이라 하고, 다음 식과 같이 표시한다.

$$\varepsilon=\frac{V_{20}-V_{2n}}{V_{2n}}\times100[\%] \tag{3-39}$$

(1) 전압변동률의 계산

그림 3-17 (a)와 같이 1차측을 2차측으로 환산하고, 여자 어드미턴스를 생략한 간이 등가회로를 사용해서 2차 전압 V_{2n}, 2차 전류 I_{2n}, 위상각 φ일 때의 벡터도를 그리면, 그림 3-17 (b)와 같이 된다.

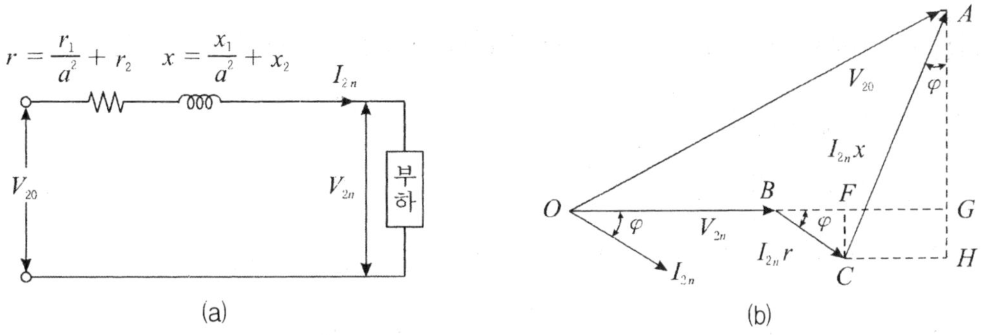

그림 3-17 전압변동률의 계산

$$\overline{BG}=\overline{BF}+\overline{FG}=I_{2n}r\cos\varphi+I_{2n}x\sin\varphi$$

$$\overline{AG}=\overline{AH}-\overline{GH}=I_{2n}x\cos\varphi-I_{2n}r\sin\varphi$$

$$\begin{aligned}{V_{20}}^2&=\overline{OA}^2=(\overline{OB}+\overline{BG})^2+\overline{AG}^2\\&=(V_{2n}+I_{2n}r\cos\varphi+I_{2n}x\sin\varphi)^2+(I_{2n}x\cos\varphi-I_{2n}r\sin\varphi)^2\\&={V_{2n}}^2\left\{\left(1+\frac{p}{100}\cos\varphi+\frac{q}{100}\sin\varphi\right)^2+\left(\frac{q}{100}\cos\varphi-\frac{p}{100}\sin\varphi\right)^2\right\}\end{aligned}\tag{3-40}$$

식 (3-40)에서

$$p=\frac{I_{2n}r}{V_{2n}}\times100,\quad q=\frac{I_{2n}x}{V_{2n}}\times100\tag{3-41}$$

p를 % 저항 강하(% resistance drop), q를 % 리액턴스 강하(% reactance drop)라 하며 $Z=\sqrt{p^2+q^2}$을 % 임피던스 강하(% impedance drop)라 한다.

따라서 백분율 전압변동률은

$$\begin{aligned}\varepsilon&=\frac{V_{20}-V_{2n}}{V_{2n}}\times100=\left(\frac{V_{20}}{V_{2n}}-1\right)\times100\\&=\left\{\sqrt{\left(1+\frac{p}{100}\cos\varphi+\frac{q}{100}\sin\varphi\right)^2+\left(\frac{q}{100}\cos\varphi-\frac{p}{100}\sin\varphi\right)^2}-1\right\}\times100[\%]\end{aligned}\tag{3-42}$$

식 (3-42)를 2항정리로 전개하면

$$\varepsilon = (p\cos\varphi + q\sin\varphi) + \frac{1}{200}(q\cos\varphi - p\sin\varphi)^2 \qquad (3\text{-}43)$$

위 식에서 제2항은 매우 작으므로 이것을 무시하면

$$\varepsilon \fallingdotseq p\cos\varphi + q\sin\varphi \qquad (3\text{-}44)$$

를 얻는다. 또한 역률이 100[%]일 때는 $\cos\varphi = 1$, $\sin\varphi = 0$이므로

$$\varepsilon \fallingdotseq p = \frac{I_{2n} r}{V_{2n}} \times 100 = \frac{I_{2n}{}^2 r}{V_{2n} I_{2n}} \times 100 = \frac{\text{동손}[\mathrm{W}]}{\text{전격출력}[\mathrm{VA}]} \times 100 \qquad (3\text{-}45)$$

따라서 변압기의 정격출력과 동손이 알려지면 역률 100[%]에서의 전압변동률을 낼 수 있다.

(2) 역률 계산

전압변동률을 나타내는 식으로 $\varepsilon = p\cos\varphi + q\sin\varphi$를 바꾸어,

$$\varepsilon \fallingdotseq \sqrt{p^2 + q^2}\sin(\varphi + \alpha) \qquad (3\text{-}46)$$

라고 놓을 수 있다. 주어진 변압기에서 전압변동률이 최대로 되는 부하의 역률을 구해보면,

$$\left.\begin{aligned} &\sin(\varphi + \alpha) = 1 \quad \therefore\ \varphi + \alpha = 90° \quad \therefore\ \varphi = 90° - \alpha \\ &\cos\varphi = \cos(90° - \alpha) = \sin\alpha = \frac{p}{\sqrt{p^2 + q^2}} \end{aligned}\right\} \qquad (3\text{-}47)$$

예제 1 어떤 단상 변압기의 2차 무부하 전압이 240[V]이고 정격 부하시의 2차 단자 전압이 230[V]이다. 전압변동률[%]를 계산하시오.

풀이 2차 무부하전압 V_{20}가 240[V], 전격 부하시의 2차 단자전압이 230[V]일 때,

전압변동률 $\varepsilon = \dfrac{V_{20} - V_{2n}}{V_{2n}} \times 100 = \dfrac{240 - 230}{230} \times 100 = \dfrac{10}{230} \times 100 = 4.35[\%]$

예제 2 10[kVA], 2000/100[V] 변압기에서 1차에 환산한 등가 임피던스는 $6.2 + j7[\Omega]$이다. 이 변압기의 % 리액턴스 강하[%]는?

풀이 $I_{1n} = \dfrac{P}{V_{1n}} = \dfrac{10 \times 10^3}{2000} = 5[\mathrm{A}]$

$\therefore\ q = \dfrac{I_{1n}x}{V_{1n}} \times 100 = \dfrac{5 \times 7}{2000} \times 100 = 1.75[\%]$

예제 3 변압기의 정격 전류에 대한 백분율 저항 강하 1.5[%], 백분율 리액턴스 강하 4[%]이다. 이 변압기에 정격 전류를 통하여 전압변동률이 최대로 되는 부하 역률을 구하시오.

풀이 % 임피던스 강하 $z = \sqrt{p^2 + q^2} = \sqrt{1.5^2 + 4^2} = 4.27[\%]$

$\therefore$ 역률 $\cos\theta = \dfrac{p}{z} = \dfrac{1.5}{4.27} = 0.351$

3.5 3상 변압기의 결선

3상 교류전압을 변압하는데는 3상 변압기를 사용하든가, 단상변압기 3개, 또는 2개를 적당히 결선해서 사용한다. 부하의 종류에 따라서는 교류의 상수(相數)를 바꿀 필요가 있으며, 또 부하의 증대에 따르기 위하여 여러개의 변압기를 병렬로 연결해서 운전할 필요가 있게 된다. 이러한 경우에는 극성, 즉 전압의 위상관계나 접속 등을 잘 알고 접속하여야 한다.

1. 변압기의 극성

2개 이상의 변압기를 결선하는 경우, 또는 1개의 변압기라도 많은 권선이 있을 때, 이것을 결선하는 경우에는 유도기전력의 방향을 알고 있어야 한다. 변압기의 극성(polarity)이란 어떤 순간에 1차 단자와 2차 단자에 나타나는 유도기전력의 상대적 방향을 표시하는 말이다. 이와 같이 극성은 변압기를 단독으로 사용하는 경우에는 거의 문제가 되지 않지만, 3상 결선을 하거나 병렬운전을 하는 경우에는 극성을 명확히 하여야 한다.

(1) 극성의 결정 방법

그림 3-18과 같이 외함의 같은 쪽에 있는 고저압단자 A와 a를 접속하고, 다른 단자 B와 b사이에 전압계 V를 접속한다. 그리고 고압측 A, B 사이에 적당한 전압 V_1를 가한 경우의 저압측 a, b사이의 전압을 V_2, 또 전압계 V의 값을 V_0로 한다. 이 경우에 $V_0 = V_1 - V_2$이면 A와 a, 따라서 B와 b는 동일한 극성이며 이 경우 변압기의 1차 권선과 2차 권선은 그림 3-19의 (a)와 같은 관계가 있다. 이와 같이 같은 쪽에 있는 고저압단자(高低壓端子)가 동일한 극성이 되는 변압기를 **감극성**(減極性 : subtractive polarity)의 **변압기**라고 한다. 그런데 2차 권선을 감는 방법을 그림 (b)와 같이 그림 (a)와 반대로 하면, $V_0 = V_1 + V_2$가 되어서 A와 a, B와 b는 다른 극성이 된다. 이와 같은 변압기를 **가극성**(伽極性 : additive polarity)의 **변압기**라고 한다. 감극성을 표준으로 정하고 있다.

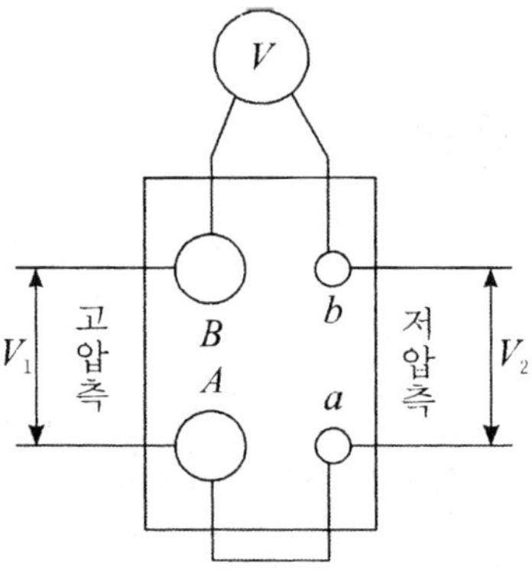

그림 3-18 극성시험 결선도

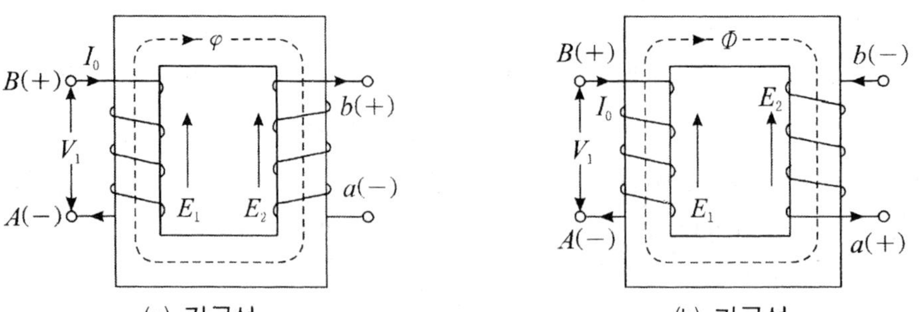

(a) 감극성 (b) 가극성

그림 3-19 극성의 결정 방법

2. 3상 결선법의 종류

단상변압기를 사용하여 3상 변압을 할 때에는 대개 3개 또는 2개의 변압기를 사용한다. 이 때에 변압기는 용량, 전압, 주파수 등의 정격이 동일하며, 권선의 저항, 누설리액턴스, 여자전류 등이 모두 똑같아야 한다.

대칭전압 평형부하의 경우에 대하여 전압과 전류의 관계 및 벡터도의 기입방법 등에 대하여 알아보기로 한다.

(1) Δ-Δ 결선(Delta-Delta Connection)

그림 3-20은 3개의 단상변압기를 1차와 2차 모두 Δ결선으로 한 것이며, 이것을 1차와 2차로 나누어서 나타내면 그림 3-21과 같다. 1차 권선에는 선간전압 $\dot{V}_{UV}$ · $\dot{V}_{VW}$ · $\dot{V}_{WU}$가 그대로 가해지고 각 상에 여자전류가 흘러서 1차 기전력 $\dot{E}_U$ · $\dot{E}_V$ · $\dot{E}_W$를 유도한다. 2차 권선에서는 각각 크기가 1차 기전력의 $1/a$이며 같은 상의 2차 기전력 $\dot{E}_u$ · $\dot{E}_v$ · $\dot{E}_w$를 유도한다.

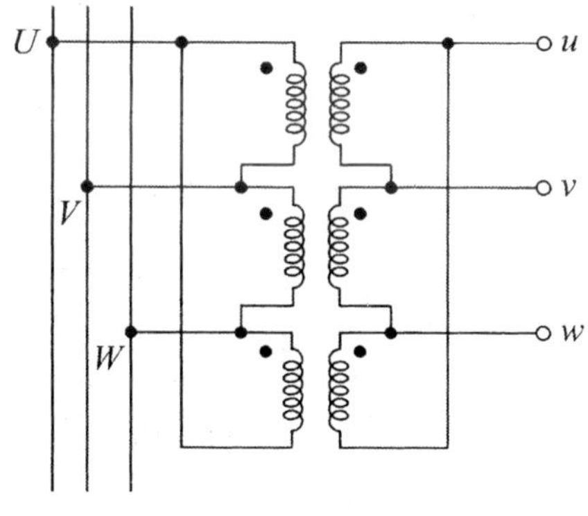

그림 3-20 Δ-Δ결선

다음에 2차 단자에 평균부하를 접속시키면 3상 전류가 흐른다. 2차 상전류 $\dot{I}_\alpha$ · $\dot{I}_\beta$ · $\dot{I}_\gamma$는 2차 기전력 $\dot{E}_u$ · $\dot{E}_v$ · $\dot{E}_w$보다 각각 역률각 θ만큼 늦고, 2차 선전류 $\dot{I}_u$ · $\dot{I}_v$ · $\dot{I}_w$와 상전류의 관계 및 1차측에 대한 전압, 전류의 관계를 벡터도로 나타내면 그림 3-22와 같이 된다. 단, 여자전류는 작기 때문에 생략하고 있다.

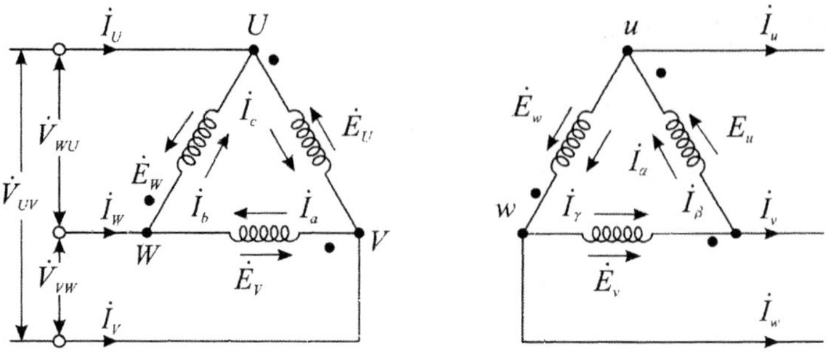

(a) 1차측 (b) 2차측

그림 3-21 Δ - Δ결선

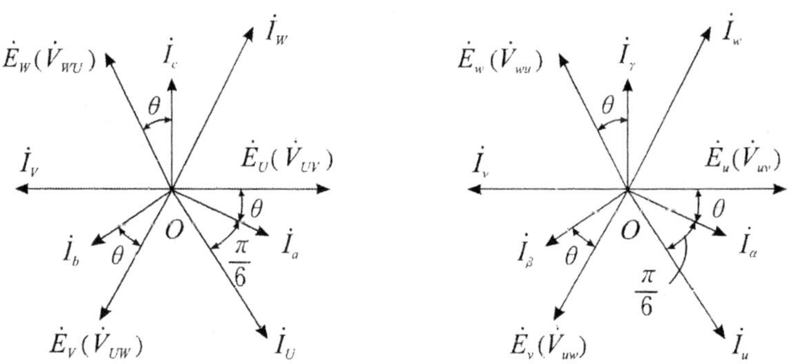

(a) 1차측 (b) 2차측

그림 3-22 Δ - Δ결선의 벡터도

(2) Y-Y결선(Star-Star Connection)

그림 3-23은 1차와 2차가 모두 Y결선한 것이며, 이것을 1차와 2차로 나누어서 단자접속 및 전압과 전류의 관계를 나타내면 그림 3-24와 같이 된다.

1차 및 2차의 전압과 전류의 관계를 벡터도로 나타내면 그림 3-25와 같다.

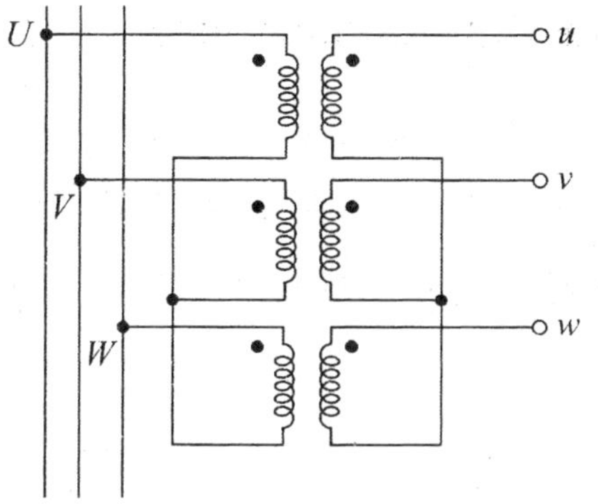

그림 3-23 Y-Y결선

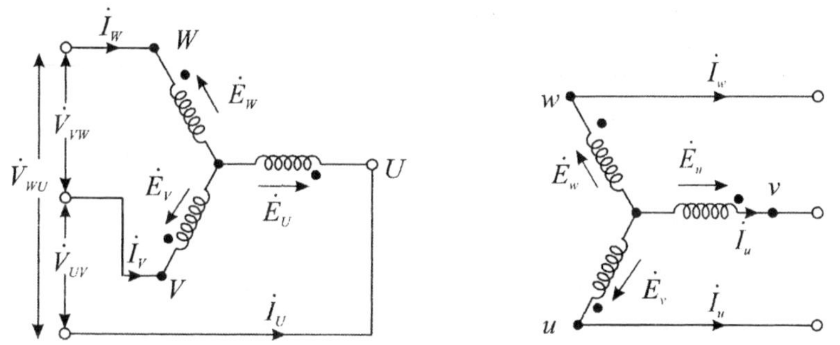

(a) 1차측 (b) 2차측

그림 3-24 Y-Y결선

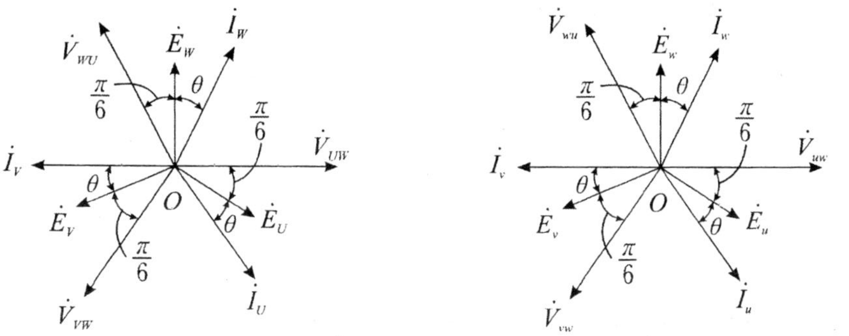

(a) 1차측 (b) 2차측

그림 3-25 Y-Y결선의 벡터도

(3) Δ-Y결선(Delta-Star Connection)

그림 3-26과 같이 1차를 Δ, 2차를 Y로 결선한 것이며, 1차 및 2차의 전압과 전류의 관계를 벡터도로 그리면 그림 3-27과 같이 되고, 2차 선간전압 $\dot{V}_{uv}$는 1차 선간 전압 $\dot{E}_U(\dot{V}_{UV})$보다 $\pi/6$ 정도 앞서는 것에 주의를 해야 한다.

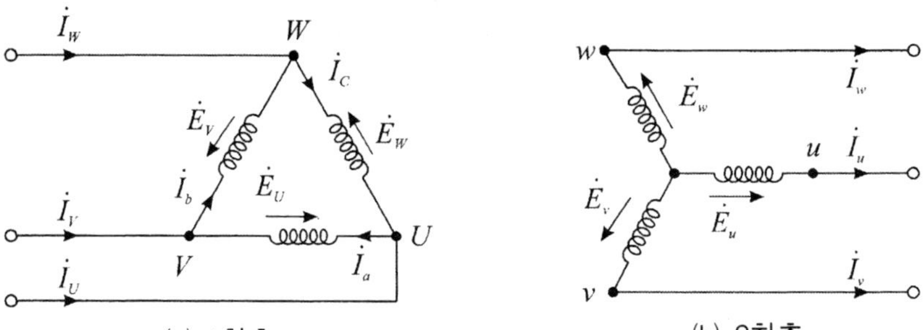

그림 3-26 Δ-Y결선

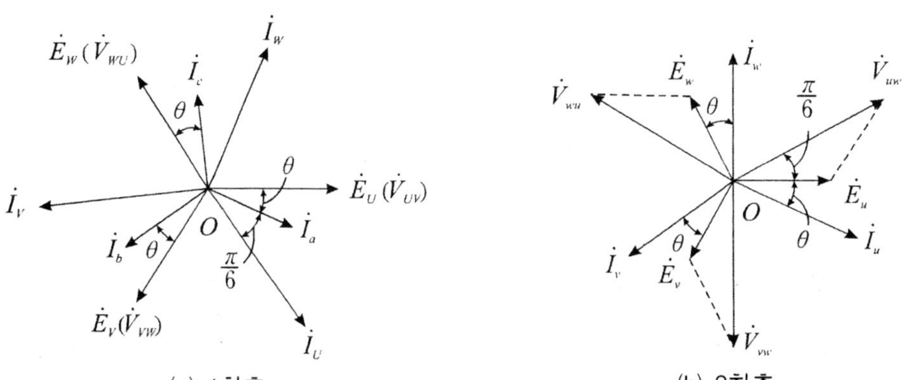

그림 3-27 Δ-Y결선의 벡터도

(4) Y-Δ결선(Star-Delta Connection)

그림 3-28은 1차를 Y, 2차를 Δ로 접속한 것이다. 1차 및 2차의 전류와 전압의 관계를 벡터도로 그리면 그림 3-29와 같이 되고, 2차 선전전압 $\dot{E}_u(\dot{V}_{uv})$는 1차 선간 전압 $\dot{V}_{uv}$보다 $\pi/6$ 만큼 늦는 것을 알 수 있다.

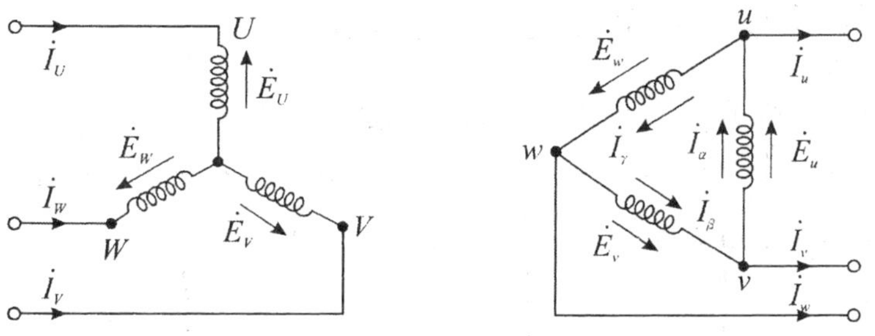

(a) 1차측 (b) 2차측

그림 3-28 Y-Δ결선

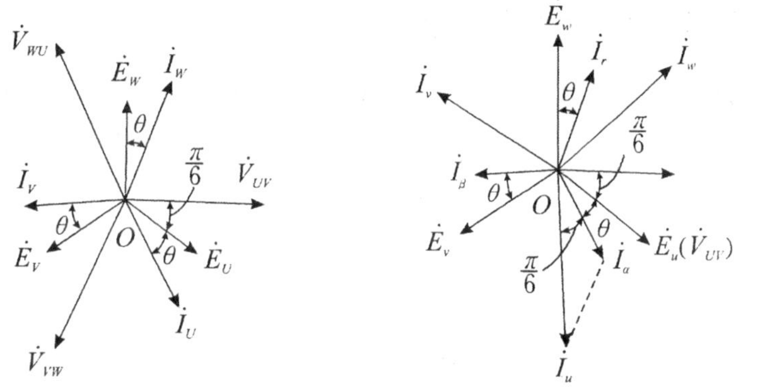

(a) 1차측 (b) 2차측

그림 3-29 Y-Δ결선의 벡터도

(5) V결선(V-Connection)

V결선은 Δ-Δ결선으로 한 단상변압기 3개 중 한 개를 제거한 결선법이다.

즉, 3개의 단상변압기에서 1차와 2차가 모두 Δ-Δ결선을 구성한 경우 그 중 한 개를 제거해도 나머지 2개의 변압기로 규정전압 상태대로 3상 전압을 3상으로 변환할 수가 있다(그림 3-30 참조).

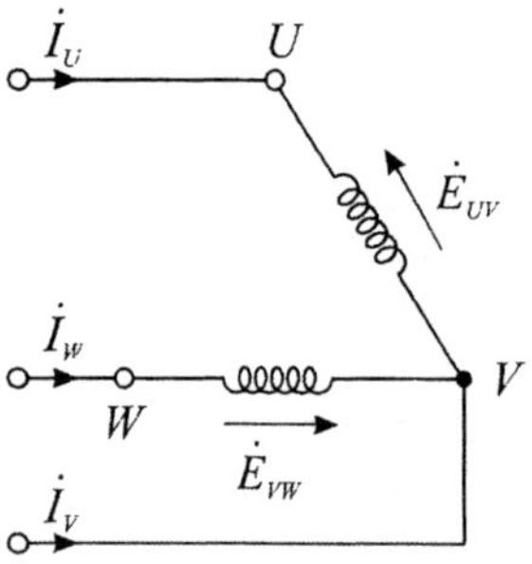

(a) 1차측

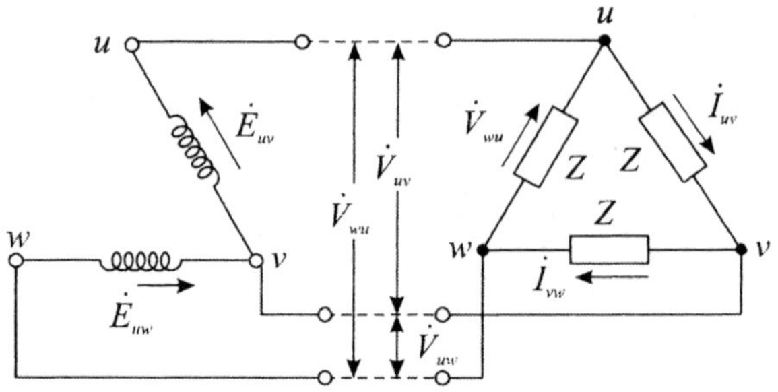

(b) 2차측

그림 3-30 V결선

즉, 그림 3-30 (b)에서 2차측의 각 단자전압 $\dot{V}_{uv}$, $\dot{V}_{uw}$, $\dot{V}_{wu}$는 다음과 같이 된다.

$$\dot{V}_{uv} = \dot{E}_{uv},\ \dot{V}_{uw} = \dot{E}_{uw},\ \dot{V}_{wu} = -\dot{E}_{uv} - \dot{E}_{uw}$$

이것을 벡터도로 그리면 그림 3-31과 같이 되어서 $\dot{V}_{uv}$, $\dot{V}_{uw}$, $\dot{V}_{wu}$는 대칭 3상 전압으로 된다.

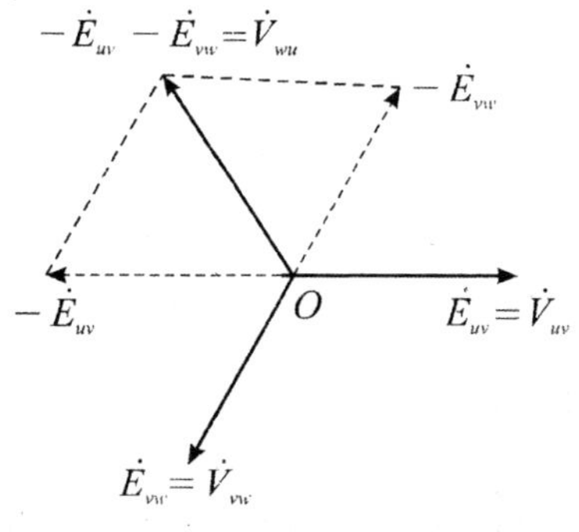

그림 3-31 V결선의 2차 전압, 전류의 벡터도

3. 각종 3상 결선의 비교

변압기의 결선은 송전이나 배전에서 특히 중요한 문제이다. 결선방식을 결정할 때에는 여러 가지 방면에서 비교 검토되나 여기서는 중요한 점에 대해서만 알아본다.

(1) Δ-Δ결선

① 단상변압기 3대 중 한 대가 고장일 때에는 이것을 제거하고 나머지 2대를 V

결선으로 하여 송전을 계속시킬 수 있다.

② 제3고조파 전압은 각 상이 동상으로 되기 때문에 안에는 순환전류가 흐르지만, 외부에는 흐르지 않으므로 통신장해의 염려가 없다.

③ 중성점을 접지할 수 없다. 따라서 33[kV] 이하의 배전변압기에 주로 사용되며 110[kV] 이상의 계통에는 전혀 사용하지 않는다.

④ 동일한 선간전압에 대하여 Y결선보다도 1상에 가해지는 전압이 높으므로 권수가 많아지고 대부분의 경우에는 절연 때문에 권선의 점적률이 낮아진다.

(2) Y-Y결선

① 중성점을 접지시킬 수 있다.

② 권선전압이 선간전압의 $1/\sqrt{3}$이 되기 때문에 절연이 쉽게 되는 등의 이점이 있으나, 기전력에 고조파를 포함하고, 중성점이 접지되어 있을 때에는 선로에 제3고조파를 주로 하는 충전전류가 흐르고 통신장해를 주는 일이 있다. 따라서 이 결선은 거의 사용하지 않으나, 3차 권선을 설치하여 Y-Y-Δ의 3권선 변압기로 한 것은 송전용에 널리 사용된다.

(3) Y-Δ결선, Δ-Y결선

Δ-Y결선은 발전소용 변압기와 같이 낮은 전압을 높은 전압으로 올리는 경우에 주로 사용되고, Y-Δ결선은 수전단 변전소용 변압기와 같이 높은 전압을 낮은 전압으로 내리는 경우에 주로 사용된다.

① 이 결선에서는 1차측이든지 2차측이든지 어느 한 쪽에 Δ결선이 있고 여자 전류의 제3고조파 통로가 있기 때문에 제3고조파에 의한 장해가 적다.

② Y결선의 중성점을 접지할 수 있다.

③ 1차 선간전압과 2차 선간전압 사이에 $\pi/6$의 위상차가 생긴다.

(4) V결선

① 주상변압기에서는 설치방법이 간단하며 소용량에서는 가격도 싸기 때문에 3상 부하에 널리 사용된다.

② 부하가 증가하는 경우 Δ-Δ결선으로 할 것을 예정하여 처음에 2개로 V결선해서 사용하는 일이 있다.

③ 변압기용량의 이용률은 $\sqrt{3}/2=0.866$으로 나쁘고 부하의 상태에 따라서는 2차 단자전압이 불평형으로 된다.

단상변압기 2차측의 정격전압 및 전류를 각각 V_{2n}, I_{2n}이라 하면, 전부하일 때의 선간전압 V_{l2}, 선로전류 I_{l2} 및 용량은 다음과 같이 된다.

3상 출력=3×단상출력

Y결선에서는 $V_{l2}=\sqrt{3}\,V_{2n}$, $I_{l2}=I_{2n}$

용량 $P_Y=\sqrt{3}\,V_{l2}I_{l2}\times10^{-3}=3\,V_{2n}I_{2n}\times10^{-3}$[kVA]

Δ결선에서는 $V_{l2}=V_{2n}$, $I_{l2}=\sqrt{3}I_{2n}$

용량 $P_\Delta=\sqrt{3}\,V_{l2}I_{l2}\times10^{-3}=3\,V_{2n}I_{2n}\times10^{-3}$[kVA]

V결선에서는 $V_{l2}=V_{2n}$, $I_{l2}=I_{2n}$

용량 $P_v=\sqrt{3}\,V_{l2}I_{l2}\times10^{-3}=\sqrt{3}\,V_{2n}I_{2n}\times10^{-3}$[kVA]

따라서 V결선과 Δ결선의 용량비는 다음과 같다.

$$\frac{P_v}{P_3}=\frac{\sqrt{3}\,V_{2n}I_{2n}}{3\,V_{2n}I_{2n}}=\frac{1}{\sqrt{3}}\fallingdotseq0.577$$

동시에 V결선한 변압기 1개당의 이용률은 다음과 같이 된다.

$$\frac{\sqrt{3}\,V_{2n}I_{2n}}{2\,V_{2n}I_{2n}}=\frac{\sqrt{3}}{2}\fallingdotseq0.866$$

예제 1 1차 Y, 2차 Δ로 결선한 권수비 20 : 1로 되는 서로 같은 단상변압기 3대가 있다. 이 변압기군에 2차 단자 전압 200[V], 30[kVA]의 평행 부하를 걸었을 때 각 변압기의 1차 상전류[A]와 1차 선간전압을 구하시오.

풀이 각 변압기에는 10[kVA]의 부하가 걸리므로 2차 상전류 I_{2p}는

$$I_{2p}=\frac{10\times10^3}{200}=50[\text{A}]$$

1차 상전류는 변압비가 20이므로

$$I_{1p}=\frac{I_{2p}}{a}=\frac{50}{20}=2.5[\text{A}]$$

또한 1차 상전압 V_{1p}는

$$V_{1p}=aV_{2p}=20\times 200=4000[\mathrm{V}]$$

1차 선간전압은

$$V_1=\sqrt{3}\,V_{1p}=\sqrt{3}\times 4000=6928.2$$

예제 2 한 대의 용량 5[kVA]인 변압기 두 대를 가지고 V결선으로 하면 3상 평형 부하에 몇 [kVA]의 전력을 공급할 수 있는가?

(풀이) $P_v=\sqrt{3}\,P=\sqrt{3}\times 5\fallingdotseq 8.66[\mathrm{kVA}]$

예제 3 Δ결선 변압기의 한 대가 고장으로 제거되어 V결선으로 공급할 때 공급할 수 있는 전력은 고장전 전력에 대하여 몇 [%]인지 계산하시오.

(풀이) 1대의 단상 변압기 용량을 P_1라 하면 그 출력비는 다음과 같다.

$$\text{출력비}=\frac{V\text{결선의 출력}}{\Delta\text{결선의 출력}}=\frac{\sqrt{3}\,P_1}{3P_1}=\frac{\sqrt{3}}{3}=0.577=57.7[\%]$$

3.6 상수의 변환

전력은 보통 3상 교류로 공급되나 부하의 종류에 따라 3상으로는 불편하기 때문에 **상수변환**(phase transformation)을 할 필요가 있다. 예를 들면 단상교류 전기철도에서 전원에 대한 부하의 불평형을 경감하기 위하여, 2상으로 변환하고 2회로를 1뱅크(bank)의 변압기로부터 공급하며 또, 정류기기에서는 효율을 좋게 하고 직류의 파형을 개선하기 위하여 3상을 6상, 또는 12상 등으로 변환시킨 다음, 정류하는 방법이 이루어지고 있다.

1. 3상 - 2상간의 상수변환

단상변압기 2개를 사용하여 3상에서 2상으로 변환하는 방법은 **스코트 결선**(sott connection)이며, **T결선**(T connection)이라고도 한다. 이외에 메이어 결선(meyer connection)과 우드브리지 결선(woodbridge connection)이 있으나 복잡하므로 생략한다.

그림 3-32의 (a)와 같이 용량이 동일한 변압기 M, T 2대를 사용하는데 M의 1차

권선 중심점 O와 T의 1차 권선 끝을 연결하고, T변압기에서 1차 전체 권수의 $\sqrt{3}/2=0.866$인 점에 구출선을 설치한 것과, M의 양쪽 끝에 각각 3상 전원을 접속한다. 2차측은 두 변압기가 동일한 극성인 점을 공통의 도선으로 하고 또한, 양쪽 끝에서 도선을 인출하면 2상 3선식의 전원이 된다. 변압기 M을 주좌변압기(主座變壓器 ; main transformer), 변압기 T를 T좌변압기(T座變壓器 : teaser transformer)라고 한다.

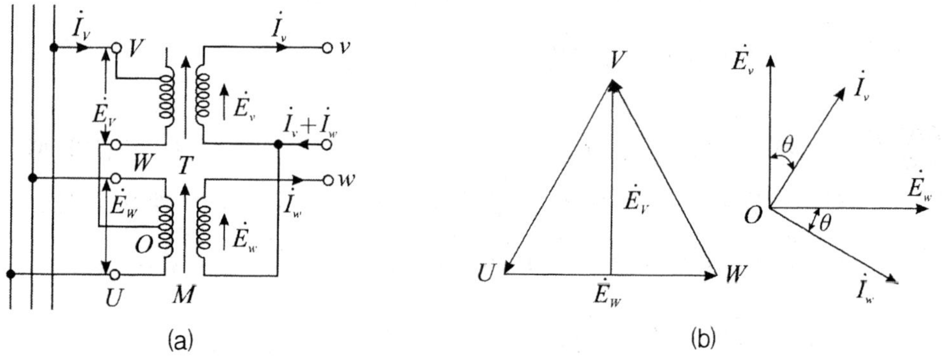

그림 3-32 스코트 결선

기전력 및 전류의 정방향을 그림 3-32 (a)와 같이 정하면 벡터도는 그림 (b)와 같이 되기 때문에

$$\dot{E}_V-\frac{1}{2}\dot{E}_W=\dot{E}_{VW},\quad -\frac{1}{2}\dot{E}_W-\dot{E}_V=\dot{E}_{UV}$$

변압기 T의 1차 권수는 변압기 M의 권수에 대해 $\frac{\sqrt{3}}{2}$이기 때문에 $\dot{E}_V=\frac{\sqrt{3}}{2}\dot{E}_w$이다. 그러므로 $\dot{E}_{VW}=\dot{E}_{UV}=\dot{E}_{WU}$가 되고 삼각형 VWU는 정삼각형이 되어서 1차 유도기전력은 대칭 3상 기전력이 된다.

즉, 1차측에 크기 E의 대칭 3상 전압을 주면, 변압기 M의 1차에는 이와 크기가 같은 기전력 $\dot{E}_W$가 생기고, 2차측에는 크기 E/a이며, 동상의 기전력 $\dot{E}_w$가 생긴다. 변압기 T에서 1차의 크기는 $\frac{\sqrt{3}}{2}E$이며, $\dot{E}_W$보다 $\pi/2$ 앞서 있는 기전력 $\dot{E}_V$가 생긴다. T에서 2차의 기전력은 $\dot{E}_V$와 동상이며, 이의 크기 $\dot{E}_v$는 권수비가

$\frac{\sqrt{3}}{2}n_1 \div n_2 = \frac{\sqrt{3}}{2}a$이기 때문에 $\dot{E}_v = \frac{\sqrt{3}}{2}E \div \frac{\sqrt{3}}{2}a = \frac{E}{a}$가 된다.

따라서, $\dot{E}_w$와 $\dot{E}_v$는 크기가 같고 $\pi/2$의 위상차가 있기 때문에 2차측은 완전한 2상 전원이 된다.

(1) 스코트 결선의 이용률

각 변압기의 정격전압을 V, 정격전류를 I라 하면 정격용량의 합은 $2VI$이지만 스코트 결선의 출력은 $\sqrt{3}VI$이기 때문에

$$\text{이용률} = \frac{\sqrt{3}VI}{2VI} = \frac{\sqrt{3}}{2} = 0.866$$

이 방식은 단상교류 전기철도의 변전소에 사용되며 2상의 각 상 단선구간의 위쪽과 아래쪽 또는 복선구간의 상하선에 각각 급전하는데 사용되고 있다.

2. 3상 - 6상간의 상수변환

대칭 3상 전압 $\dot{E}_u$, $\dot{E}_v$, $\dot{E}_w$가 있을 때에, 이들을 각각 π만큼씩 이동한 E_u', E_v', E_w'를 만들면, 이들은 그림 3-33과 같이 대칭 6상식의 전압을 형성한다.

따라서 변압기 2차측의 각 상에 2개씩 동일한 코일을 두고 이들을 적당히 결선해서 3상 전압을 6상 전압으로 변환할 수가 있다. 1차측의 결선은 Δ결선 또는 Y결선으로 하고, 2차측에는 여러 가지 결선법이 있다.

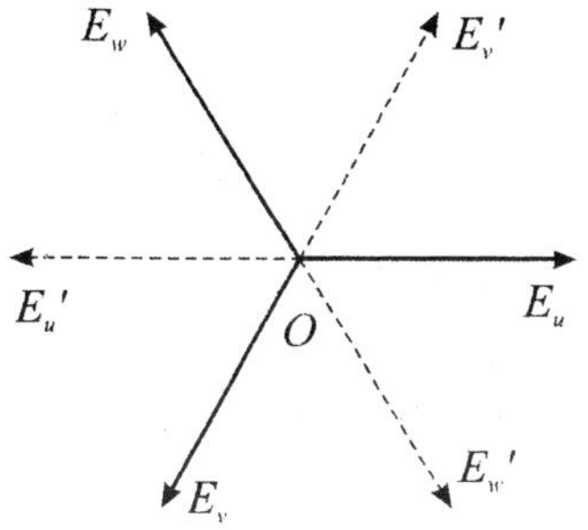

그림 3-33 대칭 6상 전압

(1) 환상결선(Ring Connection)

단상변압기를 1차 권선은 Δ 또는 Y결선한다. 2차 권선을 둘로 나누어서 그림 3-34 (a)와 같이 E_u', E_v', E_w'의 정방향(+)을 반대로 하면 위상이 π만큼 변한다. 따라서 E_u, E_w', E_v, E_u', E_w, E_v'는 대칭 6상 전압이 된다.

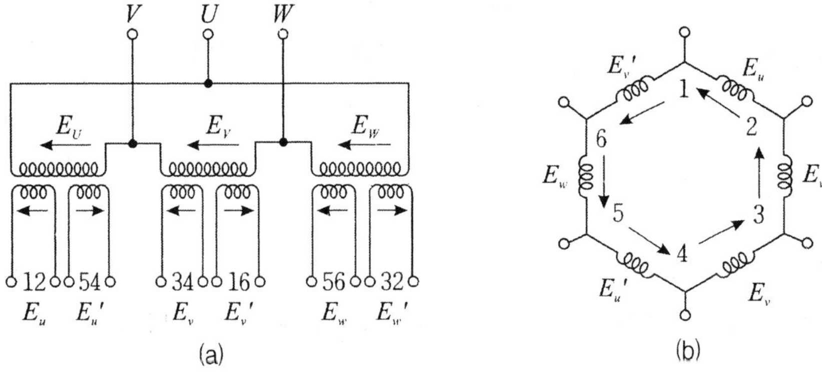

그림 3-34 6상 환상결선

이들의 2차 권선을 그림 (b)와 같이 차례로 같은 부호의 단자로 연결하면 환상결선의 6상 회로가 되고 전압의 벡터도는 그림 3-35와 같이 된다.

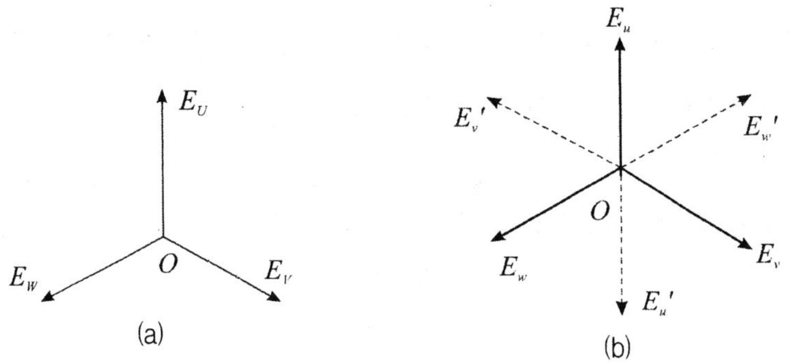

그림 3-35 6상 환상결선의 벡터도

(2) 대각결선(Diametrical Connection)

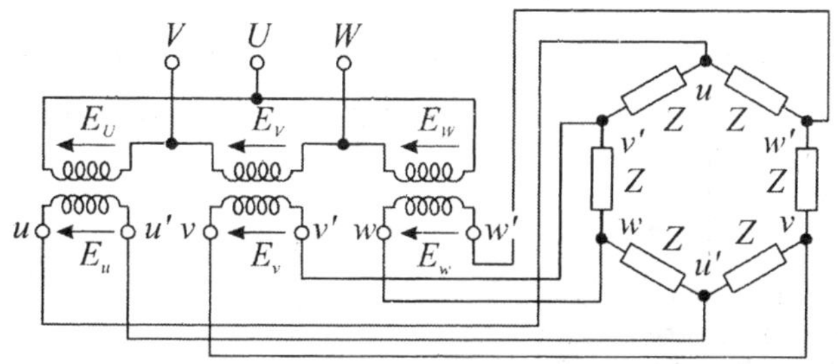

그림 3-36 6상 대각결선

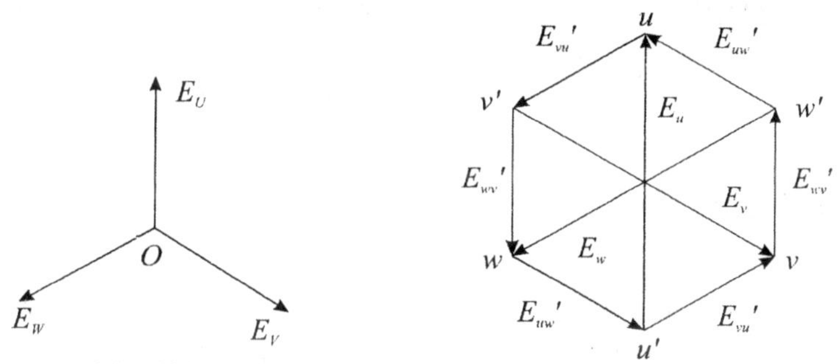

(a) 1차측

(b) 2차측

그림 3-37 6상 대각결선의 벡터도

이것은 일반적으로 사용되는 결선이며 2차 권선을 두 개로 나누지 않고, 그림 3-36과 같이 평형 6상 부하가 상대하는 꼭지점(頂點)에 접속하는 방법이다. 그림 3-37과 같이 단자전압은 대칭 6상 전압이 된다.

(3) 2중 성형결선

그림 3-38 (a)와 같이 결선하면 2차 기전력은 그림 (b)와 같이 대칭 6상 기전력이 된다.

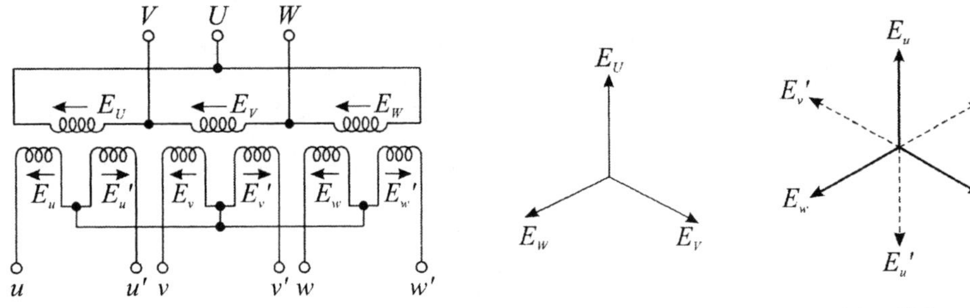

(a) 결선도 (b) 1차측 (c) 2차측

그림 3-38 단중성점 2중 성형결선

(4) 2중 3각결선

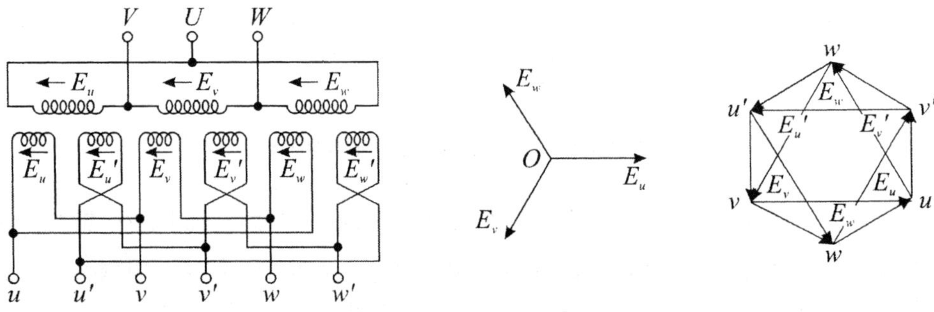

(a) 결선도 (b) 1차측 (c) 2차측

그림 3-39 2중 3각결선

2차측의 각 상에 2개씩 권선이 있으며 이들을 2개의 Δ결선으로 하고 1조는 반대로 결선되며, 그림 3-39와 같다. 대각결선의 경우와 같이 평형 6상 부하가 상대하는 3 정점에 접속한다. 전압 벡터도는 그림 3-39 (b)와 같이 되고 각 인접 단자전압은 대칭 6상 전압이 된다.

(5) 포크결선(Fork Connection)

변압기의 2차 권선을 3조로 해서 그림 3-40 (a)와 같이 결선하며 그림 (b)는 2차측 벡터도이며, 이 결선은 고압용의 수은 정류기에 이용된다.

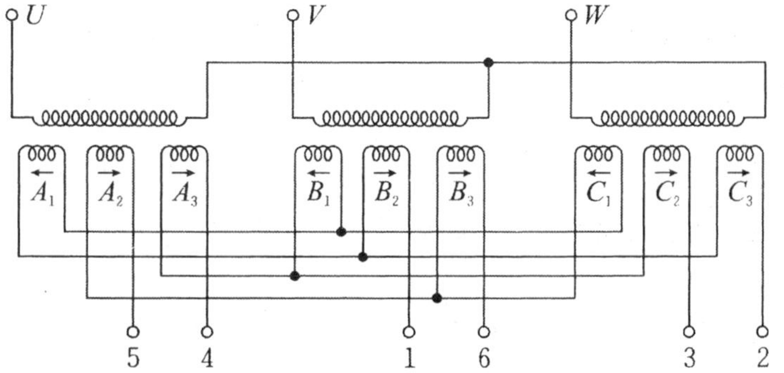

(a) 결선도

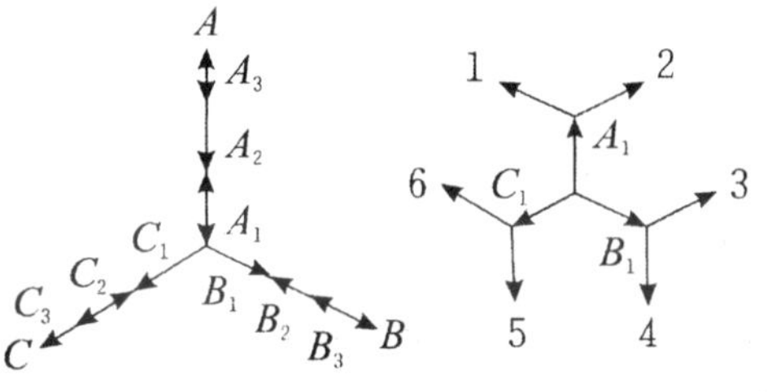

(b) 벡터도

그림 3-40 포크결선

예제 1 3상 전원에서 6상 전압을 얻을 수 없는 변압기의 결선 방법은?

① 스코트결선　　② 2중 3각결선

③ 2중 성형결선　　④ 포크결선

정답 ①

풀이 3상-6상간의 상수 변환은 환상결선, 2중 3각결선, 2중 성형결선, 대각결선, 포크결선 등이 있다.

예제 2 3상 전원을 이용하여 2상 전압을 얻고자 할 때 사용할 결선 방법은?

① 스코트결선 ② 2중 3각결선

③ 환상결선 ④ 포크결선

정답 ①

풀이 3상-2상간의 상수 변환은 스코트결선(T결선), 메이어결선, 우드 브리지결선이 있다.

예제 3 중성점이 있는 같은 변압기 2대를 사용하여 T결선으로 3상 변압을 하려고 한다. 이때의 변압기 이용률을 구하시오.

풀이 스코트 결선 이용율 $= \frac{\sqrt{3}\,VI}{2\,VI} = \frac{\sqrt{3}}{2} = 0.866 = 86.6[\%]$

3.7 변압기의 병렬운전

변압기의 부하 증대 또는 경제적인 운전이라는 점에서 2대 이상이 변압기의 1차측과 2차측을 각각 병렬로 운전할 필요가 있을 때가 있다. 이것을 변압기의 병렬운전이라 하고, 병렬운전이 이상적으로 이루어지려면, 각 변압기가 그 용량에 비례해서 전류를 분담하고, 변압기 상호간에 순환전류가 흐르지 않으며, 각 변압기 전류의 대수합이 항상 전체의 부하전류와 같아야 한다. 그러나 실용상 지장이 없는 정도이면 이것을 반드시 만족하지 않아도 된다.

1. 병렬운전의 조건

위와 같은 결과를 얻으려면 다음과 같은 조건이 필요하다.

① 각 변압기의 극성이 같을 것.
② 각 변압기의 권수비가 같고, 1차와 2차의 정격전압이 같을 것.
③ 각 변압기의 %임피던스 강하가 같을 것.
④ 3상식에서는 위의 조건 외에 각 변압기의 상회전 방향 및 위상변위가 같을 것.

이상의 조건을 만족한 N대의 변압기를 병렬로 운전하면 N배의 용량을 가진 한 대의 변압기와 같은 역할을 한다. 만일 2차 권선의 극성이 반대인 변압기를 연결하면, 2차 권선의 순환회로에 2차 기전력의 합이 가해지므로, 2차 권선을 소손할 염려가 있다. 또, 권수비가 다르면, 2차 기전력의 크기가 서로 다르게 되므로, 그 차에 의해서 2차 권선의 순환회로에 순환전류(횡류)가 흘러서 권선을 과열하게 된다. ③의 조건을 만족하지 못하면 부하의 분담이 용량의 비로 되지 않게 되어 변압기의 용량합만큼 부하전력을 공급할 수 없게 되고, ④의 조건을 만족하지 못하면 각 변압기의 전류간에 위상차가 생기기 때문에 동손이 증가하게 되므로 각 변압기의 전류가 동상으로 되는 것이 바람직하다.

2. 단상변압기의 병렬운전

그림 3-41 (a)와 같이 병렬로 연결된 변압기의 등가회로를 그리면 그림 (b)와 같이 된다.

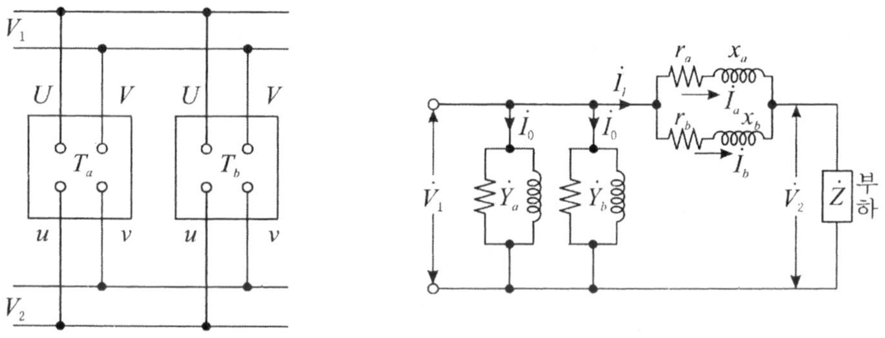

(a) 단상변압기의 병렬운전 (b) 병렬운전의 간이 등가회로

그림 3-41 단상변압기의 병렬운전

각 변압기의 1차측과 2차측은 각각 동일선로와 동일모선에 연결되어 있으므로, 그 단자전압은 같다. 따라서 그 전압을 각각 $\dot{V}_1$, $\dot{V}_2$라 하고, 또 각 변압기의 부하전류를 각각 $\dot{I}_a$, $\dot{I}_b$라고 하면

$$\left.\begin{array}{l}\dot{V}_1=\dot{Z}_a\dot{I}_a+\dot{V}_2\\ \dot{V}_1=\dot{Z}_b\dot{I}_b+\dot{V}_2\end{array}\right\} \qquad (3\text{-}48)$$

이고 여자전류를 무시하면, 1차 전류 $\dot{I}_1$은

$$\dot{I}_1=\dot{I}_a+\dot{I}_b \qquad (3\text{-}49)$$

또한

$$\dot{Z}_a\dot{I}_a = \dot{Z}_b\dot{I}_b = \dot{Z}_1\dot{I}_1 \tag{3-50}$$

단, $\dot{Z}_1 = \dfrac{\dot{Z}_a\dot{Z}_b}{\dot{Z}_a + \dot{Z}_b}$

$$\therefore \ \frac{\dot{I}_a}{\dot{I}_b} = \frac{\dot{Z}_b}{\dot{Z}_a} \tag{3-51}$$

$$\dot{I}_a = \dot{I}_1 \times \frac{\dot{Z}_1}{\dot{Z}_a}, \quad \dot{I}_b = \dot{I}_1 \times \frac{\dot{Z}_1}{\dot{Z}_b} \tag{3-52}$$

이상의 관계는 3개 이상의 경우에도 성립한다.

T_a, T_b 두 변압기의 1차 정격전류를 I_{an}[A], I_{bn}[A]로 하고, 1차 정격전압을 V_n[V]라 하면 백분률 임피던스 강하 z_a, z_b는 다음과 같다.

$$\left.\begin{aligned} z_a &= \frac{Z_a I_{an}}{V_n} \times 100 \quad \therefore \ Z_a = \frac{z_a V_n}{I_{an} \times 100} \\ z_b &= \frac{Z_b I_{an}}{V_n} \times 100 \quad \therefore \ Z_b = \frac{z_b V_n}{I_{bn} \times 100} \end{aligned}\right\} \tag{3-53}$$

위의 식을 식 (3-51)에 대입하면 다음과 같다.

$$\frac{I_a}{I_b} = \frac{z_b V_n I_{an}}{z_a V_n I_{bn}} = \frac{z_b}{z_a} \times \frac{V_n I_{an}}{V_n I_{bn}} = \frac{z_b}{z_a} \times \frac{P_{an}}{P_{bn}} \tag{3-54}$$

여기서 P_{an}[VA] 및 P_{bn}[VA]는 각 변압기의 정격용량이다.

변압기 T_a의 정격용량을 변압기 T_b용량의 m배로 하면

$$P_{an} = mP_{bn}$$

$$\therefore \ \frac{I_a}{I_b} = m\frac{z_b}{z_a} \tag{3-55}$$

따라서 어떠한 부하에 대해서도 각 변압기가 분담하는 전류가 정격용량에 비례하고 $I_a/I_b = m$로 되기 위해서는, 식 (3-55)에서 두 변압기의 백분률 임피던스강하 z_a와 z_b가 같아야 한다는 것을 알 수 있다.

r/x비가 같지 않으면 각 변압기의 전류 사이에 위상차가 있기 때문에 변압기의

동손이 증가하게 된다. 이 경우 I_1에 대하여 I_a와 I_b의 위상이 틀리면 변압기는 유효하게 이용되지 못한다. 일정한 I_1에 대하여 I_a, I_b를 최소로 해서 사용하는 것이 동손을 최소로 하게 된다. 이를 위해서는 I_a와 I_b가 동상(同相)이어야 한다.

그림 3-42 (a), (b)는 이러한 경우의 관계를 나타낸 벡터도이다. 그림 (a)에서는 변압기의 임피던스의 각 β는 같고, $\dfrac{r_a}{x_a}=\dfrac{r_b}{x_b}$이기 때문에 전체의 부하전류 I_1은 $I_1=I_a+I_b$와 같이 대수합(代數合)이 되고, 그림 (b)에서는 $\dfrac{r_a}{x_a}\neq\dfrac{r_b}{x_b}$로 $\beta_a\neq\beta_b$가 되고, 전체의 부하전류 I_1은 $\dot{I}_1=\dot{I}_a+\dot{I}_b$의 벡터합이 된다.

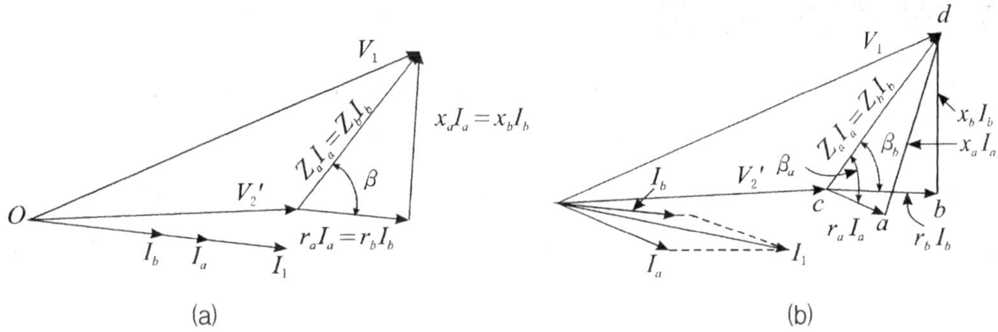

그림 3-42 병렬운전의 벡터도

각 변압기의 부하분담량을 구해보면 전체의 부하를 P[VA], 두 변압기의 부하분담량을 P_a[VA] 및 P_b[VA]라고 하면

$$\frac{I_a}{I_b}=\frac{V_nI_a}{I_bV_n}=\frac{P_a}{P_b}$$ 이므로 식 (3-54)에서

$$\frac{I_a}{I_b}=\frac{P_{an}z_b}{P_{bn}z_a}=\frac{\dfrac{P_{an}}{z_a}}{\dfrac{P_{bn}}{z_b}}=\frac{P_a}{P_b} \tag{3-56}$$

식 (3-56)에서 $\dfrac{P_{an}}{z_a}=A$, $\dfrac{P_{bn}}{z_b}=B$로 하면

$$\frac{P_a}{P_b}=\frac{A}{B}$$

만약 두 변압기의 저항과 리액턴스의 비가 같으면, $I_1 = I_a + I_b$이기 때문에

$$P = P_a + P_b$$

$$\therefore\ P_a = P \times \frac{A}{A+B},\quad P_b = P \times \frac{B}{A+B} \tag{3-57}$$

이 관계는 변압기가 3개 이상인 경우에도 성립한다.

저항과 리액턴스의 비가 같지 않을 때에는 식 (3-57)은 올바르지 않으나, 실제로 이 비의 차이는 작기 때문에 실용상 이 식을 사용해도 관계없다. 일반적으로 두 변압기에 정격용량의 비가 3 : 1 이내이고, 백분률 임피던스의 차이가 그 평균값의 10[%] 이내이면 병렬운전을 해도 상관없다.

3. 3상 뱅크의 병렬운전

단상변압기 3대로 3상 결선된 것(뱅크)을 병렬운전하는 경우에는 단상변압기의 병렬운전 조건 외에 상회전(相回轉 : phase rotation)의 방향 및 1차, 2차 선간 유도기전력의 위상변위(位相變位 : phase deviation)가 같지 않으면 안 된다. 정격 1차, 2차 전압이 같으면 같은 위상변위일 때 동일한 기호의 단자를 접속하여 병렬운전을 할 수 있다.

3상 변압을 하는 경우에는 예를 들면 같은 Y-Y결선이라도 그림 3-43과 같이 극성을 반대로 하는 두 가지 종류의 결선법이 된다. 따라서 모두 Y결선방식이라도 접속방법에 따라 1차측과 2차측의 전압벡터 관계가 그림 (a), (b)와 같이 다르게 되며, 실제 결선도는 (c), (d)와 같은 차이점이 있다. 이 관계는 1차와 2차가 대응하는 유도전압 사이의 위상차로 표시되며 위상변위라고 한다. 즉, 위상변위란 그림 3-44의 전압벡터도 중에서 1차측 중성점에서부터 U와 u의 직선과 2차측 중심점에서부터 u와의 직선 사이의 각도이며, 시계식으로 측정한 각도를 (+)로 한다. 그림 3-44는 각종 결선에 대해서 위상변위를 나타낸 것이다.

병렬운전이 가능한 결선과 불가능한 조합을 나타내면 표 3-3과 같다.

V-V는 Δ-Δ와 같이 취급해도 좋으므로 병렬운전의 가능, 불가능은 Δ-Δ에 준한다.

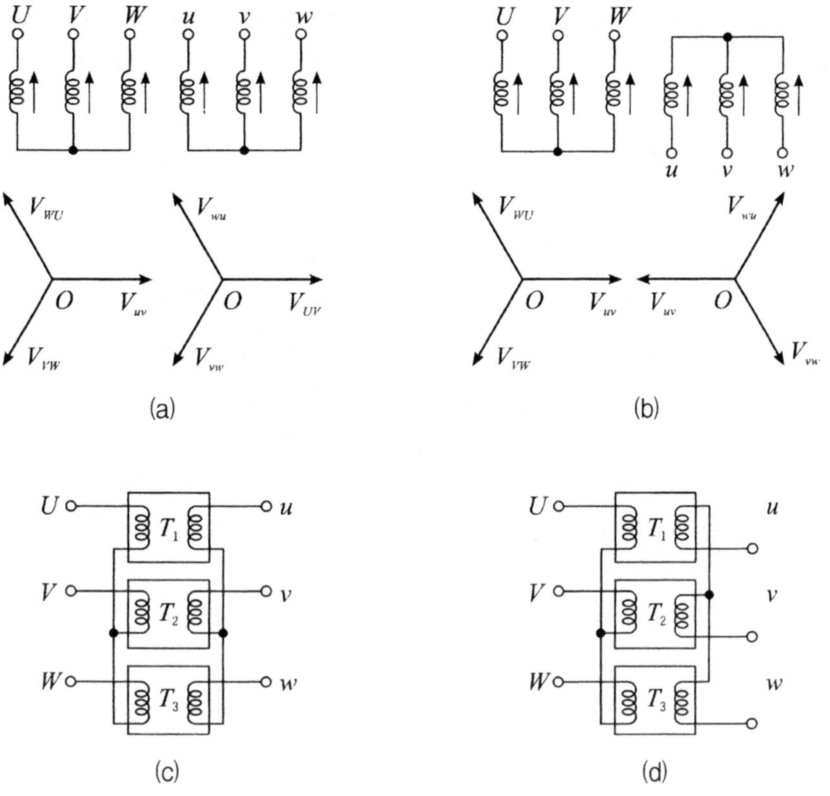

그림 3-43 3상 결선과 벡터도 및 실제결선도

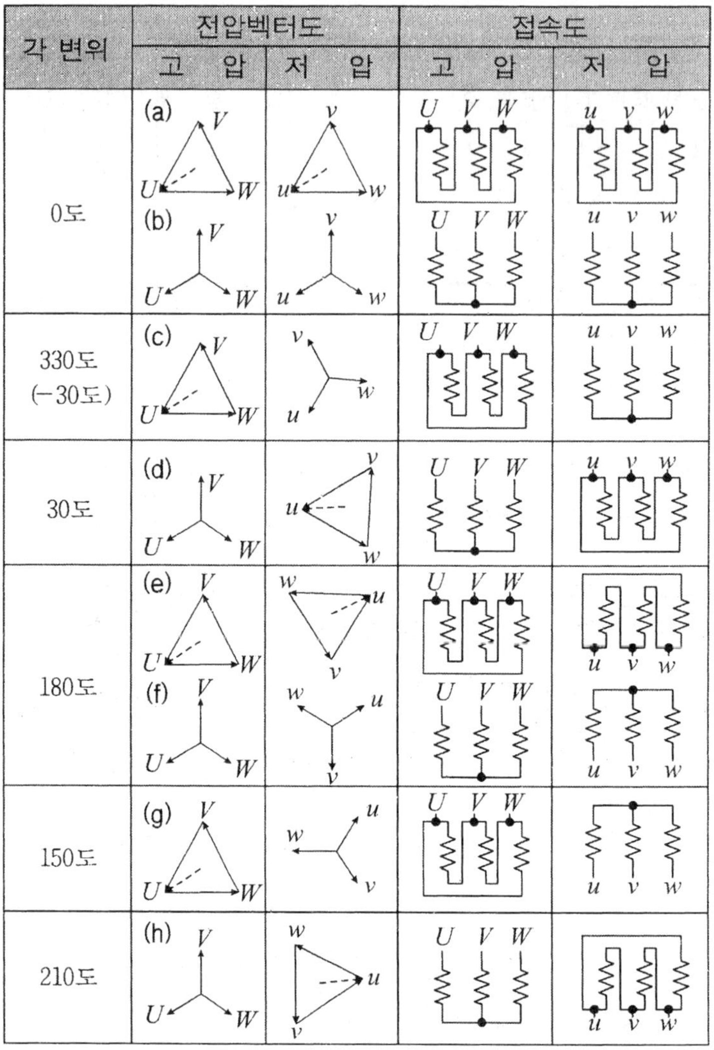

그림 3-44 3상 결선의 위상 변위

표 3-3 3상 변압기의 병렬운전 결선조합

가 능	불가능
Δ-Δ와 Δ-Δ	Δ-Δ와 Δ-Y
Y-Y와 Y-Y	Δ-Y와 Y-Y
Y-Δ와 Y-Δ	
Δ-Y와 Δ-Y	
Δ-Δ와 Y-Y	
Δ-Y와 Y-Δ	

예제 1 변압기의 병렬운전 조건에 대하여 기술하시오.

풀이 변압기 병렬운전에 필요한 조건은 각 변압기가 다음과 같아야 한다.

① 극성이 같을 것.

② 권수 비가 같을 것.

③ 1차, 2차의 정격 전압이 같을 것.

④ 저항과 리액턴스의 비가 같을 것.

⑤ 퍼센트 임피던스 강하가 같을 것.

⑥ 상회전 방향과 1차, 2차 유도기전력의 각 변위가 같을 것.

예제 2 3150/210[V]인 변압기 용량이 각각 250[kVA], 200[kVA]이고, $\%Z$ 강하가 각각 2.5[%]와 3[%]일 때 그 병렬 합성 용량[kVA]을 구하시오.

풀이 200[kVA], $\%Z=3$[%] 변압기를 250[kVA] 기준으로 환산

$200 : 3 = 250 : \%Z, \rightarrow \%Z = 3.75[\%]$

$P_a = 250[\text{kVA}],\ \%Z_a = 2.5[\%],$

$P_b = 250[\text{kVA}],\ \%Z_b = 3.75[\%]$

부하분담용량은 $\%Z$가 작은 것을 기준으로 한다.

A 변압기 용량 : $P_a = 250[\text{W}]$

B 변압기 용량 : $\%Z_a : \%Z_b = P_b : 250$

$$\rightarrow P_b = \frac{\%Z_a}{\%Z_b} \times 250 = \frac{2.5}{3.75} \times 250 = 166.67[\text{kVA}]$$

$\therefore$ 합성 용량 $= 250 + 166.67 = 416.67[\text{kVA}]$

3.8 각종 변압기

1. 3상 변압기

3상 변압기도 단상 변압기와 같이 외철형과 내철형으로 분류되고 결선은 단상 변압기의 3상 결선과 같은 방법으로 한다.

(1) 내철형 3상 변압기

그림 3-45 (a)는 분포 내철형으로 철심의 3부분 A, B, C에 각 상의 1차 권선과

2차 권선을 감은 다음 3상 결선을 하고 1차에 3상 전압을 가하면 각 상의 자속은 크기가 같고 위상차가 $2\pi/3$이므로 공통 부분의 철심을 지나는 합성 자속은 0이 되어 공통 부분을 그림 (b)와 같이 제거할 수 있어 재료가 절약되나, 제3 고조파 자속 및 영상 자속에 대한 자로(磁路)가 없어 자기 저항이 커지는 단점이 있다.

그림 (c)는 내철형으로 각 상의 권선은 각 상 모두 동일한 방법으로 권선하며 철심과 계철의 단면적을 같게 한다.

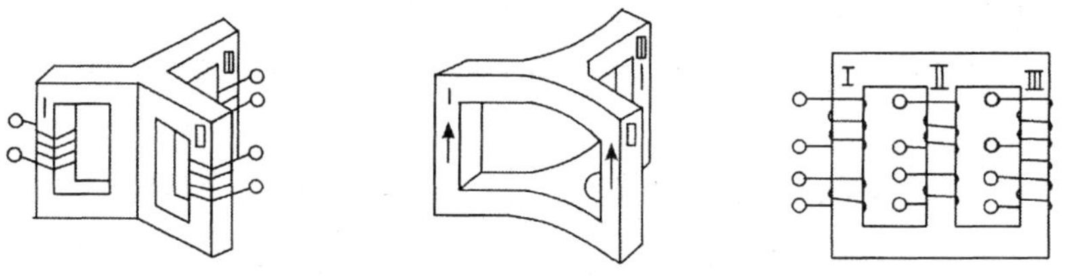

(a) (b) (c)

그림 3-45 내철형 3상 변압기

(2) 외철형 3상 변압기

그림 3-46은 외철형 3상 변압기로 중앙 부분의 권선을 다른 부분의 권선과 반대로 접속하면 각 상의 자속 $\dot{\phi}_A$, $\dot{\phi}_B$, $\dot{\phi}_C$는 평형 3상 자속으로, 그림 (b)에서, a 부분의 자속은 $\frac{1}{2}\dot{\phi}_A+\frac{1}{2}\dot{\phi}_B$, c부분의 자속은 $\frac{1}{2}\dot{\phi}_B+\frac{1}{2}\dot{\phi}_C$이며 크기는 주 자속의 1/2이므로 계철 a와 c의 단면적을 b부분의 1/2로 하여도 되므로 철심이 절약된다.

중앙 권선을 다른 상과 같게 권선하면 a와 c 부분의 자속은 각각

$$\frac{1}{2}\dot{\phi}_A-\frac{1}{2}\dot{\phi}_B,\ \ \frac{1}{2}\dot{\phi}_B-\frac{1}{2}\dot{\phi}_C$$

으로 주 자속의 $\sqrt{3}/2$배가 된다. 따라서 외철형은 중앙 부분의 권선을 다른 부분의 권선과 반대로 감는다.

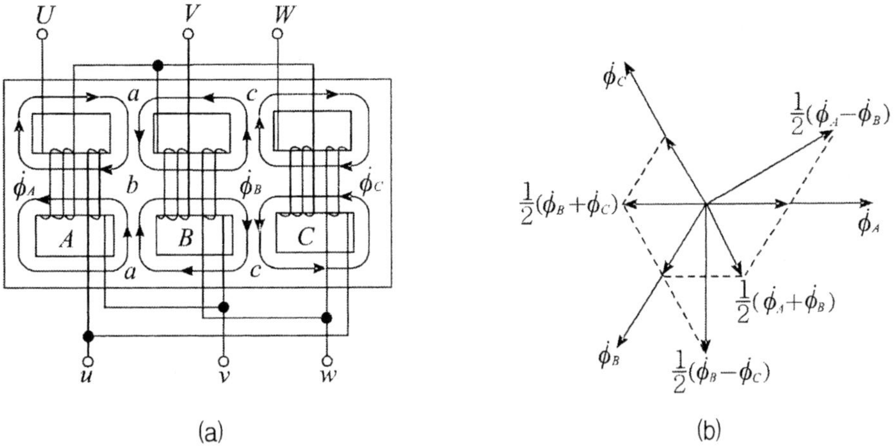

그림 3-46 외철형 3상 변압기

3상 변압에서 단상 변압기 3대를 결선한 1뱅크에 대하여 한 대의 예비 변압기가 필요하다고 보아 단상 변압기를 사용하였으나 근래에는 3상 변압기를 많이 사용하고 있다.

3상 변압기는 단상 변압기보다 철심, 부싱 및 유량이 적게 사용되어 경제적이지만 1대의 중량이 무겁고 고장시 수리가 쉽지 않고 비용이 많이 들었으나 최근에는 제작, 보수의 기술이 발전되어 변압기에 대한 신뢰성이 향상되었고 냉각 방식, 재료, 구조 등의 개량으로 3상 변압기가 비교적 소형이 되어 조립한 상태로 수송하는 것이 편하게 되었다.

단상 변압기는 $\Delta-\Delta$결선으로 급전하고 있을 때, 1대가 고장이 나도 나머지 2대를 V결선으로 하여 그대로 운전을 계속할 수 있고 예비기로서 1뱅크가 필요한 경우는 3상 변압기가 유리하지만 단상 변압기 1대로도 괜찮은 경우는 단상 변압기가 유리하다.

2. 3권선 변압기

다권선 변압기는 3개 이상의 권선이 있는 변압기로 다음의 경우에 사용되며 그림 3-47과 같은 3권선 변압기가 대부분이다.

① Y－Y－Δ로 하여 Y－Y결선에서 나타나는 자속의 일그러짐을 방지하는 경우나 발・변전소에서 3차 권선에서 발・변전소의 소내용 전력 또는 근처에 있는 수용가에 전력을 공급하는 경우

② 3권선 중 2개의 권선을 1차로 하고 나머지 한 권선을 2차로 하여 각각 다른 계통에서 전력을 공급받는 경우
③ 정류 회로에 공급하기 위하여 상 변환을 하는 경우
④ 통신용 전원 변압기로 사용하는 경우

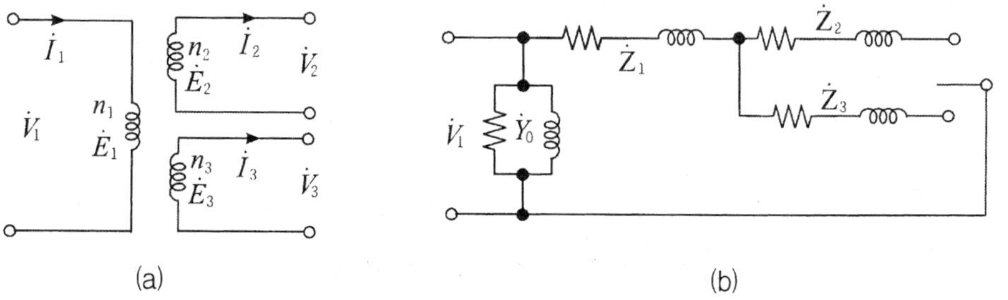

그림 3-47 3권선 변압기

1차, 2차 및 3차 기전력을 각각 $\dot{E}_1$, $\dot{E}_2$, $\dot{E}_3$, 권수를 각각 n_1, n_2, n_3이라 하면 이들의 관계는 다음과 같다.

$$\dot{E}_2 = \frac{n_2}{n_1}\dot{E}_1, \quad \dot{E}_3 = \frac{n_3}{n_1}\dot{E}_1 \tag{3-58}$$

2차 권선과 3차 권선에 부하를 건 경우의 전류를 $\dot{I}_2$, $\dot{I}_3$라고 하면, 1차 전류는 $\dot{I}_2$, $\dot{I}_3$에 대응하여 1차 권선에 흐르는 1차 부하 전류와 여자 전류 $\dot{I}_0$의 벡터합이다.

$$\dot{I}_1 = \dot{I}_0 - \frac{n_2}{n_1}\dot{I}_2 - \frac{n_3}{n_1}\dot{I}_3 \tag{3-59}$$

따라서 2차 권선의 부하가 유도성 부하인 경우는 3차 권선에 용량성 부하를 접속하면 1차 전류의 역률을 개선할 수 있다.

3. 단권변압기

(1) 단권변압기의 원리

그림 3-48과 같이 1차 권선과 2차 권선이 절연되어 있지 않고 권선의 일부를 공통 권선으로 하는 변압기를 단권변압기라 한다.

단권변압기는 권수비가 1에 가까울수록 더욱 경제적이고 특성도 좋아서 전압비가 적은 전력 계통이나 가정의 전압 조정용에서 연구실의 스라이닥(slidic)에 이르기까지

다양하게 사용된다.

그림 3-48에서 $ac=ab+bc$ 사이의 권수를 n_1, bc 사이의 권수를 n_2라 하면 보통 변압기와 같이 1차에 전압 $\dot{V}_1$을 공급하였을 때 ab, bc에 발생되는 기전력을 각각 $\dot{E}_1$, $\dot{E}_2$, 2차 단자 전압을 $\dot{V}_2$라 하고 권선의 저항, 누설 리액턴스 및 여자 전류를 무시하면 다음과 같이 된다.

$$\frac{\dot{V}_1}{\dot{V}_2}=\frac{\dot{E}_1+\dot{E}_2}{\dot{E}_2}=\frac{n_1}{n_2}=a \tag{3-60}$$

그림 3-48에서 부하 전류를 $\dot{I}_2$라 하면 ab부분의 전류 $\dot{I}_1$에 의한 기자력과 bc 부분의 전류 $\dot{I}_3=\dot{I}_1-\dot{I}_2$에 의한 기자력의 벡터합은 0이므로

$$(n_1-n_2)\dot{I}_1+n_2(\dot{I}_1-\dot{I}_2)=0 \tag{3-61}$$

$$\therefore\ \dot{I}_1=\frac{n_2}{n_1}\dot{I}_2=\frac{1}{a}\dot{I}_2 \tag{3-62}$$

이 된다.

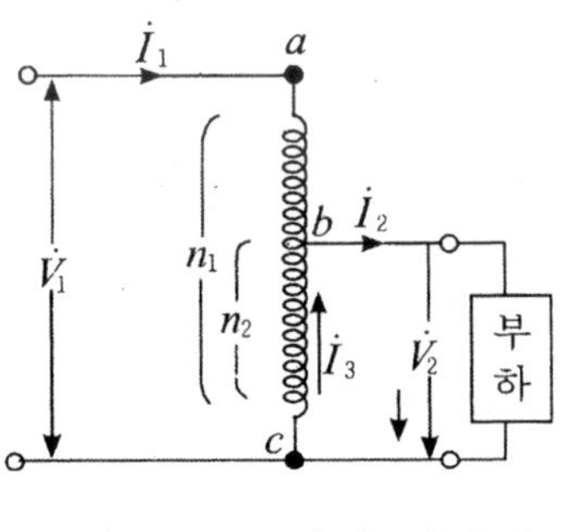

그림 3-48 단권 변압기

(2) 자기 용량과 부하 용량

2차 피상 전력, 즉 부하 용량 P_2는

$$P_2=V_2I_2=V_2(I_2-I_1)+V_2I_1 \tag{3-63}$$

으로, 두 부분으로 나눌 수 있는데, 하나는 bc를 통하여 부하에 전달되는 $V_2(I_2-I_1)$로 변압기 작용인 유도 전달로 단권변압기의 자기 용량이고 다른 하나는 ab를 통하여 부하에 전달되는 V_2I_1로 변압기 작용이 아닌 전도 전달로 이것 때문에 자기

용량보다 더 많은 부하를 사용할 수 있다.

$$\frac{\text{자기용량}}{\text{부하용량}}=\frac{V_2(I_2-I_1)}{V_2I_2}=\frac{I_2-I_1}{I_2}=1-\frac{1}{a}=1-\frac{V_2}{V_1} \tag{3-64}$$

그림 3-48은 강압용 단권변압기를 표시한 것으로 $a>1$이지만 1차와 2차를 바꾸면 $a<1$되는 변압기로 승압용 단권변압기라 할 수 있고 부하 용량 P_2는

$$P_2=V_2I_2=(V_2-V_1)I_2+V_1I_2$$

이 되어

$$\frac{\text{자기용량}}{\text{부하용량}}=\frac{I_2(V_2-V_1)}{I_2V_2}=1-\frac{V_1}{V_2} \tag{3-65}$$

이 된다. 따라서 강압용, 승압용을 막론하고 다음과 같이 된다.

$$\frac{\text{자기용량}}{\text{부하용량}}=1-\frac{V_L}{V_H} \tag{3-66}$$

여기서 V_H는 고압, V_L은 저압을 나타낸다.

(3) 단권변압기의 용도

단권변압기는 다음과 같은 경우에 사용한다.

① 배전 선로의 승압기

② 동기전동기나 유도전동기를 기동할 때 공급 전압을 낮추어 기동 전류를 제한하기 위한 기동 보상기

③ 형광등용 승압 변압기

(4) 단권변압기의 3상 결선

단권변압기는 3상 변압을 할 때도 사용한다. 결선에는 그림 3-49와 같은 결선 방법이 있으며 각 결선의 부하 용량에 대한 자기 용량의 비는 다음과 같다.

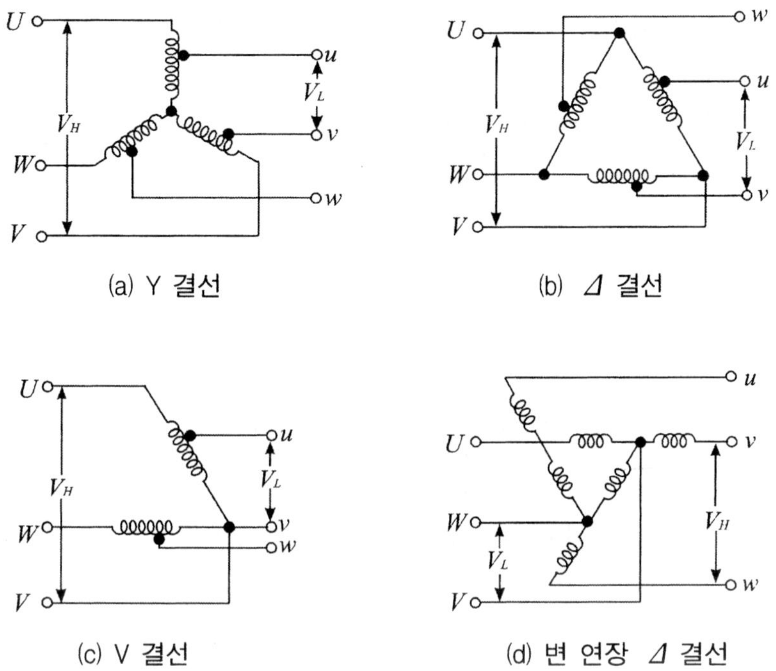

그림 3-49 단권변압기의 3상 결선

① Y 결선 : $\dfrac{\text{자기용량}}{\text{부하용량}} = \dfrac{V_H - V_L}{V_H}$ (3-67)

② $\varDelta$ 결선 : $\dfrac{\text{자기용량}}{\text{부하용량}} = \dfrac{V_H^2 - V_L^2}{\sqrt{3}\,V_H V_L}$ (3-68)

③ V 결선 : $\dfrac{\text{자기용량}}{\text{부하용량}} = \dfrac{2}{\sqrt{3}}\dfrac{V_H - V_L}{V_H}$ (3-69)

④ 변 연장 $\varDelta$ 결선 : $\dfrac{\text{자기용량}}{\text{부하용량}} = \dfrac{\sqrt{3}}{V_H}\left(-\dfrac{V_L}{2} + \sqrt{\dfrac{V_H^2}{3}\ \dfrac{V_L^2}{12}}\right)$ (3-70)

4. 탭변압기

전원의 전압이 변동하거나 부하가 변화하면 선로의 전압이 변동한다. 전등이나 전력 등의 부하는 일반적으로 정전압 방식이므로 전압을 일정하게 유지하기 위해서는 권수비를 바꾸는 탭전환변압기를 무부하 상태에서 전환하거나 유도 전압 조정기를 사용한다.

중・소용량의 변압기에서 탭의 전환은 본체에 설치된 탭판(tap board)으로 하고 대용량의 변압기나 가스를 봉입한 것은 탭 전환기를 설치하고 외함의 외부에서 조작하여 전환을 한다.

변압기의 탭 전환은 무전압이나 무전류로 하는 것이 보통이나 무정전 송전을 하기 위해서는 부하 상태에서 탭을 전환하여 전압을 조정할 필요가 있다. 이 때 사용하는 변압기를 부하시 **탭전환변압기**라고 한다.

그림 3-50은 병렬 회로 방식의 부하시 탭 전환 변압기를 나타낸 것이다.

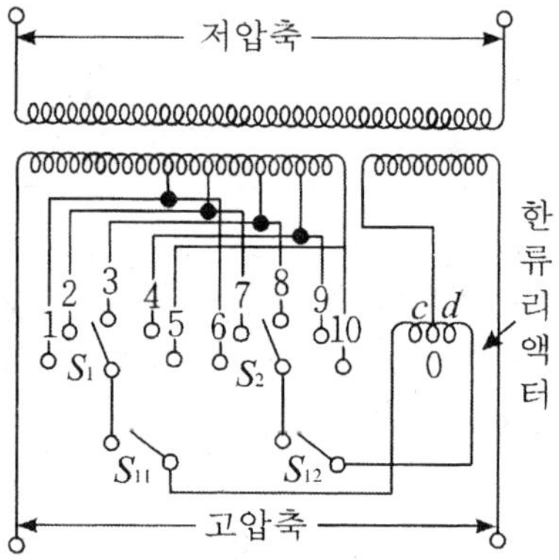

그림 3-50 부하시 탭전환변압기

S_1, S_2가 탭 1과 6으로 닫혀 탭 1로 운전되고 있을 때 탭 2로 전환하는데는 우선 S_{11}을 열고 S_1을 탭 2로 이동한 다음 S_{11}을 닫은 후 S_{12}을 열고 S_2를 탭 7로 이동한 다음 S_{12}를 닫으면 탭의 절환이 끝난다. 탭을 전환하는 과정에서 탭이 2, 6에 있는 상태에서 S_{11}과 S_{12}가 닫힐 때는 탭 1, 2 사이의 권선에는 국부적으로 순환 전류가 흐르나 한류 리액터에 의하여 억제된다.

5. 정전류변압기

방전등이나 아크 용접기를 기동할 때는 고압이, 운전할 때는 저압이 필요하며 부저항 특성을 갖고 있는 부하를 정전압의 전원에서 안정하게 운전하기 위해서는 1차에 일정한 전압을 인가하고 2차의 부하를 변화해도 2차 전류가 일정해야 한다.

이러한 목적에 사용하는 변압기를 **정전류변압기** 또는 **누설변압기**라 한다.

부하 임피던스가 $R+jX$인 변압기의 전류는 다음과 같이 된다.

$$\dot{I}_1 \fallingdotseq \dot{I}_1{}' = \frac{V_1}{(r_1 + a^2 r_2 + a^2 R) + j(x_1 + a^2 x_2 + a^2 X)} \tag{3-71}$$

위의 식에서 전압이 일정할 때 전류가 일정하게 하려면 권선의 저항은 일정하므로 부하 임피던스에 비하여 변압기의 누설 리액턴스를 대단히 크게 하면 된다. 누설 자속의 통로 L을 설치한 그림 3-51 (a)와 같은 누설 변압기는 2차 전류가 증가하면 누설 자속이 증가해서 주 자속을 감소시키므로 2차 유기기전력이 감소하는 동시에 2차 전압 강하도 증가하여 전류의 변화를 방해하므로 일정한 전류값의 범위에서는 일정한 전류를 유지한다.

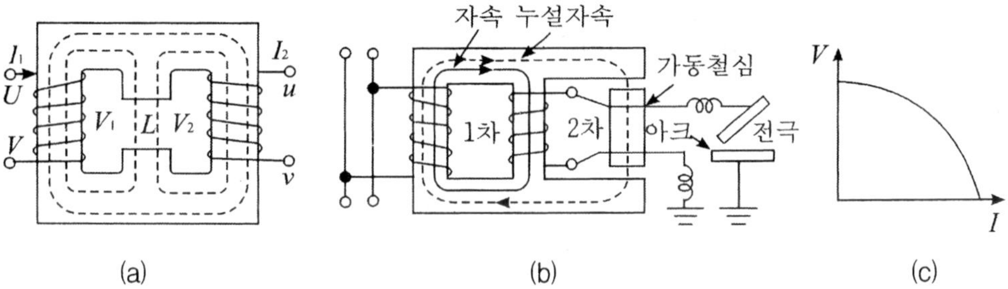

그림 3-51 정전류변압기

그림 3-51 (b)는 용접용 변압기를 나타내며 누설 자기 회로에 가동 철심을 움직여 전류를 조정하는 것이다. 이와 같은 변압기의 2차 전압과 전류 특성은 그림 (c)와 같이 된다.

정전류변압기는 리액턴스가 커서 전압 변동률이 대단히 크고 역률도 낮다.

6. 계기용 변성기

고압 회로의 전압, 전류 또는 저압 회로의 큰 전류를 측정할 때와 계전기 등을 사용할 때는 취급에 대한 안전을 위하여 계기용 변성기를 사용하며 계기용 변성기에는 계기용 변압기(Potential Transformer)와 변류기(Current Transformer)가 있으며 변성기의 부하는 측정 계기나 계전기로, 선로의 부하와 구별하기 위해 부담(負擔, burden)이라고 한다.

계기용 변성기의 특성을 좋게 하고 측정 오차를 줄이기 위해서는 비투자율이 크고 철손이 적은 철심을 단면적을 크게 하여 사용한다. 단면적을 크게 하면 자속밀도가 낮아 여자 전류를 적게 흘려도 된다. 또한 권선의 저항 및 누설 리액턴스를 적게 하는 것이 필요하다.

계기용 변압기는 1차 전압이 정격 전압인 경우에 2차 전압이 110[V]가 되도록 설계하고, 변류기는 1차에 정격 전류가 흐를 때 2차 전류가 5[A]가 되도록 하는 것이 표준이다.

(1) 계기용 변압기(P.T)

계기용 변압기는 보통의 전력용 변압기의 원리 및 구조와 비교해서 큰 차이는 없고 1차를 측정하고자 하는 회로에, 2차를 전압계 또는 전력계의 전압 권선에 접속한다. 전압비를 권수비에 접근시키려면 철손이 적은 양질의 철심을 사용하여 여자 전류를 줄이고 1차 권선과 2차 권선의 임피던스 강하를 적게 한다.

여자 전류와 누설 임피던스의 전압 강하를 무시하고 계기용 변압기의 1차와 2차의 전압 및 권수를 각각 V_1, V_2, n_1, n_2라 하면

$$V_1 \fallingdotseq \frac{n_1}{n_2} V_2 = aV_2, \quad \text{변압비} = \frac{V_1}{V_2} \fallingdotseq \frac{n_1}{n_2} = a \tag{3-72}$$

이 되지만 식 (3-72)는 여러 가지 사항을 무시한 것이므로 변압비는 a에 보정 계수를 곱한 값이다.

그림 3-52는 계기용 변압기의 결선 방식이고 사용 중에는 절대로 2차측을 단락해서는 안 된다. 이것은 전력용 변압기와 마찬가지로 커다란 단락 전류가 흘러서 권선을 소손하기 때문이다.

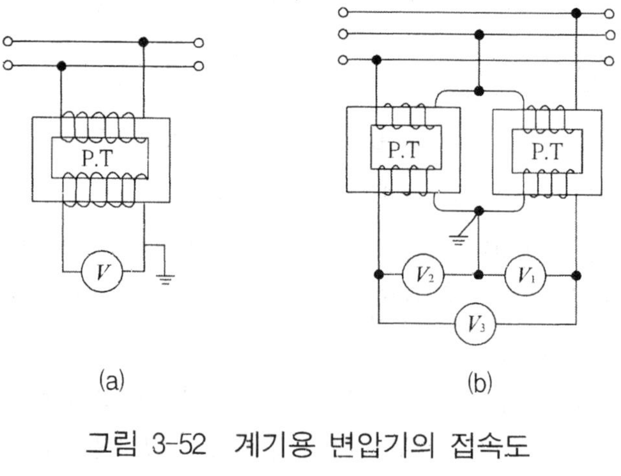

그림 3-52 계기용 변압기의 접속도

계기용 변압기는 비교적 저전압에서는 컴파운드(compound) 함침의 건식 또는 합성 수지로 싼 몰드형을 사용하고 고전압에서는 유입 자냉식을 사용한다.

(2) 변류기(C.T)

변류기는 1차 권선을 측정하려는 회로에 직렬로 접속하고, 2차 권선에는 전류계, 계전기 또는 전력계의 전류 권선을 접속한다.

여자 전류와 누설 임피던스의 전압 강하를 무시하고 변류기의 1차와 2차의 전류 및 권수를 각각 I_1, I_2, n_1, n_2라 하면

$$I_1 \fallingdotseq \frac{n_2}{n_1} I_2 = \frac{1}{a} I_2, \quad \text{변류비} = \frac{I_1}{I_2} \fallingdotseq \frac{n_2}{n_1} = \frac{1}{a} \tag{3-73}$$

이 되지만 식 (3-73)은 여러 가지 사항을 무시한 것이므로 변류비는 $\frac{1}{a}$에 보정 계수를 곱한 것이다.

변류기는 1차 권선의 구조에 따라 권선형과 봉형으로 나누며 권선형은 대개 1000[A] 이하에 사용된다. 봉형은 1차 권선이 1개의 도체로 되어 있으며 대전류일 때 사용한다.

저압용은 건식 또는 몰드형, 고압용은 유입식으로 옥내외 공용이며 강판 유조를 사용하는 것과 애자 유조를 사용하는 것이 있다.

변류기를 사용하고 있을 때 계전기나 전류계가 고장이 나서 변류기의 2차 회로를 열 필요가 있을 경우는 우선 2차 회로를 단락해 놓은 다음에 회로를 열어야 한다. 즉, 사용 중인 변류기의 2차를 절대로 무부하로 만들면 안 되는 이유는 다음과 같다.

변류기의 2차 회로를 열면 I_2는 흐르지 못하여 1차 부하 전류는 $I_1' = \frac{I_2}{a} = 0$으로 1차 전류는 $\dot{I}_1 = \dot{I}_0 + \dot{I}_1' = \dot{I}_0$으로 I_1은 계속 흐르고 있는 상태이므로 1차 전류가 전부 여자 전류로 되어 철손은 급격히 증가함은 물론 2차 권선에는 매우 높은 전압이 발생되어 절연이 파괴되고 소손될 염려가 있다.

그림 3-53은 변류기의 접속도로 (a)는 단상 회로의 변류기 접속도, (b)는 3상 회로에서 변류기 3대를 Y로 결선한 접속도, (c)는 비접지식 3상 회로에서 변류기 2대를 V로 결선한 접속도를 나타낸다.

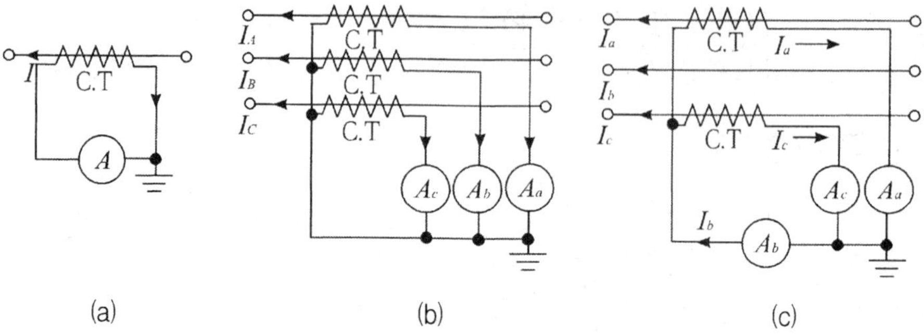

그림 3-53 변류기의 접속도

예제 1 용량 1[kVA], 3000/200[V]의 단상변압기를 단권변압기로 결선해서 3300/3200[V]의 승압기로 사용할 때 그 부하 용량[kVA]를 계산하시오.

풀이 $V_h = 3200$, $V_l = 3000$, 자기용량 1[kVA]

$$\frac{\text{자기용량}}{\text{부하용량}} = \frac{V_h - V_l}{V_h} \text{에서}$$

$$\therefore \text{ 부하용량} = \text{자기용량} \times \frac{V_h}{V_h - V_l} = 1 \times \frac{3200}{3200 - 3000} = 16[\text{kVA}]$$

예제 2 평형 3상 전류를 측정하려고 전류비 60/5[A]의 변류기를 그림 3-53 (a)와 같이 접속했더니 전류계에 5[A]가 흘렀다. 1차 전류는 몇 [A]인가?

풀이 전류계의 전류를 I라 하면 $I = (I_a - I_c)$으로 I는 I_a의 $\sqrt{3}$ 배 이므로

$$I_a = \frac{I}{\sqrt{3}} \text{ 이고, } I_A = \frac{I}{\sqrt{3}} \cdot \frac{1}{a} = \frac{5}{\sqrt{3}} \times \frac{60}{5} = 34.6[\text{A}]\text{이다.}$$

예제 3 평형 3상 전류를 측정하려고 전류비 200/5[A]의 변류기를 그림 3-53 (b)와 같이 접속했더니 전류계의 지시가 1.5[A]이었다. 1차 전류는 몇 [A]인가?

풀이 전류계의 전류를 I 라 하면 $I = (I_a + I_c)$으로 I는 I_a와 같으므로

$$I_a = I \text{ 이고 } I_A = I \cdot \frac{1}{a} = 1.5 \times \frac{200}{5} = 60[\text{A}]\text{이다.}$$

3.9 변압기의 손실과 효율

1. 손 실

변압기의 손실(loss)은 부하전류에 관계가 있는 부하손실(load loss)과 이것에는 관계없는 무부하손실(no-load loss)의 두 가지로 나눌 수 있다. 무부하손실은 여자전류에 의한 저항손과 절연물의 유전체손(dielectric loss)도 다소 포함되어 있으나 주로 철손을 말한다. 그리고 부하손실은 주로 부하전류에 의한 저항손이지만, 기타 부하전류에 의한 누설자속에 관계되는 권선 내의 손실, 외함, 볼트 등에 생기는 손실로 계산으로도 구하기 어려운 표유부하손(stray load loss)이 있다.
변압기에는 회전부분이 없으므로 기계적 손실이 없고 따라서 효율은 일반 회전기에 비하여 매우 양호하며 5[kVA] 정도의 소형인 것은 96[%] 정도이고 10,000[kVA] 이상의 대형인 것은 99[%] 이상인 것도 있다.

(1) 무부하손

2차 권선을 개방하고, 1차 단자간의 정격전압을 가했을 때 생기는 손실로서 주로 철손이고 여자전류에 의한 저항손은 작은 전력이고 또 유전체손은 전압이 매우 높은 것 이외는 작으므로 보통의 변압기에서는 모두 무시한다.

철손은 히스테리시스손과 와전류손의 합을 말하는 것으로서 무부하손의 대부분을 차지하고 있으므로 보통 무부하손이라고 하면 철손이라고 생각하여도 된다.

히스테리시스손은 많은 실험결과 다음과 같은 식으로 표시되고 있다.

$$P_h = \sigma_h f B_m^{1.6} \sim \sigma_h f B_m^{2} [\text{W/kg}] \tag{3-74}$$

여기서 σ_h는 재료에 따르는 정수로서 히스테리시스 정수라 하고 f는 주파수 [Hz], B_m는 자속밀도의 최대값[Wb/m^2]이다.

철손의 약 80[%]는 히스테리시스손이고 또 변압기에서는 기계손이 없어 철손의 대소가 효율에 미치는 영향이 크므로 철심으로서는 σ_n가 작은 규소강판이 사용된다.
와전류손은 자속의 변화에 의해서 철심 내부에 유도되는 와전류에 의한 것으로서 많은 실험결과 다음의 식으로 표시되고 있다.

$$P_e = \sigma_e (t f k_f B_m)^2 [\text{W/kg}] \tag{3-75}$$

여기서 σ_e는 재료에 의한 정수, t는 철판의 두께[m], f는 주파수[Hz], k_f는 파형률이다. 위 식에서 알 수 있는 바와 같이 와전류손을 적게 하기 위해서는 가급적 얇은 철판을 쓰는 것이 바람직하다.

(2) 부하손

변압기의 부하손은 부하전류에 의한 저항손(ohmic loss), 즉 동손과 표유부하손으로 분류되고 이 손실은 보통 매우 작다.

직류로 측정했을 때 1차 저항이 r_1[Ω], 2차 저항이 r_2[Ω]이면 동손은 다음과 같다.

$$P_c = kI_1{}^2(r_1 + a^2 r_2)[\mathrm{W}] \tag{3-76}$$

$$\text{여기서, } k = \frac{\text{교류저항}}{\text{직류저항}} = 1.1 \sim 1.25 \tag{3-77}$$

이것은 도체에 교류를 통하면 누설자속으로 인하여 도체의 단면에서는 표피작용에 의해서 전류의 밀도가 고르지 못하게 되므로 저항이 증가한 것과 같은 효과가 나타나게 됨을 뜻하는 것이다. 이것을 막기 위해서는 절연한 도체를 병렬로 사용하거나, 도체의 위치를 도중에서 바꾸는 전위(transposition)를 하면 된다.

권선의 저항 r는 다음과 같다.

$$r = \rho_0 \frac{nl}{A}(1 + \alpha_0 t) \tag{3-78}$$

여기서 ρ_0는 0[℃]의 저항률[Ω·m], n은 직렬로 접속된 권수, l은 권선의 평균길이[m], A는 도체의 단면적[m^2], t는 권선의 온도, α는 0[℃]의 저항의 온도계수(동 0.0039, 알루미늄 0.0040)이다.

(3) 단락시험(short circuit test)

그림 3-54와 같이 2차측을 단락하고 1차측에 정격주파수의 저전압을 가하여 유도전압조정기 IR로 서서히 상승하면서 1차 전류와 입력을 측정한다.

1차 전류가 정격전류 I_{1n}[A]와 같을 때의 입력 P_s[W]가 부하손(전압이 낮으므로 철손은 무시)이고, 이때의 전압계의 지시 V_s[V]는 임피던스전압이다. 이 시험을 **단락시험**이라 하고, 권선의 저항, 누설 리액턴스를 구할 수 있다.

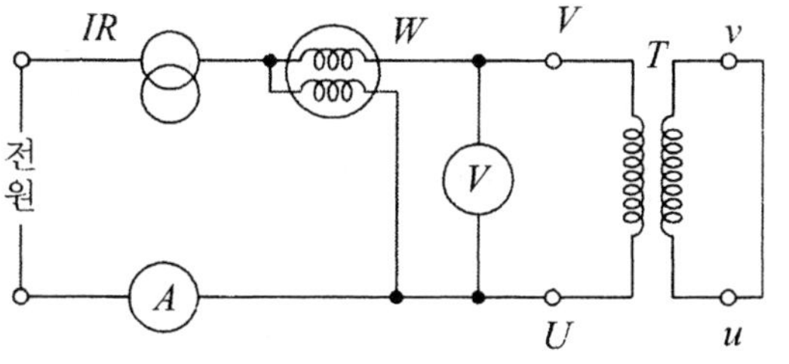

그림 3-54 단락시험

2. 변압기의 효율

전기기계의 효율에는 출력과 입력을 측정해서 구하는 실측효율(actual measured efficiency)과 규약에 따라 손실을 결정하여 계산으로 구하는 규약효율(conventional efficiency)이 있다. 변압기의 효율은 규약효율을 표준으로 한다.

(1) 규약효율

변압기의 효율은 정격 2차 전압 및 정격주파수에 있어서의 출력[kW], 또는 입력과 전손실을 기준으로 해서 다음과 같이 구한다.

$$\text{효율 } \eta = \frac{\text{출력}}{\text{출력} + \text{손실}} \times 100 = \frac{\text{입력} - \text{손실}}{\text{입력}} \times 100[\%] \qquad (3\text{-}79)$$

이와 같이 정한 것을 **규약효율**이라고 한다. 특히 지정하지 않았을 때는 역률은 100[%], 온도는 75[℃]로 가정한다.

$$\eta = \frac{\text{출력}}{\text{출력} + \text{철손} + \text{부하손}} \times 100[\%]$$

$$= \frac{V_2 I_2 \cos\theta_2}{V_2 I_2 \cos\theta_2 + P_i + I_2{}^2 r} \times 100[\%] \qquad (3\text{-}80)$$

(2) 최대 효율

식 (3-80)에 부하율 $\frac{1}{m}$일 때 정격전압 V_{2n}, 정격전류 I_{2n}, 역율 $\cos\theta_2$, 철손 P_i, 전부하동손 P_c를 대입하면

$$\eta = \frac{\frac{1}{m} V_{2n} I_{2n} \cos\theta_2}{\frac{1}{m} V_{2n} I_{2n} \cos\theta_2 + P_i + \left(\frac{1}{m}\right)^2 P_c} = \frac{V_{2n} I_{2n} \cos\theta_2}{V_{2n} I_{2n} \cos\theta_2 + mP_i + \frac{1}{m} P_c} \tag{3-81}$$

공급전압과 주파수가 일정하면, $P_l = mP_i + \frac{P_c}{m}$가 최소일 때 효율은 최대가 되므로 효율이 최대가 되는 부하율 $\frac{1}{m}$은

$$\frac{dP_l}{dm} = P_i - \left(\frac{1}{m}\right)^2 P_c = 0$$

$$P_i = \left(\frac{1}{m}\right)^2 P_c \tag{3-82}$$

즉, 부하율 $\frac{1}{m}$일 때 철손과 동손이 같으면 최대 효율(maximum efficiency)이 된다. 전력용 변압기는 전부하의 75[%] 정도, 배전용 변압기는 전부하의 60[%] 정도에서, 즉 어느 정도 경부하에서 $P_i = P_c$가 되어 최대 효율이 되도록 만든다.

(3) 전일 효율

배전용 변압기와 부하는 항상 변화하므로 정격출력에서의 효율보다는 어느 일정 기간 동안의 효율을 생각하지 않으면 안 된다. 이러한 것을 위해서 하루 중의 출력 전력량과 입력 전력량의 비를 전일 효율(allday efficiency)로 정하고 다음 식과 같이 계산한다.

$$\eta_d = \frac{\sum h \frac{1}{m} V_{2n} I_{2n} \cos\theta_2}{\sum h \frac{1}{m} V_{2n} I_{2n} \cos\theta_2 + 24P_i + \sum h \left(\frac{1}{m}\right)^2 P_c} \times 100 \tag{3-83}$$

식 (3-83)은 하루 종일 전압이 일정한 전원에 연결한 변압기에 부하 $P_2 = \sum \frac{1}{m} V_{2n} I_{2n} \cos\theta_2$가 h시간 동안 걸렸을 때의 전일 효율을 나타낸 것이다.

전일 효율을 최대로 하기 위해서는

$$\eta_d = \frac{\sum hV_{2n}I_{2n}\cos\theta_2}{\sum hV_{2n}I_{2n}\cos\theta_2 + 24P_i + \sum h\frac{1}{m}\cdot P_c} \times 100$$

에서

$$24P_i = \sum h\left(\frac{1}{m}\right)^2 P_c \qquad (3\text{-}84)$$

즉, 무부하손의 합과 부하손의 합을 같게 하면 된다. 이런 경우에는

$$P_i = \sum\left(\frac{1}{m}\right)^2 P_c \cdot h/24 \qquad (3\text{-}85)$$

로 되어, 부하 시간이 짧을수록 철손을 적게 하지 않으면 안 된다.

예제 1 3150/210[V], 5[kVA]의 단상변압기가 있다. 2차를 개방하고 정격 1차 전압을 가할 때의 입력은 60[W], 2차를 단락하고 여기에 정격 2차 전류가 흐르도록 1차측에 저전압을 가했을 때의 입력은 120[W]이었다. 역률 100[%]에서의 전부하 효율[%]을 구하시오.

풀이 $\eta_{100} = \frac{V_2I_2\cos\theta_2}{V_2I_2\cos\theta_2 + P_i + P_c} \times 100 = \frac{5\times10^3}{5\times10^3 + 60 + 120} \times 100 ≒ 96.5[\%]$

예제 2 50[kVA], 2200/110[V], 철손 500[W], $R_1 = 1.2[\Omega]$, $R_2 = 0.011[\Omega]$ 되는 변압기의 부하 역률 60[%]일 때 정격 2차 전류, 전부하 동손, 정격출력, 전부하 효율[%]을 각각 구하시오.

풀이 정격 2차 전류 $I_2 = \frac{P}{V_2} = \frac{50\times10^3}{110} ≒ 454.5[A]$

2차로 환산한 전저항 $R' = \frac{R_1}{a_2} + R_2 = \frac{1.2}{\left(\frac{2200}{110}\right)^2} + 0.011 ≒ 0.014[\Omega]$이므로

전부하 동손 $P_c = I_2^2 R' = 454.5^2\times0.014 ≒ 2.892[kW]$

정격출력 $P_m = V_2 I_2\cos\theta_2 = 50\times0.6 = 30[kW]$

전부하 효율 $\eta = \frac{V_2I_2\cos\theta_2}{V_2I_2\cos\theta_2 + P_i + P_c} \times 100 = \frac{30}{30\times0.5\times2.892} \times 100 ≒ 89.8[\%]$

예제 3 5[kVA] 단상변압기의 무유도 전부하에 있어서 동손은 120[W], 철손은 80[W]이다. 전부하의 $\frac{1}{2}$되는 무유도 부하에서의 효율[%]을 구하시오.

풀이 $$\eta_{\frac{1}{2}} = \frac{V_2 I_2 \cos\theta_2}{V_2 I_2 \cos\theta_2 + P_i + P_c} \times 100 = \frac{5\times10^3 \times \frac{1}{2}}{5\times10^3 \times \frac{1}{2} + 80 + 120\times(\frac{1}{2})^2} \times 100$$

$$= \frac{2500}{2500+80+30} \times 100 \fallingdotseq 95.8[\%]$$

예제 4 150[kVA] 단상변압기의 철손이 1[kW], 전부하 동손이 4[kW]이다. 이 변압기의 최대 효율은 몇 [kVA]의 부하에서 나타나는지 구하시오.

풀이 최대 효율 η_m은 동손=철손일 때 발생하며 철손은 항상 일정하고 동손은 부하전류의 제곱에 비례한다. 따라서 철손을 P_i, 동손을 P_c라 하면 최대 효율은 $P_i = P_c$일 때이므로 부하가 m배가 되면 η_m은 $m^2 P_c = P_i$가 된다.

$$\therefore\ m = \sqrt{\frac{P_i}{P_c}} = \sqrt{\frac{1}{4}} = 0.5$$

즉, 1/2 부하시 150×0.5=75[kVA]에서 최대 효율이 된다.

익 힘 문 제

1. 변압기 내의 축적된 가스, 기름의 흐름, 압력을 검출하는 계전기는?

① 과전류계전기　　② 기계적 계전기
③ 차동 전류계전기　　④ 비율 차동계전기

정답 ②

풀이 기계적 보호장치에는 부흐홀쯔 계전기, 충격 압력계전기가 있다.

2. 송유 풍랭식 특별 고압용 변압기의 송풍기가 생길경우에 어느 보호장치가 필요한가?

① 경보장치　　② 자동차단장치
③ 전압계전기　　④ 속도조정장치

정답 ①

3. 변압기의 층간단락이나 지락사고나 상단락을 보호하기 위하여 주로 무슨 계전기가 사용되는가?

① 비율차동계전기　　② 거리계전기
③ 방향계전기　　④ 영상계전기

정답 ①

풀이 비율차동계전기 : 변압기 내부에서 단락이나 지락사고 발생시 불평형 전류차를 감지하여 동작하는 계전기이다.

4. 차동계전기의 동작요소는?

① 양쪽 전압차　　② 정상전압과 역상전압의 차
③ 양쪽 전류의 차　　④ 정상전류와 역상전류의 차

정답 ③

풀이 차동계전기 : 입력전과 출력 전류간의 차이가 일정값 이상이 되면 동작하는 계전기

5. 3권선 변압기의 3차 권선의 용도가 아닌 것은?

① 소내용 전원 공급 ② 제3고조파 제거 역할

③ 승압용에 이용 ④ 조상 설비 접속

정답 ③

풀이 제3권선 변압기 : 1대의 변압기에 3회로의 권선이 감겨진 변압기로서 조상기 설비 및 발·변전소 구내 전원공급용으로 사용된다.

6. 변압기를 Δ결선하면 선전류와 상전류의 관계는?

① 선전류와 상전류는 같다.

② 상전류는 선전류보다 $\sqrt{3}$배 크고, 위상이 30° 늦다.

③ 선전류는 상전류보다 $\sqrt{3}$배 크고, 위상이 30° 늦다.

④ 상전류는 선전류보다 $\sqrt{3}$배 크고, 위상이 30° 빠르다.

정답 ③

7. 변압기의 병렬운전 조건이 아닌 것은?

① 극성이 같을 것. ② 1차 및 2차의 정격전압이 같을 것.

③ 권수비가 같을 것. ④ 퍼센트 임피던스가 다를 것.

정답 ④

풀이 퍼센트 임피던스(%Z)가 같아야 한다.

8. 제3고조파 전류가 나타내는 결선법은?

① Y - Y결선 ② Δ - Y결선

③ Y - Y - Δ결선 ④ Δ - Δ결선

정답 ①

9. 변압기 고장 중에서 특히 지속적 과부하에 의한 과열을 방지하기 위한 계전기는?

① 가스검출계전기 ② 역상계전기

③ 접지계전기 ④ 과전류계전기

정답 ④

풀이 과전류계전기(OCR) : 단락 사고 및 과부하시 과전류를 검출하는 계전기

10. 회전 변류기의 전압제어에 쓰이지 않는 것은?

① 직렬 리액턴스 ② 유도전압조정기

③ 변압기 탭 변환 ④ 계자저항기

정답 ④

11. 변압기의 임피던스 전압이란 어떤 전압을 말하는가?

① 부하시험에서 인가하는 정격전압

② 무부하시험에서 인가하는 정격전압

③ 절연내력시험에서 절연이 파괴되는 전압

④ 정격전류가 흐를 때의 변압기 내의 전압강하 전압

정답 ④

12. 3상 변압기의 병렬운전이 불가능한 결선은?

① $\Delta-\Delta$와 Y－Y ② Y－Δ와 Y－Δ

③ Δ－Y와 Δ－Y ④ Δ－Y와 Y－Y

정답 ④

13. 회전변류기의 직류측 전압을 조정하는 방법이 아닌 것은?

① 동기 승압기에 의한 방법

② 부하시 전압조정 변압기에 의한 방법

③ 직렬 리액턴스를 이용한 방법

④ 여자전류를 조정하는 방법

정답 ④

풀이 회전변류기 : 회전기자형 동기기에 정류자를 조합하여 직류를 만드는 기기이다.

④ 여자전류를 조정하면 역률만 변한다.

14. 변압기의 전압변동률을 작게 하려면 어떻게 해야 하는가?

① 권선의 리액턴스를 작게 한다. ② 권선의 임피던스를 크게 한다.

③ 권수비를 작게 한다. ④ 권수비를 크게 한다.

정답 ①

풀이 전압변동률을 작게 하려면 내부 임피던스(저항, 리액턴스)가 작아야 한다.

15. 철심을 자화할 때 발생하는 자기 점성의 원인은?

① 자화에 따른 발열

② 지구의 변화에 대한 관성

③ 맴돌이 전류에 의한 자화 방해

④ 전자의 전자운동의 감속

정답 ②

풀이 자기 점성 : 어떤 역학적 힘이나 전기장이 없어도 자기장에 따라 전도 유체의 운동이 줄어드는 효과

16. 변압기에 대한 설명으로 잘못된 것은?

① 변압기 호흡작용은 기름의 열화의 원인이 된다.

② 변압기 임피던스 전압이 크면 전압변동은 작다.

③ 변압기 온도상승에 영향이 가장 큰 것은 동손이다.

④ 무부하 시험에서는 고압쪽을 개방하고 저압쪽에 계기를 단다.

정답 ②

풀이 임피던스 전압(V_s)이 크면 전압 변동이 크다.

17. 변압기의 온도상승 시험을 하는데 가장 좋은 방법은?

① 실부하시험법　　② 단락시험법

③ 충격전압시험법　　④ 전전압시험법

정답 ②

풀이 온도상승 시험 : 변압기에 전부하를 연속적으로 가해서 권선이나 오일 등의 온도 상승을 측정한다. 방법으로는 반환부하법이나 단락시험법(단락부하법)이 있다.

18. 단상변압기 2대를 병렬운전하기 위한 조건으로 잘못된 것은?

① 2차 유도기전력의 크기가 같아야 한다.

② 각 변압기의 저항과 리액턴스가 같아야 한다.

③ 2차 권선의 폐회로에 순환전류가 흐르지 않아야 한다.

④ 각 변압기에 흐르는 부하전류가 임피던스에 비례해야 한다.

정답 ④

풀이 각 변압기에 흐르는 부하전류는 임피던스에 반비례한다.

19. 변압기 여자전류의 파형은?

① 파형이 나타나지 않는다. ② 사인파이다.

③ 구형파이다. ④ 왜형파이다.

정답 ④

풀이 여자전류파형 : 제3고주파가 많이 포함되어 있고 자기 포화에 대한 히스테리시스 현상으로 비정현파(왜형파)로 나타난다.

20. 변압기에서 부하전류 및 전압은 일정하고, 주파수만 낮아지면 변압기는 어떻게 되는가?

① 철손이 증가한다. ② 철손이 감소한다.

③ 동손이 증가한다. ④ 동손이 감소한다.

정답 ①

풀이 일정 전압에서 주파수가 감소하면 맴돌이 전류손은 일정하고 히스테리시스손은 증가하여 철손은 증가한다.

제4장

유도기

유도전동기는 여러 가지 전동기 중에서 가장 많이 쓰이는 전동기이다. 그 이유는 쉽게 전원을 얻을 수 있고, 또 전기는 지식이 없는 사람도 쉽게 운전을 할 수 있다. 그리고 구조가 간단하고 값이 저렴하며, 튼튼할 뿐 아니라 고장이 적고 다루기도 쉽기 때문이다. 유도전동기는 정속도 전동기로 부하의 속도 변동이 적은 것이 특징이다.

전동기기는 단상 유도전동기와 3상 유도전동기로 구분하고, 그 용도를 살펴보면, 단상 유도전동기는 선풍기, 냉장고, 펌프 등과 같이 작은 동력을 필요로 하는 곳에 주로 사용되며, 3상 유도전동기는 공장의 공작기계, 양수 펌프, 방적기 등과 같이 큰 기계장치를 움직이는 동력으로 광범위하게 사용되고 있다.

이 장에서는 유도전동기의 원리와 구조, 이론, 특성, 운전방법, 특수 유도 전동기에 대하여 알아보도록 한다.

4.1 유도전동기의 원리 및 구조

1. 유도전동기의 원리

유도전동기(Induction motor)의 원리는 프랑스 과학자인 아라고(Dominique Francois Jean Arago : 1786~1853)가 실험한 아라고의 원판(arago's Disc)에서 출발하고 있다. 이는 그림 4-1과 같은 동이나 알루미늄 원판이 움직이면 플레밍의 오른손법칙에 의한 맴돌이 전류가 흐르게 되므로 원판에 전류가 흐르는 부분에는 플레밍의 왼손 법칙에 따라 자석의 이동 방향과 같은 힘이 발생한다. 자석을 회전시키면 원통 도체에는 전압이 유도되고 맴돌이 전류가 생기는 동시에 이 전류와 자속 사이에 힘이 작용한다. 이 원리에 의하여 회전하는 전동기를 말한다.

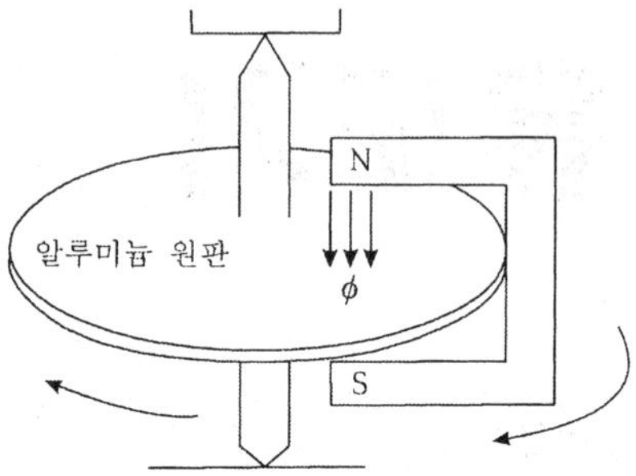

그림 4-1 아라고 원판 원리

2. 회전자계의 발생

유도전동기의 회전자가 큰 회전력으로 회전하려면 자석이 기계적으로 회전하는 대신 전기적으로 회전하는 회전자장이 필요하다. 그 회전자장의 원리에 대하여 알아보고자 한다.

(1) 그림에 의한 회전자계

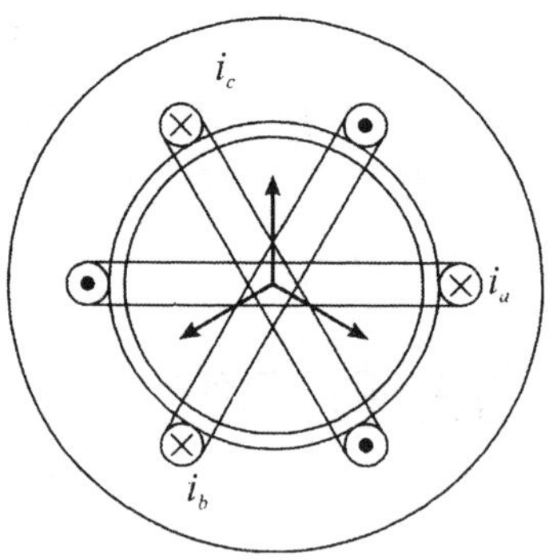

그림 4-2 회전자계

그림 4-2의 대칭 3상 권선에 그림 4-3 (a)와 같은 평행 3상 교류 i_a, i_b, i_c가 흐르면 t_1에서는 $i_a = I_m$, $i_b = i_c = -I_m/2$가 되고, 이것에 의한 각 권선의 기자력 F_a, F_b, F_c는 그림 4-3 (b)와 같이 a상에서는 권선축(a방향)의 정방향에 b, c 상에서는 권선축의 부방향($-b$, $-c$방향)이 된다. 여기서 F_a, F_b, F_c는 정현파

기자력 분포의 최대값으로 $F_a = F_m$, $F_b = \frac{F_m}{2}$, $F_c = \frac{F_m}{2}$ 이다. 이들 3기자력의 공간벡터의 합으로 그림에 나타낸 $F = \frac{3}{2} F_m$이 된다. 이와 같은 것을 t_2, t_3, t_4에 대하여 적용하면 그림 4-3 (b)에 나타낸 것과 같이 F는 시계방향으로 회전한다는 것을 알 수 있다.

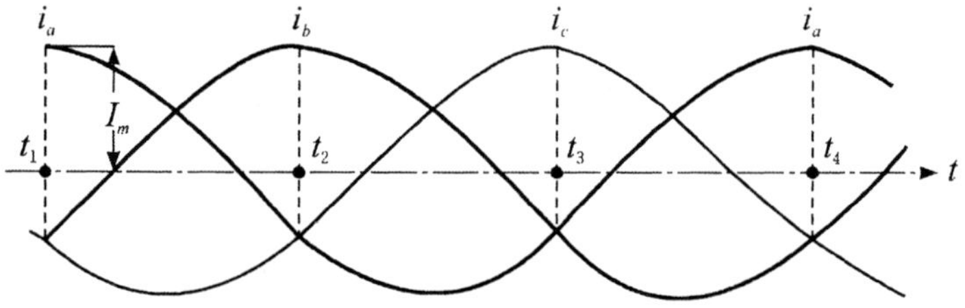

(a)

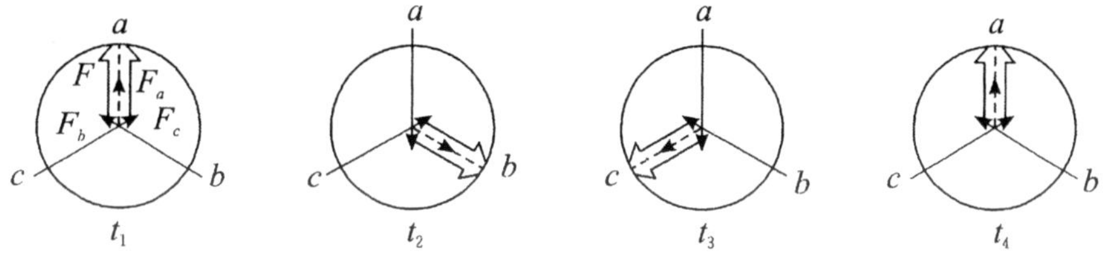

(b)

그림 4-3 3상에 의한 회전자계의 발생

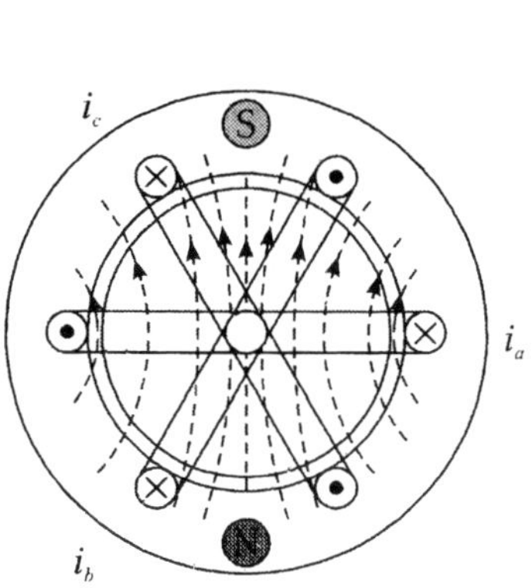

그림 4-4 2극의 자속분포

이상은 권선이 2극인 경우이다. 즉, 그림 4-2에서 i_a가 최대인 순간의 자속분포를 나타내면 그림 4-4와 같이 되어 명백히 2극이 형성되어 있다. 이것에 대하여 그림 4-5 (a)와 같이 권선을 하였다고 하자.

이것에 평형 3상 교류가 흘렀을 때의 자속을 i_a가 최대인 순간에 대하여 그리면 그림 4-5 (b)와 같이 되어 4극이 형성되어 있다.

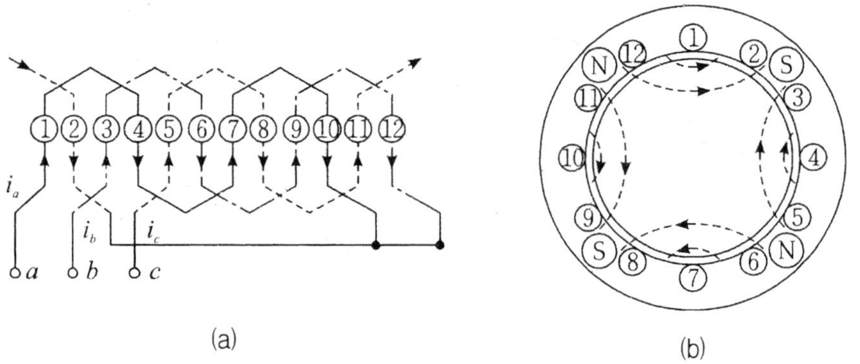

그림 4-5 4극의 자속분포

6극, 8극, … 등도 이것에 준하여 생각할 수 있다. 이와 같이 다극기에서는 극수를 p라 하면 회전자계의 회전수(동기속도) n_s는 다음과 같다.

$$\left.\begin{aligned} n_s &= \frac{2f}{P}\,[\text{rps}]\,(P:\text{극수}) \\ N_s &= \frac{120f}{P}\,[\text{rpm}]\,(P:\text{극수}) \end{aligned}\right\} \qquad (4\text{-}1)$$

이와 같이 3상 대칭권에 평형 3상 교류를 가하면 용이하게 회전자계를 발생할 수가 있으며 이것을 응용한 것이 3상 유도전동기이다.

(2) 수식에 의한 회전자계

그림 4-6과 같이 3개의 코일 I, II, III을 서로 120°씩 띄어서 감고 여기에 각각 $120° = \frac{2}{3}\pi$씩 위상이 다른

$$I_m \sin\omega t,\ I_m \sin\left(\omega t - \frac{2}{3}\pi\right),\ I_m \sin\left(\omega t - \frac{4}{3}\pi\right)$$

3상 교류를 통하면 I코일에 흐르는 전류에 의하여 O점에 생기는 자계는 Ox_1의 방향이 되고, 그 크기는 전류에 비례한다. 이것을

$$H_m \sin \omega t$$

로 표시하면 코일 II에 생기는 자계는 Ox_2를 향하고,

$$H_m \sin\left(\omega t - \frac{2}{3}\pi\right)$$

코일 III에 생기는 자계는 Ox_3의 방향이며,

$$H_m\left(\sin \omega t - \frac{4}{3}\pi\right)$$

가 되어 이들 3개의 자계를 합성한 자계가 O점에 생긴다.

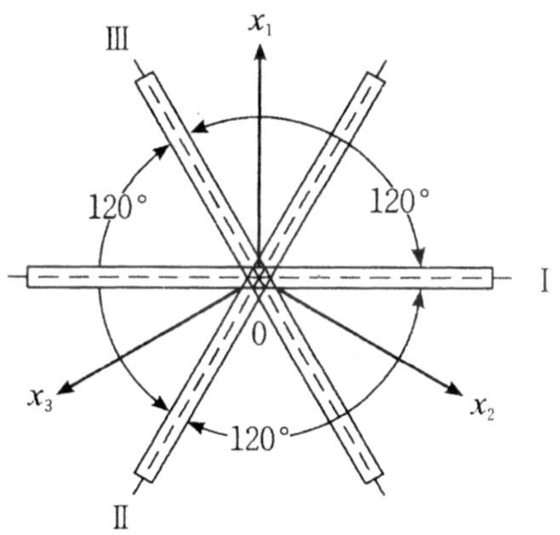

그림 4-6 회전자계의 설명

여기서 이것을 Ox_1의 방향과 Ox_1과 직각방향, 즉 종축과 횡축으로 분해하면 종축에 대하여는

$$H_m \sin \omega t - H_m \sin\left(\omega t - \frac{2}{3}\pi\right)\cos\frac{\pi}{3} - H_m \sin\left(\omega t - \frac{4\pi}{3}\right)\cos\frac{\pi}{3}$$

$$= \frac{3}{2} H_m \sin \omega t$$

횡축방향의 성분은

$$H_m \sin\left(\omega t - \frac{2\pi}{3}\right)\cos\frac{\pi}{6} - H_m \sin\left(\omega t - \frac{4\pi}{3}\right)\cos\frac{\pi}{6}$$
$$= \frac{\sqrt{3}}{2} H_m\left\{\sin\left(\omega t - \frac{2\pi}{3}\right) - \sin\left(\omega t - \frac{4\pi}{3}\right)\right\}$$
$$= \sqrt{3}H_m\cos(\omega t - \pi)\sin\frac{\pi}{3} = -\frac{3}{2}H_m\cos\omega t$$

따라서 O점의 합성자계의 크기는

$$\sqrt{\left(\frac{3}{2}H_m\sin\omega t\right)^2 + \left(\frac{3}{2}H_m\cos\omega t\right)^2} = \frac{3}{2}H_m \qquad (4\text{-}2)$$

이 되며 이것은 t를 포함하지 않았기 때문에 시간과는 관계가 없고 언제나 그 세기가 일정하다.

다음 합성자계와 횡축과의 사이의 각을 θ라 하면

$$\theta = \tan^{-1}\frac{\frac{3H_m}{2}\sin\omega t}{-\frac{3H_m}{2}\cos\omega t} = -\tan^{-1}(\tan\omega t) = -\omega t \qquad (4\text{-}3)$$

즉, 자계는 전류와 같은 주기를 가지고 동기속도로 시계방향으로 회전하고 그 세기는 각 코일이 만드는 최대 자계의 $\frac{3}{2}$배이다.

(3) 회전방향

위의 경우는 권선 II에 권선 III보다 위상이 120° 앞선 전류를 흘렸을 때이다. 만일 이것과 반대로 해서 권선 III에 권선 II보다 120° 앞선 전류를 흘리고 3상 교류의 위상을 I, II, III의 순서로 하면 횡축방향의 자계는 부호가 바뀌어 $\frac{3}{2}H_m\cos\omega t$가 되고, 또 $\theta = \omega t$이므로 회전자계의 회전 방향은 위의 경우와 반대로 반시계방향이 된다.

그러므로 3상 유도전동기는 고정자의 2개의 단자를 바꾸면 회전방향을 반대로 할 수 있다.

예제 1 2극의 경우 60[Hz]의 교류에서 회전자장은 1초 동안에 몇 번 회전하는가?

풀이 $N_s = \frac{120f}{P} = \frac{120\times60}{2} = 3600[\text{rpm}]$ $\quad n_s = \frac{2f}{P} = \frac{2\times60}{2} = 60[\text{rps}]$

4.2 3상 유도전동기의 구조

1. 고정자

고정자는 3상 권선으로 회전자계를 만드는 부분으로서 고정자 틀과 철심 및 권선으로 구성되어 있다. 그림 4-7은 그 예를 나타낸 것이다.

그림 4-7 3상 유도전동기의 고정자

(1) 철심의 강판

철심에는 두께 0.35~0.5[mm]의 규소강판(silicon sheet steel) 또는 자성강판을 성층하여 사용하며 대부분 냉간압연 규소강판이 사용되고 가정 전기기기용 전동기 등에는 소형 전동기용 자성강대가 사용되기도 한다.

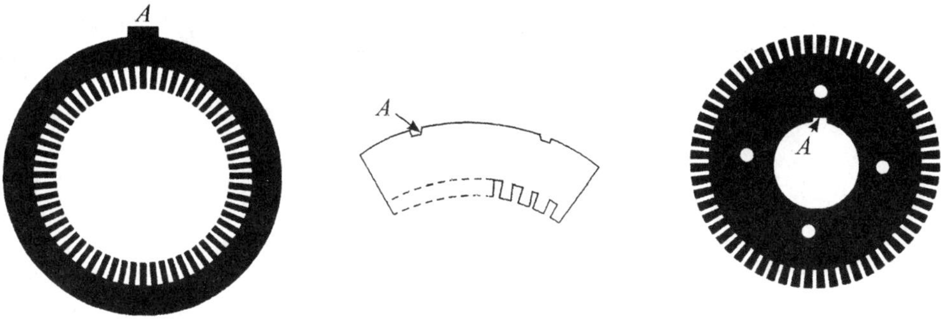

(a) 소형 및 중형 고정자용 (b) 대형 고정자용 (c) 소형 회전자용

그림 4-8 철심의 예

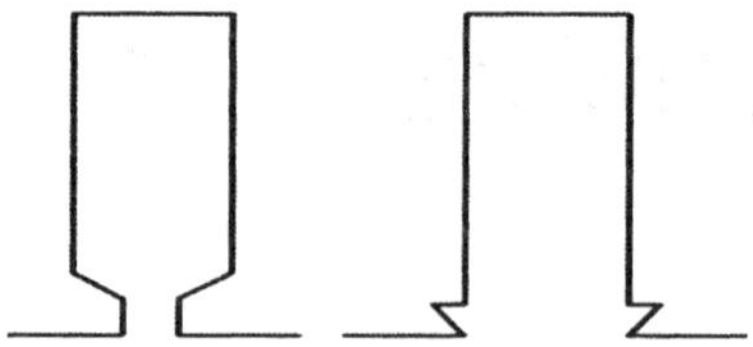

그림 4-9 슬롯의 예

강판은 그림 4-8 (a), (b)와 같이 원형 또는 부채꼴로 프레스하여 그 안쪽에 홈을 만든다. 홈(slot)의 모양에는 일반적으로 저압전동기에서는 그림 4-9와 같이 반폐형(semi closed slot)이 사용되고 고압전동기에서는 개방형(open slot)을 사용한다. 개방형을 사용하면 권선의 절연과 권선을 삽입하는 작업이 쉬우나 전동기의 형태가 다소 커지고 철손과 여자전류가 커지므로 그만큼 효율과 역률이 나빠진다.

(2) 고정자 틀

주철제 또는 연강판을 용접하여 만든 고정자 틀(stator frame)의 안쪽에 그림 4-8 (a)의 A와 같은 키(key) 또는 (b)의 A와 같은 더브테일 슬롯(dovetail slot)을 맞추어서 성층하고 그 양쪽에 죄임쇠를 대고 튼튼하게 조인 후에 고정한다.

성층한 강판의 두께가 큰 경우에는 적당한 간격을 두고 폭 10[mm] 정도의 통풍 덕트(air duct)를 만든다. 또 성층한 철심의 양쪽과 죄임쇠의 사이에도 통풍 덕트를 만든다.

2. 회전자

회전자는 고정자내에서 베어링에 지지되어 회전자계에 끌리어서 회전하는 부분으로 축과 철심 및 권선으로 이루어져 있다. 또, 대형의 것에는 축과 철심 사이에 스파이더가 설치되어 있다.

(1) 철심의 강판

회전자의 철심에는 보통 고정자의 철심과 같은 규소강판을 한 장마다 절연하여 사용한다. 철심의 모양은 소형의 것은 원형이고, 그 외주에 슬롯을 만든다. 중형의 것에서는 주철제의 스파이더를 축에 끼우고 이 스파이더 위에 환상의 철심을 성층하고 대형의 것은 부채꼴의 철심을 스파이더의 위에 성층한다.

통풍 덕트는 고정자와 같이 철심의 양쪽과 중간에 적당한 간격을 두고 설치한다. 대형의 것에서는 축방향으로 통풍구멍을 뚫는 경우도 있다.

(2) 농형 회전자

농형 회전자(squirrel-cage rotor) 철심의 슬롯모양은 반폐 슬롯으로, 그 속에 절연하지 않는 도체(동)를 삽입하고, 철심 밖에서 도체로 된 고리, 즉 단락환(end ring)으로 양단을 용접한다. 소형 전동기에서는 동 대신에 알루미늄 주물로, 슬롯내의 도체, 단락환 및 통풍날개를 하나로 주조한 다이캐스트(die casting) 방법이 사용된다. 그림 4-10은 농형 회전자 모양을 나타낸 것이다.

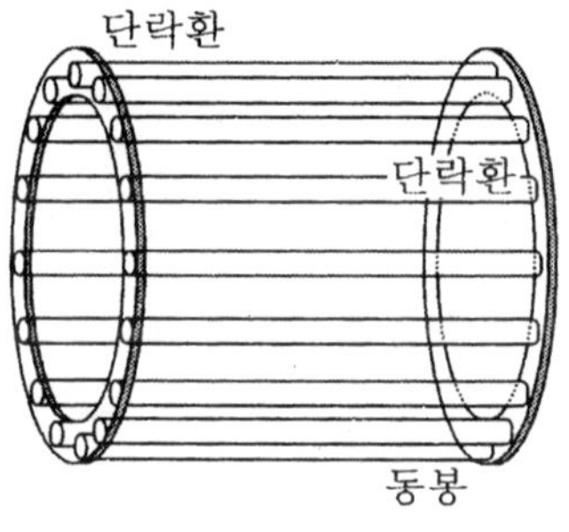

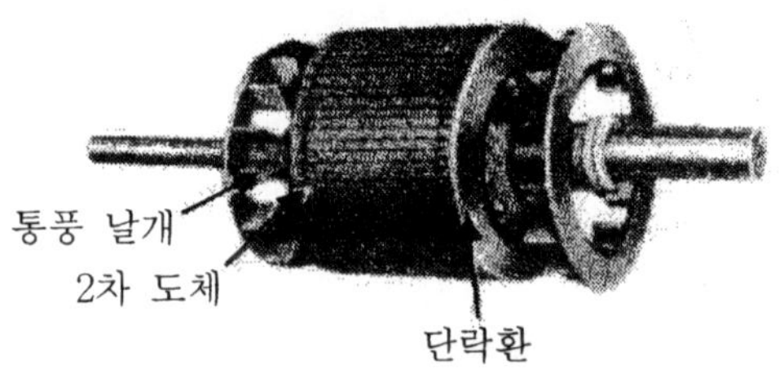

그림 4-10 농형 회전자

(3) 권선형 회전자

권선형 회전자(wound rotor)의 철심의 구조는 고정자와 거의 같으나 슬롯은 반폐형으로서, 고정자가 만드는 자극과 같은 수의 자극이 이루어지도록 3상 권선을 한다.

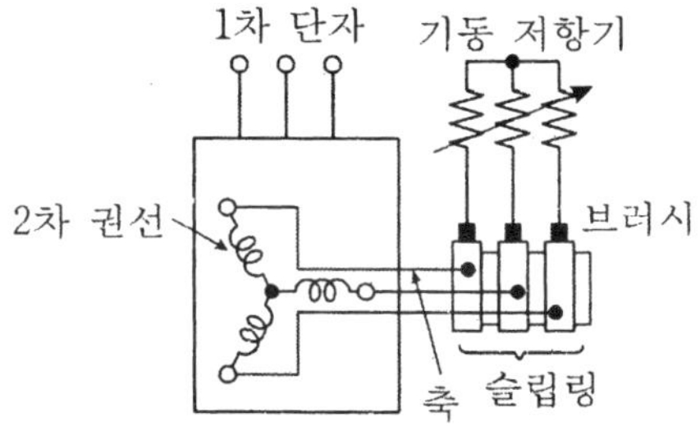

그림 4-11 회전자 권선과 슬립링

그림 4-12 권선형 회전자

보통 회전자 권선에는 큰 전류가 흐르기 때문에 평각 동선을 바니시 클로드 테이프(vanish cloth tape)와 면 테이프로 절연한 것이 많이 사용된다. 코일단에는 원심력이나 충격에 대한 변형을 막기 위하여 바인드(bind)를 한다. 권선은 주로 2층 파권이고, 3상의 결선은 보통 Y결선이지만 극수가 많고 대형인 것에서는 Δ결선도 사용된다.

권선형 회전자의 3상 권선의 세 단자는 그림 4-11과 같이 절연하여 축 위에 설치한 3개의 슬립 링(slip ring)에 접속하고, 여기에 접촉하는 브러시를 통하여 외부에 있는 기동용 가감 저항기에 접속되어 있다. 따라서 권선형 회전자는 슬립 링을 단락하는 경우 외에는 저항기를 통해서 폐회로를 이루고 있다. 그림 4-12는 권선형 회전자의 모양을 나타낸 것이다.

(4) 공 극

유도전동기의 고정자와 회전자와의 사이에는 작은 공극(air gap)이 있다. 1차권선의 기자력에 의해서 생기는 회전자계의 자로는 반드시 이 공극을 통하여 폐회로를 이루고 있다. 보통 공기의 자기저항은 철심에 비하여, 매우 크므로 공극을 되도록 작게 하지 않으면 여자전류가 많이 흘러 전동기의 역률이 매우 낮아진다. 따라서 이 공극은 보통 0.3~2.5[mm] 정도로 한다.

(5) 농형 회전자와 권선형 회전자의 비교

농형은 권선형에 비해서 구조가 간단하고, 튼튼하며, 취급이 쉽고, 효율이 좋다. 또, 보수도 용이하다는 이점이 있어 소형, 중형의 전동기로 널리 사용된다. 그러나 속도조정이 곤란하고, 대형이 되면, 기동이 곤란해서 중형과 대형에는 권선형이 많이 사용된다.

예제 1 규소 강판을 포개서 성층한 철심으로 하는 이유를 설명하시오.

풀이 철심을 성층하는 이유는 맴돌이 전류와 히스테리시스에 의한 손실을 적게 하기 위해서이다.

예제 2 농형 회전자의 홈을 비뚤게 하는 이유는 무엇인지 기술하시오.

풀이 홈을 비뚤어지게 하는 이유는 기동의 특성과 소음을 경감시키기 위해서이다. 회전자의 홈은 보통 1개의 홈피치만큼 축에서 경사지게 파져 있다.

4.3 3상 유도전동기 이론

유도전동기는 동기전동기 구조와 비교할 때, 고정자 구조는 동일한 형태이나 회전자 구조에서 자극을 제외한 순수 제동권선(Amortisseur windings)만으로 이루어진 모델로 고려될 수 있다. 이러한 유도전동기의 구조는 앞 절에서 아라고의 원판의 동작 원리와 동일하게 고정자와 회전자간의 속도 차이에 의한 유기기전력의 발생이 기본 전제 조건으로 언급될 수 있다.

1. 동기속도와 슬립

고정자에서 발생하는 회전자계는 3상 전원에 의한 전류의 주파수와 동기화되어 회전함에 따라 동기속도로 나타낼 수 있다.

$$N_s = \frac{120f}{P}\,[\mathrm{rpm}]$$

이러한 회전자계 자극의 회전속도, 즉, 동기속도는 유도전동기의 회전자와 상대적인 속도에 의하여 회전자 권선에 유기기전력을 만들게 된다. 이에 따라, 유도전동기는 회전자 전압 및 전류에 의하여 토크를 발생시켜 회전하게 되는데, 이러한 과정에서 동기속도 N_s와 전동기 회전자 속도 N과의 차, 즉 $N_s - N$과 동기속도 N_s와의 비를 슬립(slip)으로 정의될 수 있다.

$$s = \frac{\text{동기 속도} - \text{회전자 속도}}{\text{동기속도}} = \frac{N_s - N}{N_s} \tag{4-4}$$

결국, 슬립(Slip) s는 전동기의 회전속도를 나타내는 상수로 고정자 회전자계와 회전자의 상대속도를 동기속도 기준으로 나타내는 물리량으로 인식될 수 있으며, 경우에 따라 백분율로 표시되어 **퍼센트 슬립**(Percent Slip)이라고도 한다.

슬립은 3상 유도전동기의 회전 속도를 나타내는 한 방법이 되며, s가 커지면 회전자의 속도는 감소하고, s가 작아지면 회전자의 속도는 증가한다.

전동기 회전자가 정지해 있을 때에는 $s = 1$이 되고, 동기속도로 회전한다고 하면 $s = 0$이 된다. 또한, 전부하에서의 전동기 슬립은 소형 전동기의 경우는 5~10[%], 중형 및 대형 전동기의 경우는 2.5~5[%]정도가 된다. 그러므로 전동기 슬립의 범위는 $0 < s < 1$이라는 것을 알 수 있다.

(1) 전동기 속도(회전자 속도)

슬립의 식에서 $s=\dfrac{N_s-N}{N_s}$ 이므로

정리를 하면 $sN_s=N_s-N$식이 되며, 이를 상대속도로 나타낼 수 있다.

그러므로 전동기 속도, 즉 회전자 속도는 다음 식으로 나타낸다.

$$N=(1-s)N_s=(1-s)\frac{120f}{p}\text{[rpm]} \tag{4-5}$$

(2) 전동기 역회전시 슬립

전동기 역회전(전동기 제동)시 슬립을 s'라면 전동기를 역회전시키는 회전자 속도를 $-N$이라 할 수 있다. 슬립의 식을 이용하면 s'는 다음과 같이 나타낼 수 있다.

$$s'=\frac{N_s-(-N)}{N_s}=\frac{N_s+N}{N_s} \tag{4-6}$$

그러므로 제동기의 슬립의 범위는 $1<s<2$이다.

예제 1 4극의 유도전동기가 있다. 이 전동기에 60[Hz]의 전원을 가했을 때의 동기 속도를 구하시오.

풀이 $N_s=\dfrac{120f}{P}=\dfrac{120\times60}{4}=1800\text{[rpm]}$

예제 2 회전자 속도가 0 또는 동기 속도이면 슬립은 얼마인지 구하시오.

풀이 $s=\dfrac{N_s-N}{N_s}\times100$

① 회전속도 $=0$일 때 $s=\dfrac{N_s-0}{N_s}\times100=\dfrac{N_s}{N_s}\times100=100[\%]$

② 회전속도 $=N_s$일 때 $s=\dfrac{N_s-N_s}{N_s}\times100=\dfrac{0}{N_s}=0[\%]$

2. 1차, 2차 유도기전력

(1) 전동기 정지시 유도기전력

(가) 1차 유도기전력

1차 권선에 여자전류가 흐르면 1차 권선과 2차 권선에 각각 기전력이 유도되는 관계는 변압기의 경우와 같으며 1차 유도기전력 E_1은

$$E_1 = 4.44\, k_1 n_1 f_1 \Phi [\text{V}] \tag{4-7}$$

여기서 f_1는 공급전압의 주파수(1차 주파수)[Hz], n_1는 1차 1상 권선의 권수, k_1은 1차 권선의 권선계수, Φ는 1극의 평균자속[Wb]이다.

이 전압 E_1은 전동기의 역기전력이기 때문에 단자전압 V_1에서 1차 임피던스에 의한 전압 강하를 벡터적으로 감소시킨 것과 평형을 유지한다.

(나) 2차 유도기전력

회전자가 정지하고 있을 때는 회전자계가 1차 권선을 자르면 동일한 속도로 2차 권선을 자르기 때문에 2차 유도기전력 E_2는 다음과 같이 E_1과 같은 형식으로 표시된다.

$$E_2 = 4.44\, k_2 n_2 f_1 \Phi [\text{V}] \tag{4-8}$$

여기서 k_2는 2차 권선의 권선계수, n_2는 2차 1상 권선의 권수이다.

(다) 권선비

식 (4-7)과 식 (4-8)의 비를 취하면

$$\frac{E_1}{E_2} = \frac{4.44 k_1 n_1 f_1 \Phi}{4.44 k_2 n_2 f_1 \Phi} = \frac{k_1 n_1}{k_2 n_2} = a \tag{4-9}$$

즉, 유도전동기의 1차 권선과 2차 권선에 유도되는 기전력의 비는 권선과 권선계수의 곱에 대한 비와 같으며 이것은 a로 표시되고 **권선비**라고 한다.

(2) 전동기 운전시 유도기전력

(가) 2차 유도기전력 및 2차 주파수

회전자가 슬립 s로 회전하고 있는 경우에 2차 도체와 회전자계의 상대속도는 식 $N_s-N=sN_s$와 같이 회전자가 정지하고 있을 때의 s배이기 때문에, 이런 경우에 대한 2차 유도기전력 E_{2s} 및 주파수 f_{2s}는 다음과 같이 정지할 때의 s배가 된다.

$$E_{2s}=sE_2,\ f_{2s}=sf_1 \tag{4-10}$$

2차 주파수 f_{2s}는 슬립주파수(slip frequency)라고도 한다.

(나) 2차 전류와 2차 역률

지금 $r_2[\Omega]$을 2차 권선 1상의 저항, $x_2[\Omega]$을 전동기가 정지하고 있을 때의 2차 권선 1상의 리액턴스라고 하면, 전동기가 슬립 s로 회전하고 있을 때에 2차 권선 1상의 리액턴스 $x_{2s}[\Omega]$ 및 2차 권선 1상의 임피던스 $Z_{2s}[\Omega]$은 다음과 같이 된다.

$$\left.\begin{aligned} x_{2s}&=sx_2[\Omega] \\ Z_{2s}&=r_2+jsx_2[\Omega] \end{aligned}\right\} \tag{4-11}$$

따라서 전동기가 슬립 s로 운전하고 있을 때의 2차 전류 I_2[A]는

$$I_2=\frac{E_{2s}}{Z_{2s}}=\frac{sE_2}{\sqrt{r_2{}^2+(sx_2)^2}}=\frac{E_2}{\sqrt{\left(\frac{r_2}{s}\right)^2+x_2{}^2}}[\mathrm{A}] \tag{4-12}$$

$$\left.\begin{aligned} \theta_2&=\tan^{-1}\frac{sx_2}{r_2} \\ \cos\theta_2&=\frac{r_2}{\sqrt{r_2{}^2+(sx_2)^2}} \end{aligned}\right\} \tag{4-13}$$

3. 등가회로

유도전동기의 고정자와 회전자의 전압, 전류 및 자속은 변압기의 1차, 2차의 전압 전류 및 자속의 관계와 같음은 앞에서 설명하였다.

다만, 변압기의 주자속은 교번자속인데 유도전동기의 주자속은 회전자속이라는 점이 다를 뿐이다.

일반적으로 어떤 복잡한 전기회로의 단자에 교류전압 V를 가했을 때 흐르는 전류가 I라면

$$\dot{Z}=\frac{\dot{V}}{\dot{I}}$$

를 그 회로의 **등가 임피던스**라 한다. 등가 임피던스를 쓰면 복잡한 전기회로를 보다 더 간단한 회로로 고칠 수 있는데, 이러한 회로를 **등가회로**라 한다.

여기서 3상 유도전동기의 고정자 단자전압 V_1과 고정자 전류 I_1에 대한 등가회로(1상에 대한)를 구해보면

$$\frac{m_1}{m_2}=u,\ \frac{K_{w1}n_1}{K_{w2}n_2}=a,\ \frac{\dot{E}_1{}'}{\dot{I}_0}=\text{여자 임피던스}=\dot{Z}_0$$

라 놓으면

$$\dot{I}_1=\dot{I}_0+\dot{I}_1{}'=\dot{I}_0+\left(-\frac{\dot{I}_2}{ua}\right)=\dot{I}_0+\left(-\frac{1}{ua}\cdot\frac{s\dot{E}_2}{r_2+jsx_2}\right)$$

$$=\dot{I}_0+\frac{1}{ua^2}\cdot\frac{s\dot{E}_1{}'}{r_2+jsx_2}$$

$$=\dot{E}_1{}'\left[\frac{1}{\dot{Z}_0}+\frac{1}{ua^2\left(\frac{r_2}{s}+jx_2\right)}\right]$$

우선 1차 저항과 리액턴스를 무시하면 $\dot{V}_1=\dot{E}_1{}'$이므로

$$\text{등가 임피던스 } \dot{Z}=\frac{\dot{V}_1}{\dot{I}_1}=\frac{\dot{E}_1{}'}{\dot{I}_1}=\frac{1}{\frac{1}{\dot{Z}_0}+\frac{1}{ua^2\left(\frac{r_2}{s}+jx_2\right)}} \tag{4-14}$$

이 식에서 Z는 임피던스 Z_0와 임피던스 $ua^2\left(\frac{r_2}{s}+jx_2\right)$가 병렬로 접속된 회로의 합성 임피던스이다. 따라서 등가회로는 그림 4-13 (a)와 같이 된다.

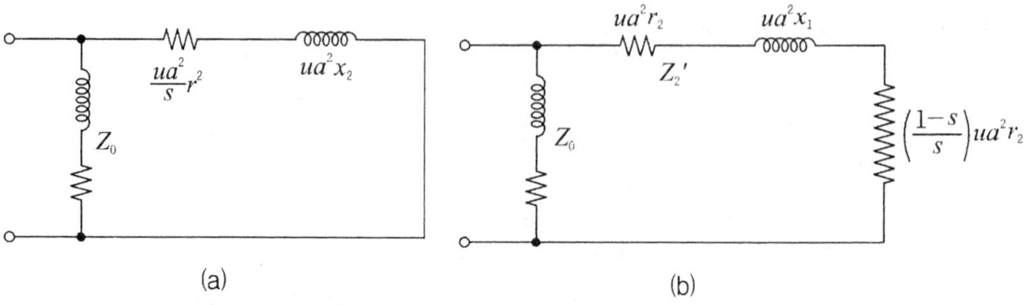

그림 4-13

또, $\frac{1}{s}=1+\frac{1-s}{s}$ 이므로 이것을 그림 4-13 (b)와 같이 고쳐 그려도 된다.

(r_2+jx_2)는 2차가 정지하고 있을 때의 임피던스이므로 이것을 Z_2라고 표시하면 ua^2Z_2는 변압기에서 배운 바와 같이 1차측에 환산한 2차 임피던스이다.

이것을

$$\dot{Z}_2{}'=r_2{}'+jx_2$$

라 놓으면

$$\left.\begin{aligned}\dot{Z}_2{}'&=ua^2\dot{Z}_2=\frac{m_1}{m_2}a^2\dot{Z}_2\\ r_2{}'&=\frac{m_1}{m_2}a^2r_2,\ x_2{}'=\frac{m_1}{m_2}a^2x_2\end{aligned}\right\}\qquad(4\text{-}15)$$

그런데 1차 권선의 임피던스를 고려하면

$$\dot{V}_1=\dot{E}_1{}'+\dot{I}_1\dot{Z}_1$$

이므로

$$\frac{\dot{V}_1}{\dot{I}_1}=\frac{\dot{E}_1}{\dot{I}_1}+\dot{Z}_1$$

이 되어 그림 4-14의 등가회로에 $\dot{Z}_1=r_1+jx_1$을 직렬로 접속한 그림 (a)와 같은 등가회로가 된다.

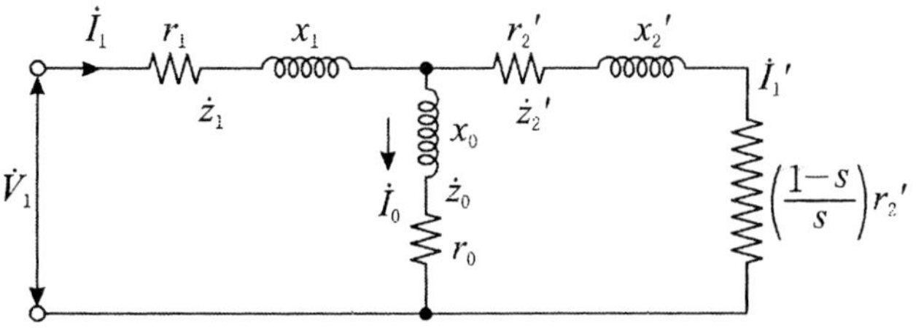

(a)

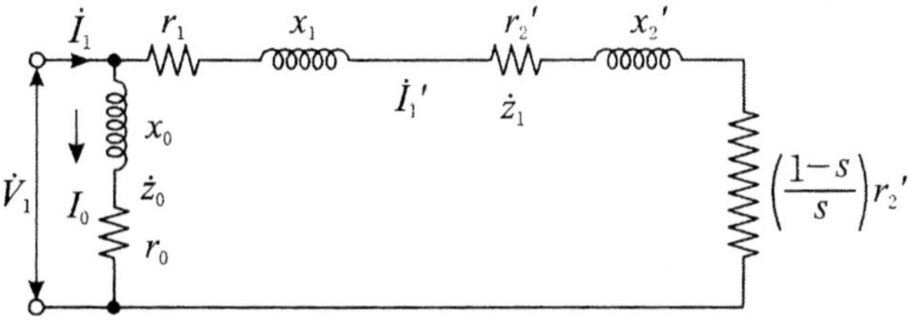

(b)

그림 4-14

이것이 3상 유도전동기의 정확한 등가회로이지만 이 회로를 그대로 취급하기는 불편하므로 여자전류의 1차 임피던스 전압강하를 무시하고 $\dot{Z}_0$를 $\dot{Z}_1$의 왼쪽으로 옮긴 그림 4-14의 (b)와 같은 간이등가회로가 일반적으로 많이 쓰인다. 그러나 변압기에서는 $\dot{I}_0$가 극히 적지만 유도전동기에서는 공극이 있으므로 여자전류가 큰 값이 되기 때문에 $\dot{I}_0$에 의한 1차 임피던스 강하를 무시하는 것은 오차가 생기기 쉽다. 간이등가회로를 사용하는 경우에는 이 점에 주의하여야 한다.

또 여자 임피던스 대신 여자 어드미턴스

$$\dot{Y}_0 = \frac{1}{\dot{Z}_0} = g_0 - jb_0 \tag{4-16}$$

를 써서 등가회로를 표시하는 경우가 많은데 이것을 그림 4-15에 표시하였다.

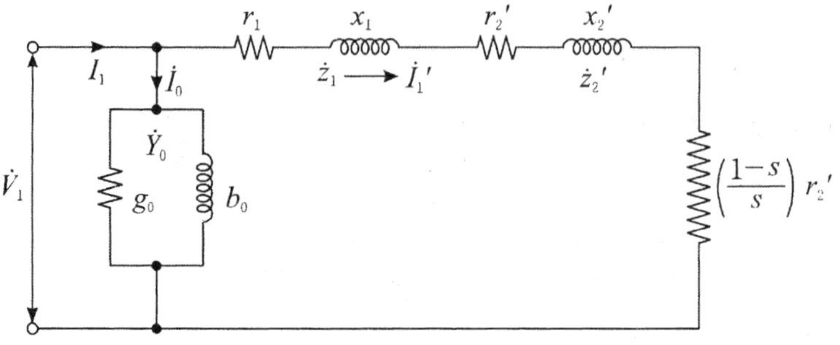

그림 4-15

4. 유도전동기의 전력변환

유도전동기에서 공급되는 1차 입력의 대부분은 2차 입력으로 되고, 2차 입력의 일부는 주로 2차 저항손이 되어서 없어지며, 나머지의 대부분은 기계적인 출력으로 된다. 다음에 이들 여러 전력이 슬립 s와 어떤 관계가 있는지 알아보기로 한다.

(1) 1차 입력, 1차 동손, 철손

유도전동기의 운전 상태에 대한 전압과 전류 및 자속의 관계를 벡터도로 그리면 $\dot{E}_1$의 정방향을 반대로 하면 그림 4-16과 같이 된다.

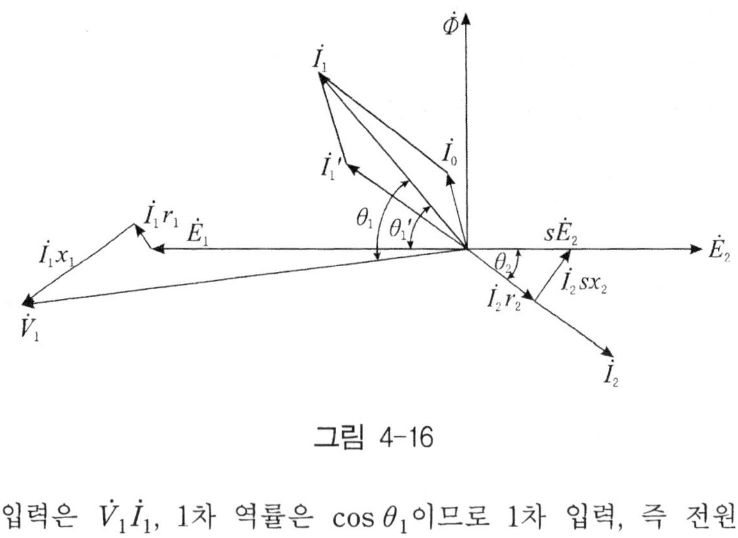

그림 4-16

1차 피상입력은 $\dot{V}_1 \dot{I}_1$, 1차 역률은 $\cos\theta_1$이므로 1차 입력, 즉 전원에서 유도전동기에 공급되는 전력 P_1'는

$$P_1' = \dot{V}_1 \dot{I}_1 \cos\theta_1 \tag{4-17}$$

그런데 이 전력 중에서

$$P_{c1}' = \dot{I}_1^{\,2} r_1 \tag{4-18}$$

은 1상의 1차 권선 저항손이므로 이것을 뺀 나머지는

$$\dot{E}_1 \dot{I}_1 \cos\theta_1' \tag{4-19}$$

이 된다. 그런데 $\dot{I}_0$의 유효분 $\dot{I}_i$와 $\dot{E}_1$과의 곱

$$P_i' = \dot{E}_1 \dot{I}_i \tag{4-20}$$

는 1상의 철손이므로 이것을 뺀 나머지

$$P_2' = \dot{E}_1 \dot{I}_1' \cos\theta_2 \tag{4-21}$$

가 전자유도작용에 의하여 고정자에서 회전자에 전달되는 1상의 전력이다.

여기서 고정자 상수를 m_1이라 하면 고정자 입력 P_1은

$$P_1 = m_1 P_1' = m_1 \dot{V}_1 \dot{I}_1 \cos\theta_1 \tag{4-22}$$

이 된다.

$m=3$의 경우에는 선간공급전압을 $\dot{V}$, 선로전류를 $\dot{I}$라 하면

Y결선에서는 $\dot{V}_1 = \dfrac{\dot{V}}{\sqrt{3}}$, $\dot{I}_1 = \dot{I}$

Δ결선에서는 $\dot{V}_1 = \dot{V}$, $\dot{I}_1 = \dfrac{\dot{I}}{\sqrt{3}}$

가 되므로 고정자 입력은 다음과 같이 된다.

$$P_1 = 3\dot{V}_1 \dot{I}_1 \cos\theta_1 = \sqrt{3}\,\dot{V}\dot{I}\cos\theta_1 [\mathrm{W}] \tag{4-23}$$

(2) 2차 입력, 2차 동손, 기계적 출력

1상의 회전자 입력(rotor input) 또는 2차 입력(secondary input) P_2'는 식 (4-21)에 의하여

$$P_2' = \dot{E}_1 \dot{I}_1' \cos\theta_2 \tag{4-24}$$

그런데 $P_2{}'$는 고정자에 환산한 1상의 회전자 입력이므로 고정자와 회전자의 상수를 m_1, m_2, 회전자 전압전류로 표시한 1상의 입력을 $P_2{}''$라 하면

식 (4-9)에 의하여

$$P_2{}'' = \frac{m_1}{m_2} P_2{}' = \frac{m_1}{m_2} \dot{E}_1 \dot{I}_1{}' \cos\theta_2 = \frac{m_1}{m_2} a\dot{E}_2 \cdot \left(\frac{m_2}{m_1} \cdot \frac{1}{a} \dot{I}_2\right) \cos\theta_2$$

$$= \dot{E}_2 \dot{I}_2 \cos\theta_2$$

따라서 회전자 입력 P_2는 다음과 같이 된다.

$$P_2 = m_2 P_2{}'' = m_2 \dot{E}_2 \dot{I}_2 \cos\theta_2 \tag{4-25}$$

다음 1상의 2차 동손 $P_{c2}{}'$는

$$P_{c2}{}' = \dot{I}_2{}^2 r_2 = s\dot{E}_2 \dot{I}_2 \cos\theta_2 \tag{4-26}$$

이다. 그러므로 1상의 회전자 출력 P'는

$$P' = P_2{}'' - P_{c2}{}' = (1-s)\dot{E}_2 \dot{I}_2 \cos\theta_2 = (1-s)P_2{}'' \tag{4-27}$$

따라서 회전자 전체의 출력 P는

$$P = m_2 P' = (1-s) m_2 P_2{}'' = (1-s)P_2 \tag{4-28}$$

또 2차 전체 동손은

$$P_{c2} = m_2 s\dot{E}_2 \dot{I}_2 \cos\theta_2 = sP_2 \tag{4-29}$$

이들 관계식으로부터 다음의 관계가 있음을 알 수 있다.

$$s = \frac{P_{c2}}{P_2} \left(= \frac{\text{2차 동손}}{\text{2차 입력}}\right) \tag{4-30}$$

$$\frac{N}{N_s} = (1-s) = \frac{P}{P_2} \left(= \frac{\text{2차 출력}}{\text{2차 입력}}\right) \tag{4-31}$$

또는 2차 동손 : 2차 입력 : 2차 출력은 $P_2 : sP_2 : (1-s)P_2$이므로 다음과 같이 나타낼 수 있다.

$$1 : s : (1-s) \tag{4-32}$$

(3) 2차 입력과 회전력 사이의 관계, 동기와트

1분간의 속도 N에서의 회전자의 출력 P는

$$P = 2\pi \cdot \frac{N}{60} \cdot T[\mathrm{W}] \tag{4-33}$$

따라서

$$T = \frac{60}{2\pi}\frac{P}{N}[\mathrm{N \cdot m}]$$

$$= \frac{60}{9.8 \times 2\pi}\frac{P}{N} = 0.975\frac{P}{N}[\mathrm{kg \cdot m}] \tag{4-34}$$

그런데 식 (4-31)에 의하여

$$P = \frac{N}{N_s}P_2 \tag{4-35}$$

가 되므로

$$T = \frac{60}{2\pi}\frac{P_2}{N_s}[\mathrm{N \cdot m}] \tag{4-36}$$

$$= \frac{60}{9.8 \times 2\pi}\frac{P_2}{N_s} = 0.975\frac{P_2}{N_s}[\mathrm{kg \cdot m}] \tag{4-37}$$

즉 토크는 2차 입력에 정비례하고 동기속도에 반비례한다. 그런데 동기속도는 일정하므로 T와 P_2는 비례한다.

따라서 2차 입력 P_2로 토크 T를 표시할 수도 있다. 이렇게 표시한 토크를 동기와트로 표시한 토크라 하는데, 유도전동기의 토크는 **동기와트**(synchronous watt)로 표시하는 경우가 많다.

즉, 동기와트로 표시한 토크 P_2는

$$P_2 = 1.207 \times \text{동기속도} \times (\text{[kg · m]로 표시한 토크}) \tag{4-38}$$

반대로 [kg · m]로 표시한 토크 T는

$$T = (0.975 \times \text{동기와트로 표시한 토크}) \div (\text{동기속도}) \tag{4-39}$$

예제 1 200[V], 50[Hz], 8극 15[kW]의 3상 유도전동기의 전류 회전수가 720[rpm]이면 이 전동기의 2차 동손[W]은?

풀이 $N_s = \frac{120f}{p} = \frac{120 \cdot 50}{8} = 750$

$s = \frac{N_s - N}{N_s} = \frac{750 - 720}{750} = 0.04$

$P_0 = (1-s)P_2 = \frac{1-s}{s} P_{c2}$

$\therefore\ P_{c2} = \frac{s}{1-s} P_0 = \frac{0.04}{1-0.04} \times 15 \times 10^3 = 625[\text{W}]$

예제 2 200[V], 60[Hz], 4극 20[kW]의 3상 유도전동기가 있다. 전부하일 때의 회전수가 1,728[rpm]이라 하면 2차 효율[%]은?

풀이 $N_s = \frac{120}{P} f = \frac{120}{4} \times 60 = 1,800[\text{rpm}]$

$\therefore\ \eta_2 = (1-s)\frac{N}{N_s} = \frac{1,728}{1,800} = 0.96$

예제 3 60[Hz], 4극 유도전동기의 슬립이 5[%]이고 2차 손실이 100[W]이다. 이때의 토크 [N·m]는?

풀이 $N_s = \frac{120f}{p} = \frac{120 \times 60}{4} = 1,800[\text{rpm}]$

$\therefore\ T = \frac{P_2}{\omega_s} = \frac{P_{c2}/S}{2\pi \frac{N_s}{60}} = \frac{100/0.05}{2\pi \frac{1,800}{60}} \fallingdotseq 10.615[\text{N} \cdot \text{m}]$

예제 4 4극, 60[Hz]인 3상 유도전동기를 입력 100[kW], 효율 90[%]로 정격운전할 때의 토크 [kg·m]는?

풀이 $N_s = \frac{120f}{p} = \frac{120 \times 60}{4} = 1,800[\text{rpm}]$

출력=효율×입력, $P = 0.9 \times 100 = 90[\text{kW}]$

$\therefore\ T = 0.975 \times \frac{P}{N} = 0.975 \times \frac{90 \times 10^3}{1,800} = 48.75[\text{kg} \cdot \text{m}]$

4.4 3상 유도전동기의 특성

1. 속도특성

앞에서 배운 바와 같이, 유도전동기에서 슬립 s는 매우 중요한 것임을 알았다. 즉, 1차 전류, 2차 전류, 회전력, 기계적 출력, 역률, 효율 등을 나타내는 식은 모두 슬립 s의 함수로 표시된다.

1차 전압을 일정하게 유지하고 슬립 또는 속도에 대하여 이들의 변화하는 상태를 나타내는 곡선을 **속도특성곡선**(speed characteristic curve)이라고 하고, 그림 4-17은 이들의 관계를 나타낸 것이다.

(1) 슬립과 전류의 관계

2차 전류 I_2는 식 (4-12)에서 다음과 같이 된다.

$$I_2 = \frac{sE_2}{\sqrt{{r_2}^2 + (sx_2)^2}}$$

이 식에서, r_2는 2차 권선의 저항으로 일반적으로 이 값은 매우 작다. 또, 전동기가 기동하는 순간에는 그 속도가 매우 낮기 때문에 슬립은 거의 $s \fallingdotseq 1$이고 또 x_2는 보통 r_2에 비해서 매우 큰 값이기 때문에 $(sx_2)^2 \gg {r_2}^2$이다. 따라서 $(sx_2)^2$에 대해서 ${r_2}^2$을 무시하면 $I_2 \fallingdotseq \frac{E_2}{x_2}$로 된다. 이와 같은 관계로부터 $s \fallingdotseq 1$ 부근에서는 I_2는 s에 관계없이 거의 일정하다고 생각하여도 무방하다. 다음에 $s \fallingdotseq 0$ 부근에서는 $(sx_2)^2$는 매우 작으므로 ${r_2}^2$에 대하여 이것을 무시하면, $I_2 \fallingdotseq \frac{sE_2}{r_2}$로 되어, I_2는 거의 s에 비례하게 된다.

1차 전류와 2차 전류 사이에는 $I_1' = \frac{I_2}{ua}$, $I_1 = I_0 + I_1'$라는 일정한 관계가 있으므로 s와 I_1의 관계는 s와 I_2의 관계와 거의 비슷하다. 따라서 s에 대한 1차 전류의 곡선은 그림 4-17의 곡선 1과 같이, $s \fallingdotseq 0$부근에서는 s에 비례하는 곡선이 되고, $s \fallingdotseq 1$ 부근에서는 s에 거의 관계없는 직선이 된다.

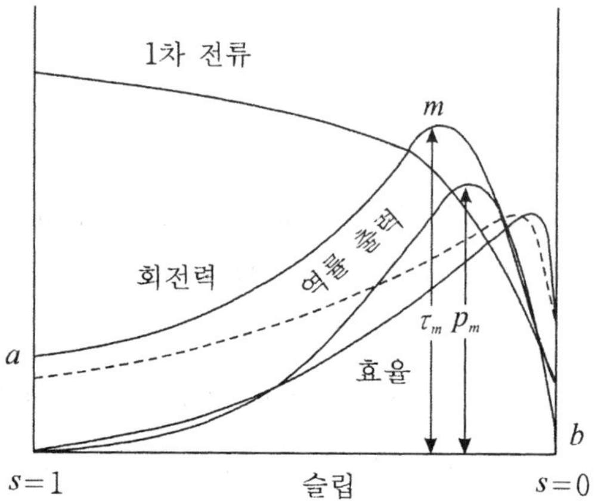

그림 4-17 속도특성곡선

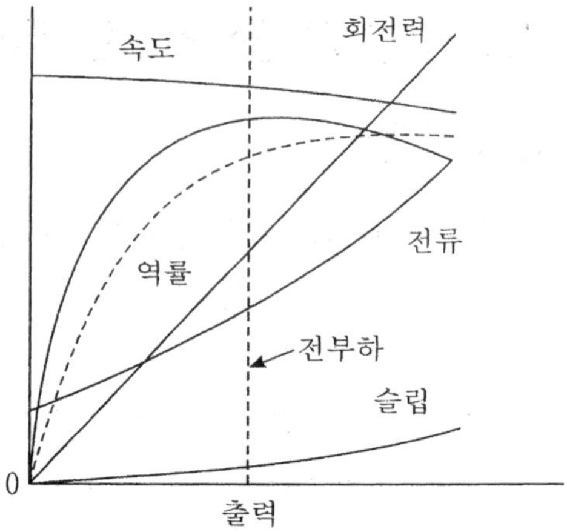

그림 4-18 출력특성곡선

2. 출력특성

유도전동기에 기계적 부하를 가하였을 때, 그 출력에 의한 전류, 회전력, 속도, 효율 등의 변화를 나타내는 곡선을 **출력특성곡선**(output characteristic curve)이라고 한다. 그림 4-18은 한 예를 나타낸 것이다.

유도전동기는 대부분이 무효전류인 무부하전류가 크기 때문에, 그 효율이 낮아 전부하시의 역률은 약 73~85[%] 정도이지만, 특히 극수가 많은 것에서는 70[%] 정도, 대형 고속도의 것은 90[%] 정도의 것도 있다.

3. 비례추이의 특성

(1) 회전력의 비례추이

동기와트로 표시한 토크를 τ라 하면 그림 4-15의 등가회로에서 $\tau = P_2 = m_1 (I_1')^2 \cdot \frac{r_2'}{s}$이므로 τ는 $\frac{r_2'}{s}$에 따라 변화한다. 즉 τ는 $\frac{r_2'}{s}$의 함수이다. 따라서 r_2'가 변화한 경우 이에 비례해서 s도 변화시키면 $\frac{r_2'}{s}$는 일정하게 유지되므로 τ는 변하지 않는다. 여기서 각 상의 권선저항 r_2'되는 권선형 회전자의 각 상에 활동환을 거쳐 저항을 접속하고 각 상의 저항을 mr_2'로 하였다면 ms_1되는 슬립에 대하여는 $\frac{mr_2'}{ms_1} = \frac{r_2'}{s_1}$가 되므로 토크 τ의 값은 변하지 않는다.

그림 4-19의 곡선 τ''는 이 관계를 표시하는 속도-토크곡선이다.

즉 곡선 τ'는 회전자 각 상의 저항이 r_2'인 경우의 토크곡선인데 슬립 s일 때의 토크를 τ라 하면 회전자 각 상의 저항을 mr_2'로 한 경우에는 ms_1되는 슬립에 대하여 같은 토크 τ를 발생하는 것이 된다. 이 관계는 어떠한 점에서도 같게 되므로 이를 **회전력의 비례추이**(proportional shifting)라 한다.

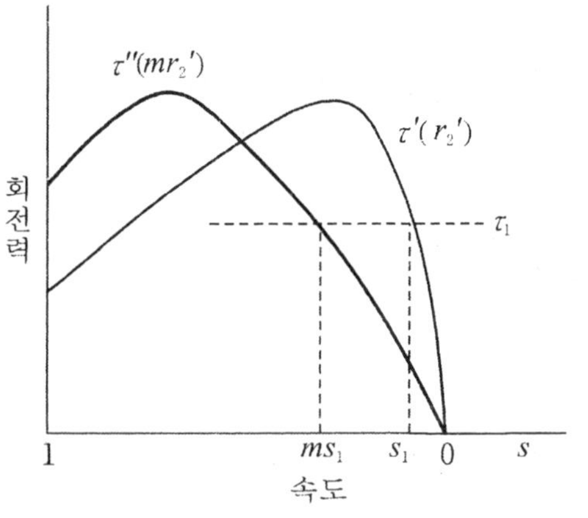

그림 4-19 회전력의 비례추이

(2) 회전력의 비례추이 응용

회전력의 비례추이는 농형 유도전동기와 같이 2차 회로의 저항을 바꿀 수 없는 것에는 응용할 수 없으나, 권선형 전동기와 같이 2차 회로의 저항을 가감시켜서 비례추이에 따라 기동회전력을 크게 하거나 속도를 제어할 수 있다.

$$\frac{r_2'}{s_1} = \frac{mr_2'}{ms_1} = \frac{r_2' + R'}{s_2} \text{에서}$$

$$\frac{r_2}{s_1} = \frac{r_2 + R}{s_2} \tag{4-40}$$

기동시 ($s = 1$일 때) 최대의 회전력을 얻기 위하여 회전자가 권선에 접속한 외부 기동저항을 R_s라 하고 최대 회전력을 발생하는 슬립을 s_m이라 하면

$$\frac{r_2'}{s_m} = \frac{r_2' + R_s'}{1} \tag{4-41}$$

$$\therefore \ \frac{r_2}{s_m} = \frac{r_s + R_s}{1} \tag{4-42}$$

식 (4-41)에 $s_m = \dfrac{r_2'}{\sqrt{r_1^2 + (x_1 + x_2')^2}}$ 을 대입하면

$$r_2' + R_s' = \sqrt{r_1^2 + (x_1 + x_2')^2}$$

$$\therefore \ R_s' = \sqrt{r_1^2 + (x_1 + x_2')^2} - r_2' \tag{4-43}$$

그러므로 기동시에 최대 회전력을 발생하려면 1차 환산한 기동저항 R_s'를 회전자에 접속하면 된다.

(3) 비례추이를 하는 제량

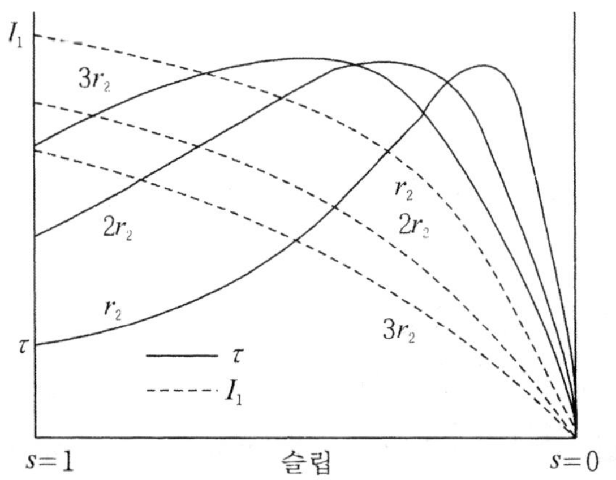

그림 4-20 전류 및 회전력의 비례추이

회전력 τ 만이 아니고 1차 전류를 I_1, 역률 $\cos\varphi$, 1차 입력 P_1도 또한 r_2/s의 함수로 되어 있으므로 이들도 2차 회로저항의 크기에 따라 비례추이를 하는 것이 쉽게 이해될 수 있다.

그림 4-20에서 파선으로 나타낸 곡선은 전류의 비례추이를 표시한 것이며, 실선은 이에 대응하는 회전력을 표시하는 것이다. 그렇지만 2차 동손, 출력, 효율 2차 효율 등은 r_2/s의 함수는 되지 않으므로 비례추이를 할 수 없다.

예제 1 유도전동기의 토크 속도 곡선이 비례추이 한다는 것은 그 곡선이 무엇에 비례해서 이동하는 것을 말하는가?

① 슬립　② 회전수　③ 공급전압　④ 2차 합성 저항

정답 ①

풀이 권선형 유도전동기에서 2차 저항이 증가하면 토크 곡선 등 슬립이 증가하는 방향으로 2차 저항에 비례하며 이동한다. 즉 같은 토크에서 2차 저항과 슬립은 비례한다. 이를 비례추이라 한다. 즉, $\frac{r_2}{s} = \frac{mr_2}{ms}$ 의 관계가 있다.

예제 2 3상 유도전동기의 2차 권선 1상의 저항이 0.02[Ω]이고, 최대 토크는 슬립이 0.2일 때 생긴다고 한다. 최대 토크가 생기는 점을 기동으로 옮기려면 몇 [Ω]의 저항을 2차측에 넣어야 하는지 계산하시오.

풀이 비례추이의 원리에 의하여 최대 토크를 발생시키는 슬립을 s이라고 하면

$\frac{r_2'}{s} = \frac{r_2'+R}{s'} = \frac{0.02}{0.2} = \frac{0.02+R}{1}$ 이므로 $\therefore R = 0.08[\Omega]$

예제 3 6극의 권선형 유도전동기가 주파수 50[Hz]에서 950[rpm]으로 운전하고 있다. 지금 동일 회전력으로 회전수를 600[rpm]으로 하는데는 2차측에 얼마의 저항을 넣으면 좋은가?(단, 2차 권선은 성형결선이고, 각 상의 권선저항은 $r_2 = 0.3[\Omega]$이라 한다.)

풀이 처음에 950[rpm] 때의 슬립 s_1을 구한다.

6극, 50[Hz]의 동기속도는 1,000[rpm]이기 때문에

$s_1 = \frac{1,000-950}{1,000} = 0.05$

다음에 600[rpm]일 때의 슬립 s_2는

$s_2 = \frac{1,000-600}{1,000} = 0.4$

비례추이에서 동일 회전력의 슬립 $s_1 = 0.05$일 때의 회전력을 $s_2 = 0.4$에서 발생하기 위해 2차에 넣는 저항을 R이라 하면

$\frac{r_2}{0.05} = \frac{r_2+R}{0.4}$,　$0.4r_2 = 0.05(r_2+R)$,

$\therefore R = \frac{0.4-0.05}{0.05} \times r_2 = 7 \times 0.3 = 2.1[\Omega]$으로 된다.

4.5 원선도 작성

유도전동기가 무부하로 운전하고 있을 때에는 1차측에 여자전류 I_0만이 흐르지만, 부하가 걸리면 슬립 s를 발생하며 2차 전류가 흐르고, 이에 대응해서 1차측의 전류도 증가하게 된다. 이 때 그림 4-16의 $\dot{I}_1$의 벡터는 그 크기와 방향이 다같이 변화하나 벡터 $\dot{I}_1$의 선단은 항상 하나의 반원주상에 있게 된다. 따라서 주어진 유도전동기에 대해서 간단한 시험을 하여 그 결과에 따라 이 반원을 그려 놓으면, 그 전동기의 특성은 부하시험을 하지 않아도, 이 선도에 의하여 곧 구할 수 있으므로 매우 편리하다. 이와 같은 선도를 유도전동기의 **원선도**(circle diagram)라 하고, 이에 의해서 특성을 구하는 방법을 **원선도법**이라고 한다.

특성을 산정하는 방법에는 스타인 메쯔법(steinmetz's method)과 기타의 방법이 있으나, 가장 널리 사용되고 비교적 계산이 간단한 L형 원선도법(또는 Heyland's circle diagram)에 대해 알아보기로 헌다.

(1) L형 원선도의 이론

L형 원선도는 간이 등가회로에 따르는 것으로, 그 결과가 근사적이기 때문에 사실과 다소 다른 점도 있으나, 대부분의 경우 별다른 지장이 없고 도법이 간단하여 가장 널리 사용되고 있다. 그림 4-21과 같은 간이 등가회로에서, 1차 부하전류 I_1'는

$$I_1' = \frac{V_1}{\sqrt{(r_1 + r_2' + r')^2 + (x_1 + x_2')^2}} = \frac{V_1}{\sqrt{\left(r_1 + \frac{r_2'}{s}\right)^2 + (x_1 + x_2')^2}} \tag{4-44}$$

또, V_1과 I_1'의 위상차 θ_1''는

$$\sin\theta_1'' = \frac{x_1 + x_2'}{\sqrt{(r_1 + r_2' + r')^2 + (x_1 + x_2')^2}} = \frac{x_1 + x_2'}{\sqrt{\left(r_1 + \frac{r_2'}{s}\right)^2 + (x_1 + x_2')^2}} \tag{4-45}$$

따라서 식 (4-44)와 (4-45)에서 I_1'는

$$I_1' = \frac{V_1}{x_1 + x_2'} \sin\theta_1'' \tag{4-46}$$

위 식에서 V_1, x_1, x_2'는 모두 일정하므로, 벡터 I_1'의 선단은 $\frac{V_1}{x_1+x_2'}$을 직경으로 하는 원주상에 있다. 그림 4-22에서 $NPSK$는 이 식이 나타내는 반원으로서, $NK=\frac{V_1}{x_1+x_2'}$은 그 직경이다. 즉, 전동기의 부하가 변화하면 1차 부하전류 I_1'의 궤적은 $\frac{V_1}{x_1+x_2'}$을 직경으로 하는 원주가 된다.

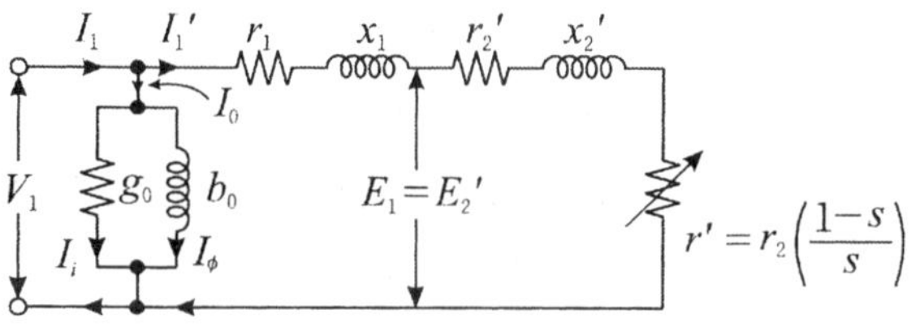

그림 4-21 간이등가회로

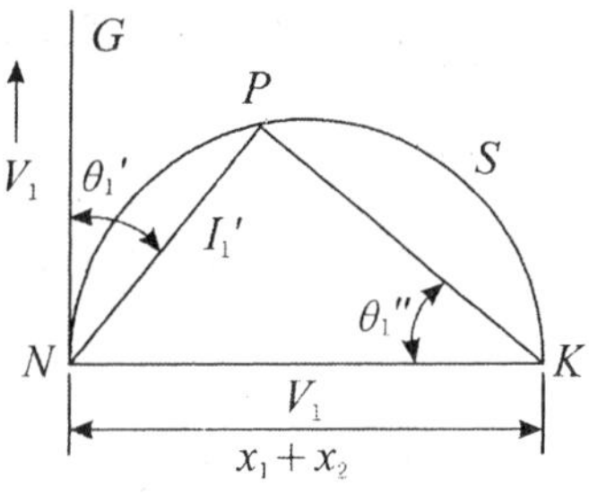

그림 4-22 I_1'의 궤적

직선 NG와 NK를 직각으로 긋고 벡터 V_1을 NG 방향으로 잡으면,

$$\angle GNP = \angle NKP = \theta_1''$$

그리고 점 N은 $I_1'=0$인 점이므로 전동기가 무부하로 운전되고 있는 경우이다. 간이등가회로에서는 $Z_1 I_0$, 즉 I_0에 의한 1차 누설 임피던스 강하는 무시하므로, V_1을 종축방향으로 잡고, 무부하시의 벡터도를 그리면 그림 4-23과 같이 된다. 또, $I_1 = I_0' + I_1'$이므로, 그림 4-22와 4-23의 점 N을 맞추어 합하고, NG선상의 V_1을 OA선상으로 옮기면, 그림 4-24와 같은 원선도가 된다. 즉, 1차 전류 I_1의 궤적도 같은 원호 $NPSK$가 됨을 알 수 있다.

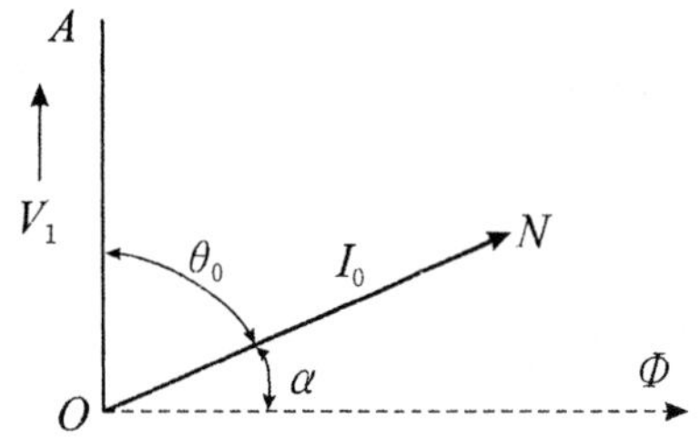

그림 4-23 무부하시의 벡터도

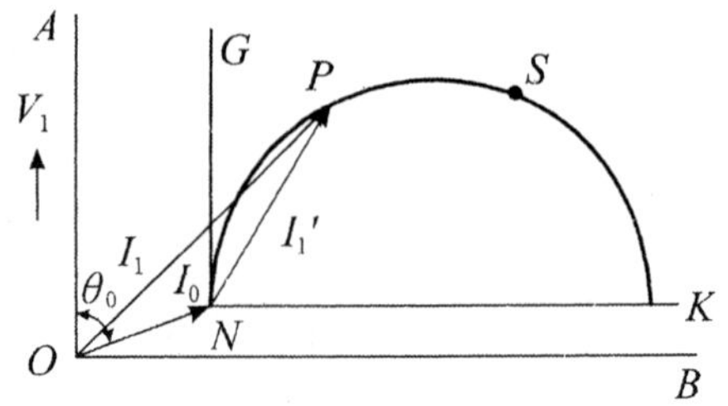

그림 4-24 하이랜드 원선도의 기초

(2) 전동기의 정수 측정

전동기의 특성은 r_1, x_1, r_2', x_2', g_0, b_0의 6개의 정수에 의해서 결정되므로 계산에 의해서 특성을 구하려면, 처음 제작된 기계에서는 다음과 같은 3가지의 시험을 하여 그 결과에 의해서 산출된 기본량을 사용하여야 한다.

(가) 저항측정시험

임의의 주위온도에서 1차 단자간의 권선저항을 직류로 측정하여, 3단자간의 평균값 R_1을 취한다. 측정온도를 t[℃]라고 하면 이것을 기준온도 T[℃]로 환산해서 1상분의 저항으로 하여 그 1/2을 취한다(KSC4201 참조)

$$r_1 = \frac{R_1}{2} \times \frac{234.5 + T}{234.5 + t} [\Omega] \tag{4-47}$$

T의 값은 A, B, E종 절연은 75[℃], F, H종 절연은 115[℃]로 한다.

(나) 무부하시험(no-load test)

임의의 주위온도에서 전동기에 정격전압을 가하여 무부하로 운전하면서, 각 상의 전압 V_0, 전류 I_0, 전력 P_0를 측정한다. 무부하에서는 $s \fallingdotseq 0$의 상태로 회전하므로 간이등가회로의 2차 단자를 개방한 상태로 된다.

입력 P_0 중에는 철손 P_i외에 기계손 P_m과 1차 권선의 동손 $I_0^2 r_1$이 포함되어 있으나, $I_0^2 r_1$은 매우 작으므로 무시할 수 있다. P_i 및 I_0는 전동기에 공급한 전압에 따라 변하지만, P_m은 회전속도의 함수로서 V_1에 의해서 변화하지는 않는다. 그래서 전동기의 단자전압을 정격값 부근에서 동기속도를 유지하는 최저값까지 변화시켜, V_1과 P_0의 관계를 그림 4-25와 같이 그려서 이 곡선을 $V_i = 0$점까지 연장하여 P_m을 구한다.

$$Y_0 = \frac{I_0}{V_0}$$

$$g_0 = \frac{P_i}{{V_0}^2} = \frac{P_0 - P_m}{{V_0}^2}[\Omega]$$

$$b_0 = \sqrt{{Y_0}^2 - {g_0}^2}[\Omega] \qquad (4\text{-}48)$$

$$I_0 = I_i - jI_\phi,\ I_i = \frac{P_0}{\sqrt{3}\,V_0},\ I_\phi = \sqrt{{I_0}^2 - {I_i}^2} \qquad (4\text{-}49)$$

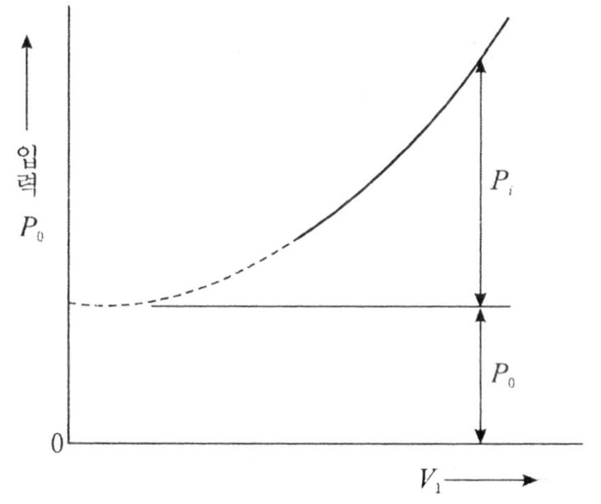

그림 4-25 철손과 기계손의 분리

(다) 구속시험(locked test)

유도전동기의 회전자를 구속한 후에, 1차측에 정격 주파수의 낮은 V_s'를 가하여, 1차 전류 I_s'와 1차 입력 P_s'[W]를 측정한다.

이로부터 정격전압 V_n[V]를 가했을 때의 구속전류 I_s[A], 1차 입력(임피던스 와트) P_s[W] 및 1차, 2차의 저항과 리액턴스를 산출한다.

$$\frac{\frac{V_s}{\sqrt{3}}}{I_s} = \sqrt{(r_1 + r_2')^2 + (x_1 + x_2')^2}[\Omega] \qquad (4\text{-}50)$$

$$r_1 + r_2{}' = \frac{P_s}{3I_s{}^2},\ r_1 = r_2{}' = \frac{r_1 + r_2{}'}{2}$$

$$x_1 + x_2{}' = \sqrt{\left(\frac{V_s}{\sqrt{3}I_s}\right)^2 - \left(\frac{P_s}{3I_s{}^2}\right)^2},\ x_1 = x_2{}' = \frac{x_1 + x_2{}'}{2} \tag{4-51}$$

$$I_s = I_s{}'\frac{V_n}{V_s{}'},\ P_s = P_s{}'\left(\frac{V_n}{V_s{}'}\right)^2 \tag{4-52}$$

I_s를 유효분 I_{s_1}과 무효분 I_{s_2}로 나눈다.

$$\left.\begin{aligned} & I_s = I_{s_1} - jI_{s_2},\ I_{s_1} = \frac{P_s}{\sqrt{3}\,V_n} = \frac{P_s{}'}{\sqrt{3}} \times \frac{V_n}{(V_s{}')^2} \\ & I_{s_2} = \sqrt{I_s{}^2 - I_{s_1}{}^2} \end{aligned}\right\} \tag{4-53}$$

(3) 원선도 그리는 법

위의 시험으로 얻은 기본량을 사용하여, 원의 직경이 200[mm] 이상이 되도록 한 척도를 써서, 다음과 같은 순서로 그림 4-26를 그린다.

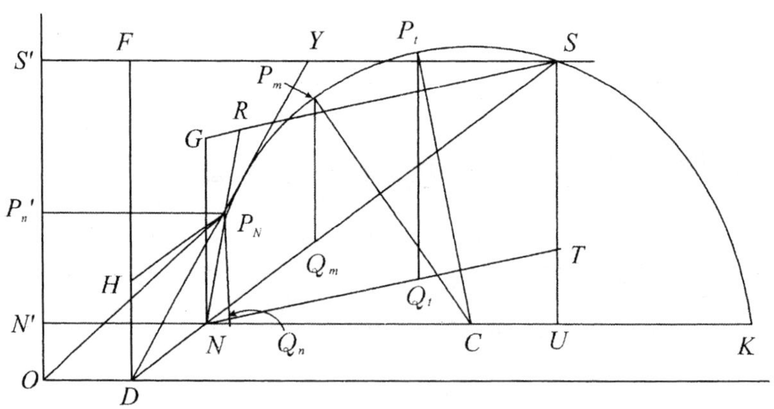

그림 4-26 L형 원선도

① 원점 O에서 그은 수평선상에 수직선 $\overline{OS'}$를 세우고, 원점 O으로부터 $\overline{ON'} = I_i$ 및 $\overline{OS'} = I_{s1}$이 되도록 점 N' 및 S'를 잡는다.

② N'와 S'에서 각각 수평선을 긋고, 그 위에 $\overline{N'N} = I_i$, $\overline{S'S} = I_{s2}$되는 N, S 점을 구한다.

③ S에서 $\overline{NN'}$의 연장선을 긋고 그 교점을 U라고 한다.

④ $\overline{NS}$를 잇고, $\overline{NS}$의 수직 2등분선과 $\overline{NU}$와의 교점을 C라고 한다.

⑤ C를 중심으로 하여, 반경 $\overline{CN}$인 반원호를 그린다.

⑥ $\overline{SU}$상에 점 T를 $\overline{TU}=\dfrac{\sqrt{3}\,r_1 I_{s1}^2}{V_n}$가 되도록 정하고 $\overline{TN}$을 그린다. 여기서

$$\sqrt{3}\,V_n \times \overline{TU} = 3r_1(Is_1)^2$$

$$\therefore \quad \overline{TU} = \frac{\sqrt{3}\,r_1(I_{s1})^2}{V_m}$$

⑦ $\overline{SN}$을 연장하여 원점 O에서 그은 수평선과의 교점을 D라고 한다.

⑧ D에서 수직선을 긋고, $\overline{SS'}$와의 교점을 F라고 한다.

⑨ N에서 수직선을 긋고, S를 지나 $\overline{NT}$와 평행하게 그은 직선과의 교점을 G라고 한다.

⑩ 원의 중심 C에서 $\overline{NS}$와 $\overline{GS}$에 수직선을 긋고, 원호와의 교점을 각각 P_m과 P_t라고 한다.

⑪ P_m에서 $\overline{NU}$에 수직선을 긋고, $\overline{NS}$와의 교점을 Q_m이라고 한다.

⑫ P_t에서 $\overline{NU}$에 수직선을 긋고, $\overline{NT}$와의 교점을 Q_t라고 한다.

(4) 특성의 산정

유도전동기의 정격출력을 P_n[kW], 정격전압을 V_n[V]라고 하면, P_n에 있어서의 특성은 다음과 같이 산정한다.

① P_n[kW]에 있어서 1차 전류의 유효분 I_{ni}[A]는

$$I_{ni} = \frac{1,000P_n}{\sqrt{3}\,V_n}\ [\text{A}]$$

② $\overline{DF}$위에 $\overline{DH}=I_{ni}$되는 H점을 정하고, H를 지나고 $\overline{NS}$에 평행한 선을 그어, 원호와 제일 먼저 만나는 점을 P_n이라고 한다.

③ P_n에서 수평선을 그어, $\overline{NT}$와 만나는 점을 Q_n이라고 한다.

④ P_n에서 수평선을 그어, $\overline{OS'}$와 만나는 점을 P_n'이라고 한다.

⑤ P_n을 O, D, N과 잇고, $\overline{DP_n}$의 연장선과 $\overline{SS'}$와의 교점을 Y라 하고, $\overline{NP_n}$의 연장선과 $\overline{GS}$와의 교점을 R이라 한다.

이상과 같은 작도에서 정격 출력 P_n[kW]에 대한 전부하전류, 역률, 슬립, 최대 출력 및 최대 회전력은 다음과 같이 구한다.

$$\text{전부하전류} = \overline{OP_n}[\mathrm{A}]$$

$$\text{역률} = \frac{\overline{OP_n'}}{OP_n} \times 100[\%]$$

$$\text{효율} = \frac{\overline{SY}}{SF} \times 100[\%]$$

$$\text{슬립} = \frac{\overline{GR}}{GS} \times 100[\%]$$

$$\frac{\text{최대출력}}{\text{정격출력}} = \frac{\overline{P_m Q_m}}{DH} \times 100[\%]$$

$$\frac{\text{최대 회전력}}{\text{전부하 회전력}} = \frac{\overline{P_t Q_t}}{P_n Q_n} \times 100[\%]$$

예제 1 3상 유도전동기의 원선도를 그리는데 옳지 않은 시험은?

① 저항측정 ② 무부하 시험 ③ 구속시험 ④ 슬립측정

정답 ④

풀이 슬립은 원선도 상에서 구할 수 없다.

예제 2 유도전동기 원선도의 제작에 필요한 자료 중 지정에 의하여 계산하는 것은?

① 1차 권선의 저항 ② 정격전압에 있어서 여자전류

③ 정격전압에 있어서 단락전류 ④ 여자 전류의 역률각

정답 ③

풀이 정격전압에서의 단락 전류는 매우 크며 이 단락 전류에 의해 기기를 손상시킬 수 있다. 따라서 정격전압에서 단락 전류는 직접 측정하지 않고 임피던스 전압에 의한 비례관계로 산출한다.

4.6 손실과 효율

1. 손 실

① 고정손 : 철손, 베어링 마찰손, 브러시 마찰손, 풍손

② 부하손 : 1차 권선의 저항손, 2차 회로의 저항손, 브러시 전기손

③ 표유부하손 : ①과 ②외에 부하가 걸리면 측정하기 곤란한 약간의 손실이 도체 속과 철 안에 생긴다. 이것을 표유부하손이라 하며 효율을 계산하는데 무시하는 것이 보통이다. 브러시 전기손은 브러시 전류와 브러시 전압 강하의 곱으로 산정한다.

㉠ 탄소질 브러시 또는 흑연질 브러시의 경우 : 슬립링 1개에 대하여 1.0[V]

㉡ 금속 흑연질 브러시의 경우 : 슬립링 1개에 대하여 0.3[V]

2. 효 율

효율 η는 다른 기기와 같이 다음 식으로 표시된다.

$$\eta = \frac{\text{출력}}{\text{입력}} \times 100 = \frac{\text{입력} - \text{손실}}{\text{손실}} \times 100[\%]$$

$$= \frac{P_0}{\sqrt{3}\,V_1 I_1 \cos\theta_1} \times 100[\%] \tag{4-54}$$

그런데 유도전동기의 효율은 표시하는 방법에 와트로 표시한 출력 P와 VA로 표시한 피상입력의 비를 가지고 피상효율(apparent efficiency)이라고 하는 경우도 있다. 또 실측효율과 규약효율이 있는 것도 다른 기기와 같으나 유도전동기의 효율은 원선도법에서 구하여지는 규약효율을 사용하는 것이 보통이고 출력 P_0와 2차 입력 P_2의 비를 2차 효율(secondary efficiency)이라고도 한다. 2차 효율을 η_2라고 하면

$$\eta_2 = \frac{\text{2차 출력}}{\text{2차 입력}} \times 100 = \frac{P_0}{P_2} \times 100 = \frac{P_2(1-s)}{P_2} \times 100$$

$$= \frac{N}{N_s} \times 100 = (1-s) \times 100[\%] \tag{4-55}$$

예제 1 200[V], 60[Hz], 4극 20[kW]의 3상 유도전동기가 있다. 전부하일 때의 회전수가 1728[rpm]이라 하면 2차 효율[%]을 구하시오.

풀이 $N_s = \frac{120f}{p} = \frac{120 \times 60}{4} = 1800[\text{rpm}]$

$\therefore \eta_2 = 1 - s = \frac{N}{N_s} = \frac{1728}{1800} = 0.96[\%]$

예제 2 슬립 6[%]인 유도전동기의 2차측 효율[%]을 계산하시오.

풀이 $\eta_2 = 1 - s = 1 - 0.06 = 0.94$

$\therefore \eta_2 = 94[\%]$

4.7 유도전동기의 운전법

1. 기 동

(1) 기동전류

기동시에는 $s=1$, 즉 회전자가 정지하고 있어 고정자에서 발생하는 회전자속은 동기속도로 회전자 권선을 끊게 되어 회전자 권선에는 큰 전류가 유기되므로 회전자에는 전부하 전류의 5배 이상되는 큰 전류가 흐르는 것이 보통이다.

이렇게 기동시 전류가 많이 흐르는데도 불구하고 기동시키는 순간에는 2차 리액턴스가 커서 2차 역률이 나빠지므로 기동회전력은 적다.

따라서 기동전류를 제한하고 기동회전력을 크게 하기 위해 다음과 같은 여러 기동법을 쓴다.

(2) 권선형 유도전동기의 기동법

권선형 전동기에서는 위의 두 가지 결점을 비례추이의 현상을 이용하면 한꺼번에 해결할 수가 있다.

즉 그림 4-27과 같이 활동환을 거쳐서 회전자에 기동저항(starting rheostat)을 연결한다. 우선 저항을 최대로 하고 개폐기 S를 닫고 전동기가 가속하는데 따라 핸들을 반시계방향으로 돌려 점차 저항을 줄이고 적당한 속도에 이르면 단락장치로 활동환 사이를 단락함과 동시에 브러시를 올리도록 한다.

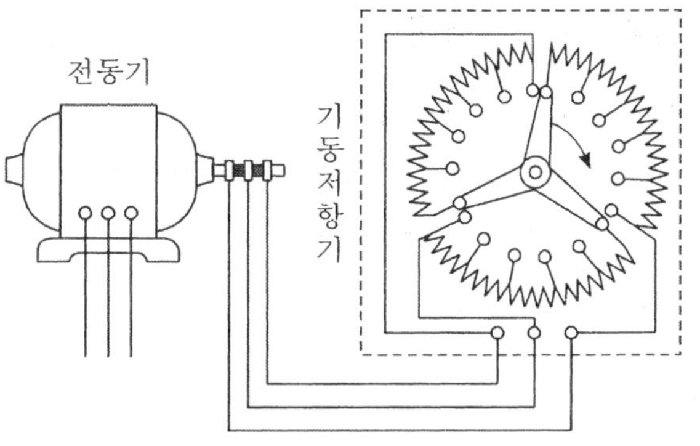

그림 4-27 권선형 기동기

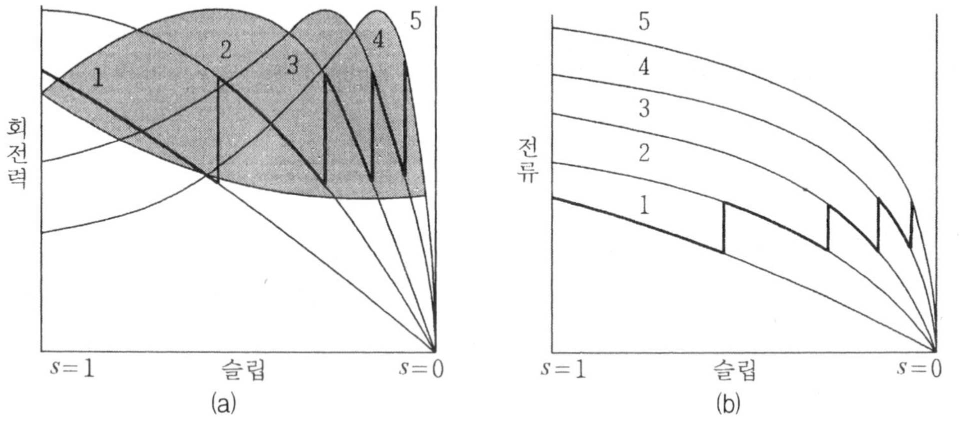

그림 4-28

예를 들면, 안정도에서 설명한 바와 같이 $s=1$일 때의 회전력 즉 기동회전력이 부하 회전력보다 적을 경우에는 기동할 수 없으므로 회전자에 저항을 넣어 회전력-속도곡선을 비례추이시켜(그림 4-28의 곡선(5)에서 곡선(1)로) 파선으로 표시한 부하 회전력보다 적지 않게 해서 기동시키면 된다.

기동저항을 가속하는데 따라 감소시키는 경우 속도가 증가하는데 따라 전류가 감소하는 비율에 주의를 기울여 꼭 알맞은 속도로 핸들을 조정해야 한다.

그림 4-28 (b)의 굵은 선은 저항을 줄여갈 때 속도증가에 따라 전류의 변하는 모양을 표시한 것이다. 저항을 너무 빠른 속도로 줄여 가면 파선으로 표시한 것과 같은 큰 전류가 흐르고 너무 느리면 기동시간이 길어져 기동저항기가 소손된다.

(3) 농형 유도전동기의 기동법

농형전동기는 권선형과 같이 회전자에 저항을 넣을 수가 없으므로 기동전류를 제한하기 위하여 공급전압을 낮추어야 한다. 그런데 회전력은 공급전압의 제곱에 비례하므로 기동회전력은 작아진다. 이것이 농형전동기의 단점이며 무부하 또는 경부하가 아니면 기동이 안 된다. 따라서 농형은 일반적으로 소용량의 것이 많다.

(가) 전전압 기동

소용량의 농형 유도전동기에 정격전압을 가하면 정격전류의 4~6배에 이르는 기동전류가 흐르나 용량이 적으므로 전류가 적어 이에 견디도록 설계되어 있어 배전계통에 미치는 영향도 적다. 이와 같이 전동기에 직접 정격전압을 공급하여 기동하는 방법을 **전전압 기동** 또는 **직입 기동**이라 한다.

5[kW] 이하의 소용량 또는 기동전류가 특히 적게 설계된 특수 농형 유도전동기는 중용량까지 전전압 기동을 한다.

(나) Y-Δ 기동

고정자 3상 권선을 운전시에는 Δ로 연결하고 기동시에만 Y로 연결하면 1상 권선에 가해지는 전압은 기동시 전전압의 $\frac{1}{\sqrt{3}}$, 즉 60[%] 정도가 된다. 이것을 Y-Δ 기동이라 한다.

Y, Δ로 고정자 권선의 접속을 바꾸려면 그림 4-29와 같이 처음에 개폐기를 기동측에 닫고 전속도에 이르렀을 때 운전측에 닫으면 된다.

이러한 경우 기동토크는 $\left(\frac{1}{\sqrt{3}}\right)^2 = \frac{1}{3}$이 되지만 기동전류는 전부하전류의 약 3배가 되어 전전압 기동전류의 $\frac{1}{2}$로 감소한다.

보통 10~15[kW] 정도까지 이 방법에 의하여 기동시킨다.

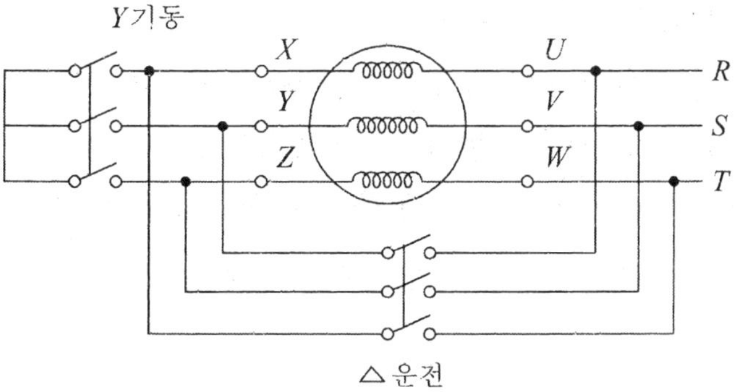

그림 4-29 Y-Δ 기동회로

(다) 기동보상기에 의한 기동

기동보상기(starting compensator)라 하는 단권변압기를 써서 공급 전압을 낮추어서 기동시키는 방법이다. 보통 10~200[kW] 정도의 전동기를 이 방법으로 기동시킨다.

그림 4-30과 같이 고정자에 공급되는 전압을 전원전압의 $\frac{1}{2}$ 또는 $\frac{1}{3}$로 감소시킨다. 즉 기동할 때는 개폐기를 기동측에 닫고 가속시킨 다음에 운전측으로 바꾼다. 기동보상기로 사용되는 단권변압기는 전전압의 50, 65, 80[%]의 탭을 갖고 있다.

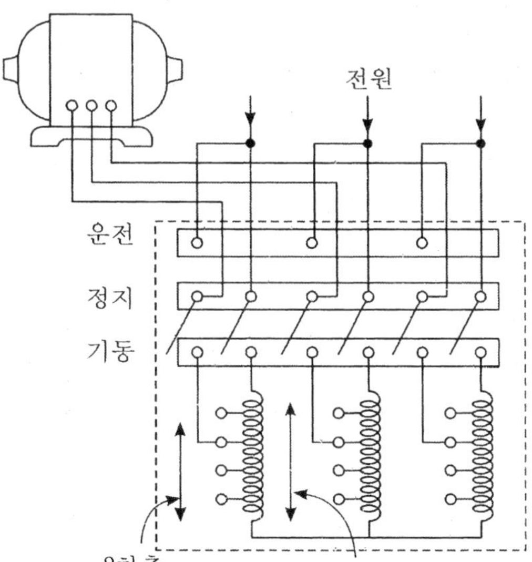

그림 4-30 기동보상기회로

(라) 리액터 기동

리액터 기동은 전원과 전동기 사이에 직렬리액터(공극이 있는 리액터)를 삽입하여 전동기 단자에 가해지는 전압을 떨어뜨리는 방법이다.

이것의 원리는 그림 4-31과 같이 전동기를 등가적으로 리액턴스 $X_m[\Omega]$이라 생각하고, 전동기의 인가전압이 a배 $(a<1)$가 되도록 리액터를 선정하여 이 리액턴스를 $X[\Omega]$이라 하면

$$\frac{X}{X_m}=\frac{1-a}{a}$$

가 된다. 전동기를 직입기동한 경우의 기동전류를 I라 하면 $I=\dfrac{V}{X_m}$ (V는 전원전압)

리액터 기동의 경우의 기동전류를 I'라 하면

$$I'=\frac{V}{X+X_m}=\frac{V}{X_m\left(\dfrac{1-a}{a}+1\right)}=\frac{V}{X_m\dfrac{1}{a}}=a\cdot\frac{V}{X_m}=aI$$

위 식에서 기동전류는 직입기동의 a배, 토크는 a^2배가 된다. 이 기동방법으로 하면 가속하여 전동기의 임피던스가 증대하면 전동기의 분담전압이 증가하므로 부하토크의 증대에 어느 정도 대응할 수 있다.

절환개폐기는 리액터 단락용 1개 뿐이므로 기동보상기에 비하여 설비비가 적게 들지만 $\dfrac{\text{기동토크}}{\text{기동전류}}$가 떨어진다.

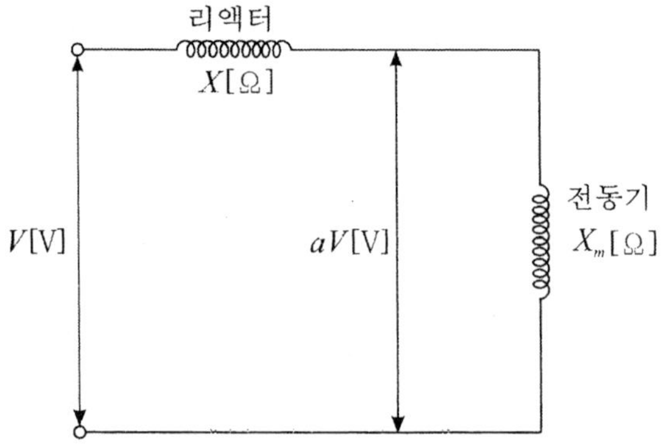

그림 4-31 리액터 기동회로

2. 이상기동현상

(1) 크로우링현상

유도전동기에서는 회전자 권선을 감는 방법과 슬롯수가 적당하지 않으면 그림 4-32와 같이 토크 속도곡선의 왼쪽 부분에 요철이 생긴다.

이것은 고조파 회전자계 때문인데 이러한 전동기에서는 부하토크 곡선의 모양에 따라서 a, b, c, d와 같은 4개의 교점이 생기는 수가 있다. 이 중에서 c와 a는 안정점이고, b와 d는 불안정점이다. 따라서 전동기는 기동 도중에 c와 같은 낮은 속도에서 안정되어 버려 전속도에 이르지 못하는 경우가 일어난다. 이와 같이 정규 속도에 이르기 전의 낮은 속도에서 안정되어 버리는 현상을 전동기의 **크로우링(crawling)현상** 또는 **차동기운전**이라 하며, 경사홈(skewed slot)을 사용하여 방지할 수 있다.

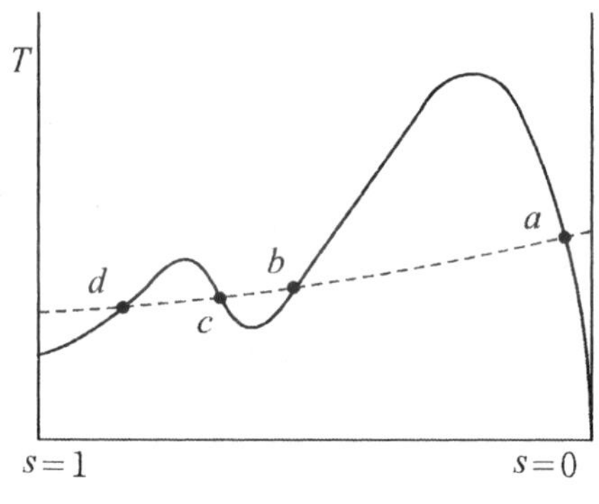

그림 4-32

(2) 게루게스현상

1896년 Görges가 발견한 현상이며, 권선형 회전자에서 3상중 1상이 고장 단선한 경우에 생긴다. 1상이 단선되면 2차는 단상회전자가 되고, 2차 전류는 교번자계를 만들며, 이것은 진폭이 반이고 서로 반대방향으로 회전하는 정상 및 역상의 두 회전자계로 분해된다. 정상 자계는 별 문제가 없으나 역상 자계는 회전자에 대하여는 $-sN_s+(1-s)N_s=(1-2s)N_s$[rpm]으로 회전한다. 즉 회전자를 1차로 보고, 전원회로를 통하여 단락된 고정자를 2차로 본 유도전동기의 토크특성을 고려하면, 이 역상토크는 $s=0.5$에서 0, $s>0.5$에서는 전동기 토크, $s<0.5$에서는 발전기 토크

를 발생한다.

그림 4-33과 같이 T(정상분 T_+와 역상분 T_-의 합이다.)는 $s=0.5$의 점에 함몰이 생겨 회전자는 동기속도의 50[%]까지만 올라가고 그 이상 가속되지 않는다.

이것은 이 시점에서 낮은 부분이 생기기 때문이며 게루게스현상(Gorges Phenomenon)이라고 한다.

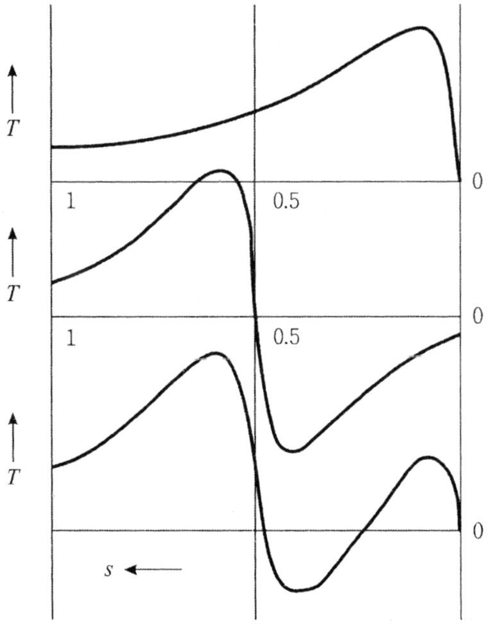

그림 4-33

3. 속도제어법

유도전동기는 정격부하시의 슬립이 적고, 무부하와 전부하시 회전수가 거의 변하지 않는 정속도전동기이다. 그런데 부하의 종류에 따라 회전수를 변화시켜야 할 경우 유도전동기의 속도제어방법은 다음과 같다.

(1) 1차 전압제어

유도전동기의 회전력을 전압의 2승에 비례해서 변화하는 성질을 이용하여 부하시에 전동기의 슬립을 바꾸는 방법이다. 그림 4-34는 1차 전압을 변화하는 경우의 회전력-슬립곡선을 표시한 것이다. 1차 전압이 V_1일 때, 슬립 s_1으로 운전한다고 하면, 1차 전압을 V_2로 낮출 때에는 회전력은 전압의 2승으로 낮아지므로 슬립 s_2로 운전되어서 슬립은 커지고 속도는 감소한다. 즉, 전부하시의 슬립은 공급전압의 2승에 반비례하는 것을 알 수 있다.

$$\frac{s_2}{s_1} = \frac{{V_1}^2}{{V_2}^2} \tag{4-56}$$

전압을 바꾸는 방법에는 다음과 같은 방법이 있다.

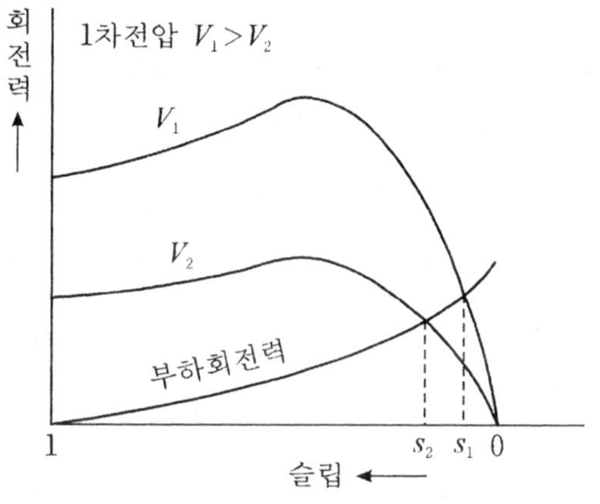

그림 4-34 회전력 - 슬립곡선

(가) 사이리스터를 이용하는 방법

그림 4-35와 같이 유도전동기의 1차측에 사이리스터를 접속하고, 전압의 1[Hz]의 주기마다 통전시간(제어각)이 변하는 것에 의해 전압을 바꾸는 방법이다.

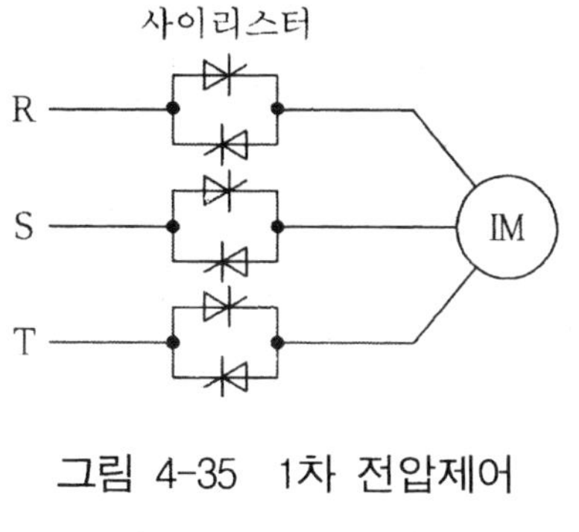

그림 4-35 1차 전압제어

(나) 리액터 혹은 저항을 이용하는 방법

전동기의 1차측에 리액터 혹은 저항을 접속하고, 그 리액턴스 혹은 저항을 변화시켜 1차 전압을 제어하는 방법이다.

(2) 1차 주파수제어

전동기의 회전수는 1차 주파수에 비례하는 것을 이용하여 속도제어를 행할 수가 있다. 전동기에서 회전자계의 자속 Φ는 식 (4-8)에서 $\Phi = \dfrac{E_1}{4.44k_1n_1f_1}$ 이므로 1차 전압에 비례하고 주파수에 반비례한다. 따라서 주파수를 바꾸어서 속도제어를 하는 경우, 자속을 일정하게 유지하기 위해 주파수와 그 전압을 동시에 바꾸어서 V_1/f를 일정하게 해야 한다. 이 때 전압을 일정하게 하고, 주파수만 낮추면 자속 Φ는 증가하고 그 자속 Φ를 만들기 위해 여자전류가 현저히 증가하게 된다.

다음에 주파수를 변화할 때 최대 회전력이 어떻게 변화하는가를 생각하여 보자.

이미 설명한 바와 같이, 최대 회전력의 식은 다음과 같이 된다.

$$\tau_m = \frac{m_1 V_1^{\ 2}}{2\{r_1 + \sqrt{r_1^{\ 2} + (x_1 + x_2')^2}\}} \qquad (4\text{-}57)$$

이 식에 의해 r_1이 x_1 및 x_2'에 대하여 대단히 적기 때문에 생략한다고 하면, x_1, x_2'는 모두 주파수에 비례하기 때문에 V_1/f가 일정하게 되도록 주파수와 전압을 변화하면, 최대 회전력 T_m은 그림 4-36과 같이 거의 일정하게 속도제어가 된다.

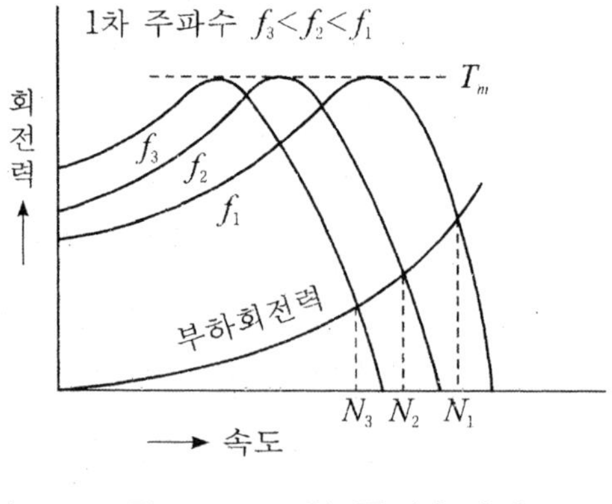

그림 4-36 1차 주파수제어

그러나 이 방법은 가변주파수의 전원이 필요하므로 설비비가 많이 들며 포트모터(pot motor)나 선박용 유도전동기와 같은 특수한 경우에 사용한다.
가변주파수 전원으로는 회전기를 이용하는 일도 있지만, 최근에는 사이리스터 회로를 응용한 주파수 변환회로를 많이 이용하게 된다.

그림 4-37은 사이리스터에 의한 주파수 변환회로이다. 상용주파수의 교류전압을 가하여 순변환부에서 가변의 직류전압으로 변환하는 것을 다시 역변환부에서 다른 주파수의 교류전압으로 변환하는 것이다.

이 교류전압으로 구동시키는 전동기의 속도제어는 속도검출용 발전기와 속도설정기의 기준치와를 비교하여 그 속도차에 의한 순변환부의 위상을 변화하여 전압을 제어한다. 그리고 속도검출용 발전기의 회전속도를 기준으로 하고, 슬립주파수를 가한 주파수에서 역변환부의 주파수를 정하고 있다.

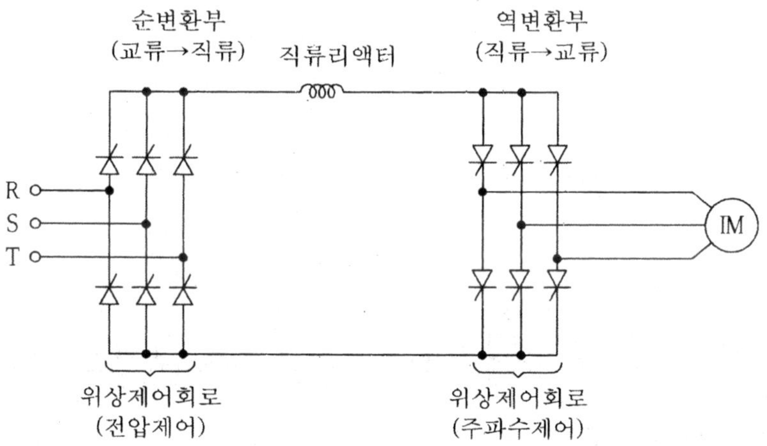

그림 4-37 주파수 변환회로

(3) 2차 저항제어

2차 저항제어법은 권선형 전동기에 한하여 이용하는 방법으로 2차측에 슬립링을 부착하고 속도제어용 저항을 넣은 것이다. 비례추이에서 설명한 바와 같이 저항에 따라 조정하여 부하회전력과의 교점을 변화시켜서 속도를 제어하는 방법이다.

그림 4-38에 의해 슬립 s_1에서 운전할 때, 2차 저항을 r_1에서 r_2로 변화시키면, 회전력곡선은 ①에서 ②로 바뀌고 회전력 곡선 ②와 부하 회전력의 교점 s_2에서 운전되는 것이 된다. 이와 같이 2차 저항을 조정하는 것에 의해 속도제어를 할 수 있다.

그러나 기동저항기는 단시간(30~60초 정도)만 사용 하도록 설계되었으므로 장시간 연속사용하는 속도제어에는 사용되지 않는다. 따라서 속도제어용에는 전류용량이 큰 저항기가 필요하므로 대형이 되고 가격도 비싸진다. 이러한 목적에 사용하는 저항기를 **속도조정기**(speed regulator)라고 하며, 기동기로도 쓰인다. 저항을 가감하기 위하여 제어기(controller)를 사용하는 일도 있으며 저항기에는 회전방향을 제어할 수 있는 것도 있다.

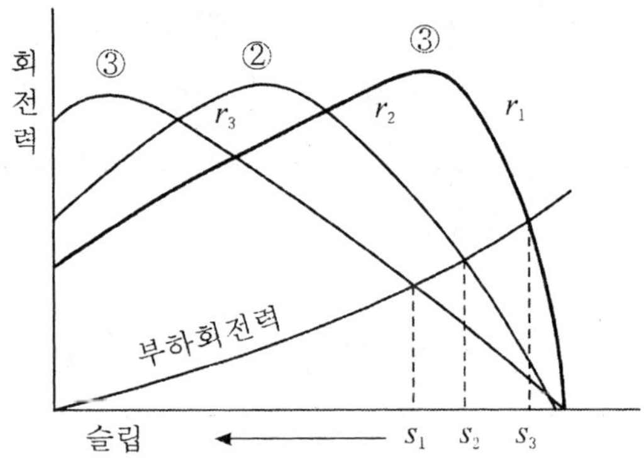

그림 4-38 2차 저항에 의한 속도제어

(4) 2차 여자제어

2차 여자제어법은 2차 저항제어법과 같이 권선형 전동기에 한하여 이용되고 있다. 따라서 2차 저항제어법과 다른 점은 2차측에 저항을 넣는 대신에 그 2차 저항에 의해 생기는 전압강하분의 전압을 2차측의 외부에서 슬립링을 통하여 공급하는 방법이다.

권선형 유도전동기의 운전중 2차측, 즉 슬립링측에서 항상 회전자 기전력과 같은 주파수의 전압을 같은 상회전방향으로 가하면, 그 전압의 2차 유기기전력에 대한 상차관계에 따라, 속도조정과 역률개선을 할 수 있다. 그림 4-39와 같은 회로에서

$$I_2 = \frac{E_2}{\sqrt{\left(\frac{r_2}{s}\right)^2 + {x_2}^2}} = \frac{sE_2}{\sqrt{{r_2}^2 + (sx_2)^2}} \tag{4-58}$$

위 식은 회전자전류를 나타내는 것으로서 $s\dot{E}_2 = \dot{E}_2'$는 슬립 s인 때의 2차 유기기전력이고, 그 주파수는 sf[Hz]이다. 여기서 s가 작을 때에는 sx_2는 r_2에 비하여 매우 작으므로 이를 무시하고 저항만을 고려하며 $\dot{E}_c$와 $\dot{I}$는 동위상이 된다.

속도조정을 하자면 sf[Hz]의 전압, 즉 슬립주파수의 전압 $\dot{E}_c$를 $\dot{E}_2$와 동위상 또는 180°의 위상으로 가하면 된다. 그림 4-40은 $\dot{E}_c$를 $\dot{E}_2$와 동위상으로 가한 경우를 나타낸 것이다.

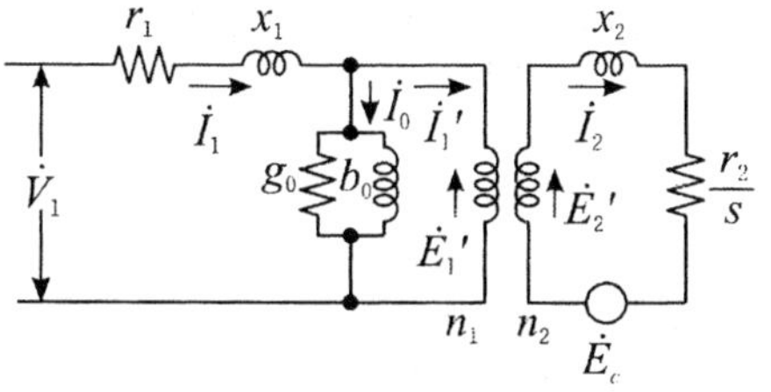

그림 4-39 1상의 등가회로

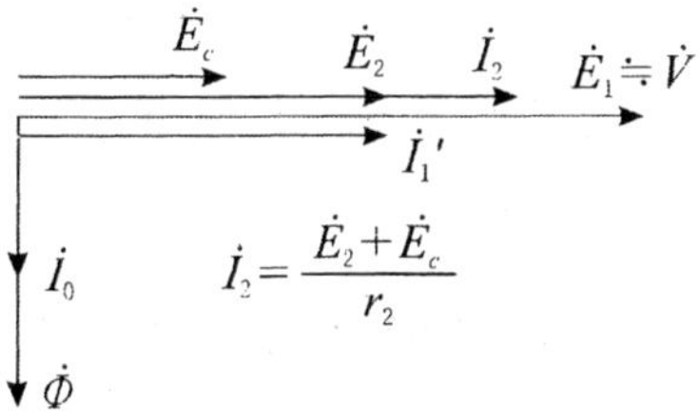

그림 4-40 속도조정의 벡터 ($\dot{E}_c$와 $\dot{E}_2$가 동위상)

지금 속도와 관계없이, 회전력이 일정한 부하를 생각하면, 2차 전류는 속도에 관계없이 일정하고 $\dot{E}_2$와 $\dot{E}_c$는 동위상이므로

$$\dot{I}_2 = \frac{\dot{E}_2' + \dot{E}_c}{r_2} = \frac{s\dot{E}_2 + \dot{E}_c}{r_2} \tag{4-59}$$

그러므로 $\dot{E}_c$가 커지면 $s\dot{E}_2$는 감소하게 되고, 또 $\dot{E}_2$는 정수이기 때문에 슬립 s가 감소하게 되어 속도가 상승하게 된다. 따라서 $\dfrac{\dot{E}_c}{r_2} = \dot{I}_2$가 되면 $s=0$이 되어 동기속도가 되고, $\dot{E}_c$를 더 증가하면 $s\dot{E}_2'$가 부(−)가 되므로 s가 부(−)로 되기 때문에 속도는 동기속도 이상으로 상승하게 된다.

그림 4-41은 슬립주파수의 전압 $\dot{E}_c$를 $\dot{E}_2$와 180°의 상차를 갖도록, 즉 반대방향으로 가했을 경우이다. 이 때에는

$$\dot{I}_2 = \frac{\dot{E}_2' - \dot{E}_c}{r_2} \tag{4-60}$$

로 되기 때문에, $\dot{E}_c$가 커질수록 $\dot{E}_2' = s\dot{E}_2$가 증가하여야 되고, 따라서 s가 증가하여 속도가 떨어지게 된다.

그림 4-42는 $\dot{E}_c$가 $\dot{E}_2$보다 θ만큼 앞선 경우이다. 이러한 경우에는 $\dot{E}_c\cos\theta$는 속도를 상승케 하고, $\dot{E}_c\sin\theta$는 역률을 개선하는데 소용된다. 위에서 설명한 바와

같이 유도전동기의 2차측에 슬립링을 통하여 슬립주파수를 발생하는 장치를 연결하고, 그 전압의 크기와 위상을 조정하면 속도와 역률을 조정할 수 있다.

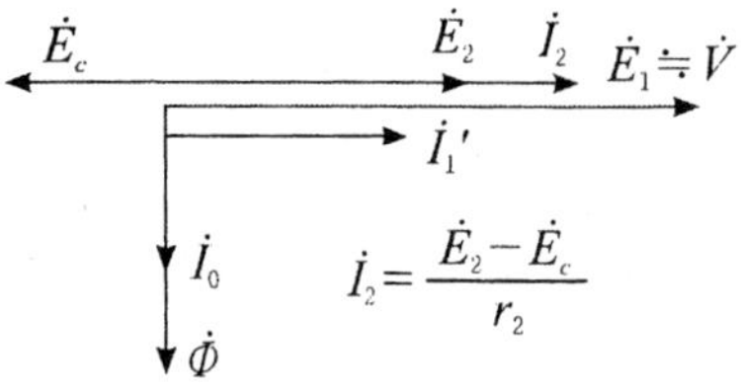

그림 4-41 $\dot{E}_2$와 $\dot{E}_c$가 반대 위상인 경우

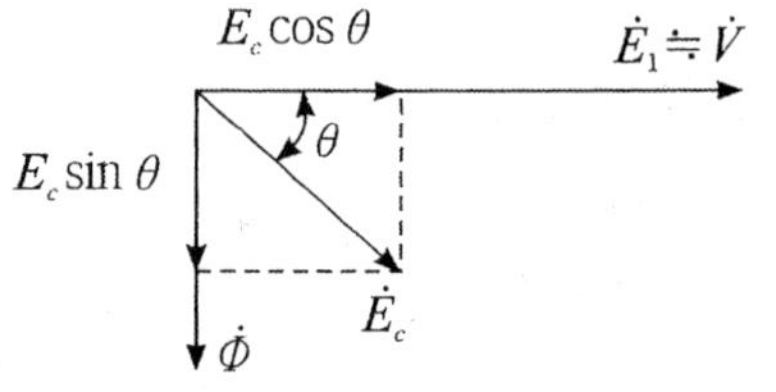

그림 4-42 $\dot{E}_c$가 $\dot{E}_2$보다 뒤진 경우

(5) 극수변환

유도전동기의 속도는 식 $N_s = \frac{120f}{P}$ [rpm]에서 극수에 반비례하기 때문에 권선구성을 바꾸어서 극수를 바꾸면 단계적으로 속도를 바꿀 수가 있다.

그림 4-43 (a)는 8극의 접속도에서, 전류는 A단자에 들어가서 4개의 코일을 직렬로 흘러 B로 나오기 때문에 자극은 N, S로 표시한 것과 같이 8개로 된다.

그림 (b)와 같이, 단자 A와 B를 접속해서 단자 C로 하고 전류가 여기에서 들어가 코일의 중간단자 D에서 나오면, 자극은 N, S로 표시한 것과 같이 4개가 되고, 전류회로로 해서는 두 회로로 된다.

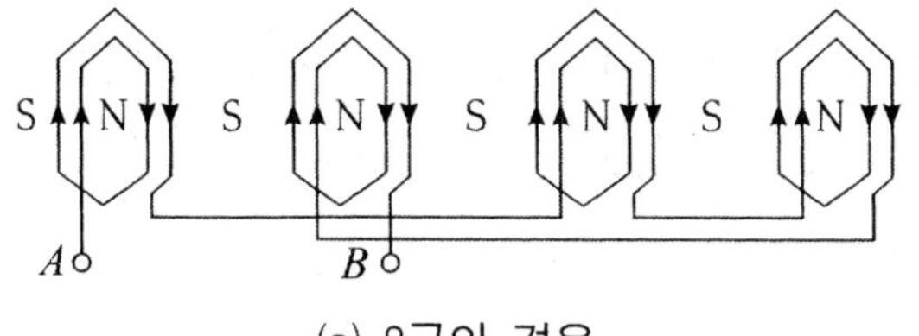

(a) 8극의 경우

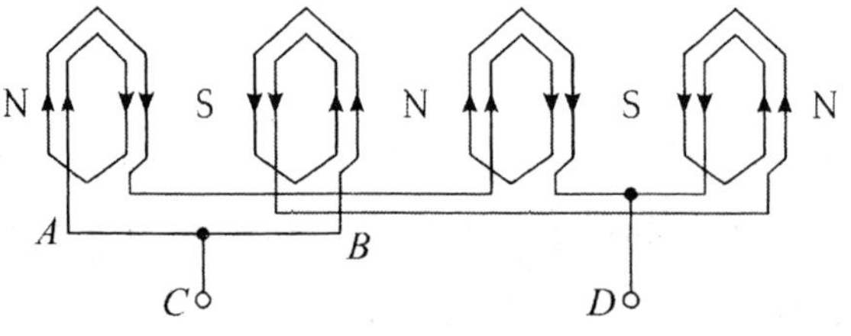

(b) 4극의 경우

그림 4-43 극수변환 접속의 예

극수변환은 주로 농형전동기에 이용되며, 공작기계나 엘리베이터 또는 송전기나 펌프 등에 사용된다. 만약 권선형 전동기에서 이용할 때에는 1차 권선과 같이 2차 권선도 극수절환을 할 필요가 있다.

(6) 종속접속

(가) 직렬종속법

2대의 권선형 유도전동기를 기계적으로 직결하고, 그림 4-44 (a)와 같이 전원에 접속한 다음, 전동기 M_1의 2차를 다른 전동기의 1차에 접속하고 M_2의 2차는 외부 저항기에 접속한다. M_1, M_2의 극수를 P_1, P_2라고 하면 무부하 회전속도 n은

$$n=\frac{2f}{P_1}(1-s)=\frac{2sf}{P_2}\,[\mathrm{rps}]$$

따라서

$$n=\frac{2f}{P_1+P_2}\,[\mathrm{rps}],\quad N=\frac{120f}{P_1+P_2}\,[\mathrm{rpm}] \tag{4-61}$$

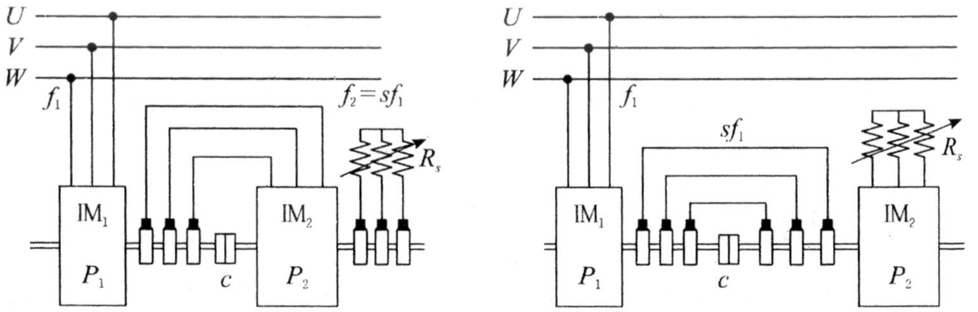

그림 4-44 직렬종속법

이것은 두 전동기의 극수의 합을 극수로 하는 전동기의 동기속도이다. 2대의 전동기의 접속을 그림 (b)와 같이 M_1의 2차를 M_2의 2차에 접속하고, M_2의 1차를 외부저항에 접속, M_1의 고정자가 만드는 회전자계의 방향과 M_1의 회전자가 만드는 회전자계의 방향이 서로 반대가 되도록 접속하여도 같은 결과가 얻어진다.

만일, 그림 (a)에서 두 전동기의 자계의 회전방향을 반대로 접속하거나 그림 (b)

에서 자계의 회전방향을 같은 방향으로 하는 것을 **차동종속법**(差動縱續法)이라 하며

$$n = \frac{2f}{P_1 - P_2}\,[\text{rps}],\ N = \frac{120f}{P_1 - P_2}\,[\text{rpm}] \tag{4-62}$$

가 되고, 극수가 다른 2대의 전동기를 사용하면, 각 전동기가 단독운전할 때까지 포함하여 4종의 무부하속도가 얻어질 수 있다.

(나) 병렬종속법

2대의 전동기 M_1, M_2를 기계적으로 직결하고 고정자를 전원에 접속한 것을 **병렬접속법**이라 한다. 여기서 M_1, M_2의 회전자계의 방향은 같고 회전자권선의 상회전방향이 반대일 경우의 회전자속도 N은

$$N = \frac{2 \times 120f}{P_1 + P_2}\,[\text{rpm}] \tag{4-63}$$

이 된다.

4. 전기제동

회전중인 유도전동기를 빨리 정지시키거나, 크레인 등으로 중량물을 내리는 경우 또는 언덕길을 내려가는 전기기관차의 경우에 위험한 고속도가 되는 것을 방지하기 위한 제동법에는 기계적인 제동법과 전기적인 제동법이다. 여기서는 전동기 자체를 사용하는 제동법에 대해 설명하기로 한다.

(1) 회생제동

이 제동법은 유도전동기를 동기속도 이상으로 회전시켜 유도발전기로서 제동시키며 발생전력을 전원에 반환하는 방법이다. 케이블카, 광산의 권양기 또는 기중기 등에서 감아 내리기의 경우와 같이 일정속도 이상이 되는 것을 방지하는 동시에 전력을 회수하며 권선형과 농형 어느 것에도 사용되나 권선형쪽이 많다.

이 방법으로는 정지시킬 수가 없으므로 정지시킬 때는 다른 제동을 병용해야 한다.

(2) 발전제동

1차 권선을 전원에서 분리하여 직류 여자전류를 통하여 발전기로 동작시켜 제동하는 방법으로 발생전력은 외부의 저항기에서 열로 방산되게 한다. 농형 유도전동

기의 경우에는 발생전력을 외부로 통할 수 없이 전부 기계내의 주로 회전자내에서 열로 변하므로 회전자가 과열되어 장시간의 제동에는 견딜 수 없는 단점이 있다. 권선형에서는 이런 염려는 없으나 외부저항기가 상당히 커지고 별도로 직류전원이 필요하고 또한, 조작에도 손이 많이 가는 결점이 있다. 또 중요한 것은 처음 속도가 큰 동안에는 제동 회전력이 커서 효과가 크나 속도가 저하되면 효과가 적으며 관성이 큰 것은 제동에 시간이 걸리게 된다.

(3) 역상제동

3상 유도전동기를 운전중 급히 정지시킬 경우 1차측 3선중 2선을 바꾸어 접속해서 회전자의 방향을 반대로 하면 유도전동기는 그 순간에 강력한 유도제동기가 된다. 이것을 **역상제동**이라고 한다. 이 방법에서는 발전제동과는 달리 저속도일수록 제동회전력이 증대되므로 정지는 한층 더 급속하게 된다. 변환하는 순간에는 큰 전류가 흐르므로 회전체의 관성이 작을 경우는 좋으나 부하의 관성이 큰 농형전동기에서 이 방법을 사용하면 회전자내의 발열이 매우 크기 때문에 고정자의 온도도 높아져서 자주 이것을 되풀이 하면 소손될 우려가 있으므로 주의를 하여야 한다. 이 점에 있어서 권선형전동기는 외부저항에 의해서 전류를 제한하고 또한, 제동회전력을 증대시킬 수가 있으므로 편리하다.

(4) 단상제동

3상 유도전동기의 3선중 2선을 합하여 다른 한선과의 사이에 단상교류를 공급하면 단상전동기가 되어 자계는 공간에 고정된 교번자계로 된다. 이 교번자계는 1/2의 세기를 가지고 반대방향의 동기속도로 회전하는 두개의 회전자계로 분해할 수 있다(그림 4-45).

이것을 A와 B라 하고 회전자가 부하에 의해서 A방향으로 회전하고 있다고 하면 A는 전동회전력을 발생하고 B는 제동회전력을 발생한다. 2차 회로의 저항이 작으면 전동회전력은 크고, 이에 반대되는 제동회전력은 작기 때문에 결과적으로는 단상전동기로 된다. 그러나 2차 저항이 적당한 크기라면 제동회전력이 전동회전력보다 커져서 전동기는 제동기로 되며 이 성질을 이용해서 3상 전동기를 제동을 한다. 보통 고속도에 있어서는 회생제동, 중속도에 있어서는 단상제동, 저속도에 있어서는 유도제동을 사용한다.

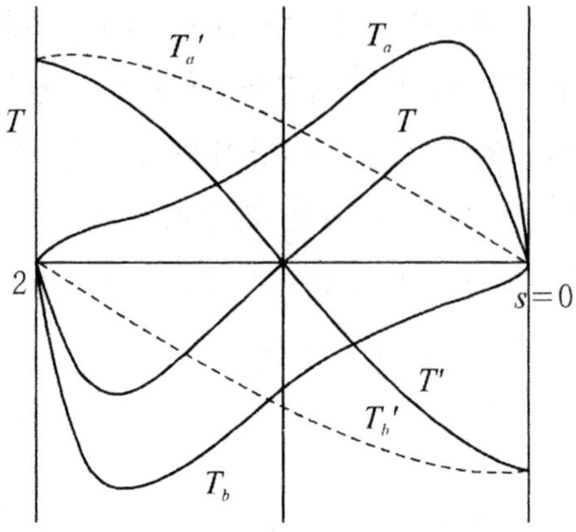

그림 4-45 단상제동의 회전력 특성곡선

5. 단상 유도전동기의 2전동기설

단상 유도전동기의 고정자 권선에는 단상교류가 흐르므로 교번자계가 생긴다. 이와 같은 교번자계는 이것을 서로 반대방향에 동기속도로 회전하는 2개의 같은 회전자계로 분해할 수 있다. 그리고 이들 회전자계의 크기는 일정하고 어느 것이나 정지교번자계의 최대치의 $\frac{1}{2}$과 같다.

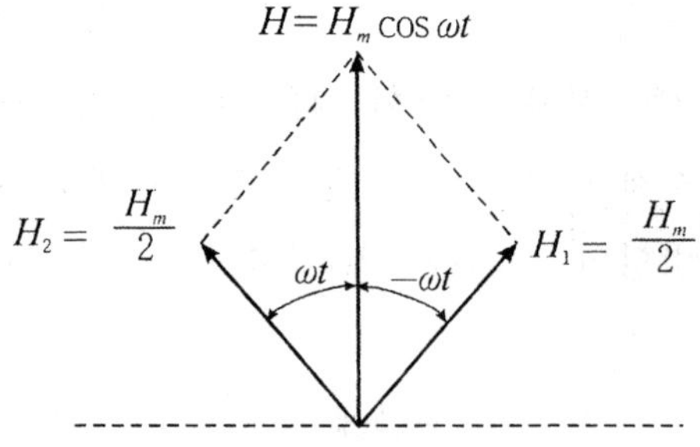

그림 4-46

그림 4-46과 같이 교번자계 $H=H_m\cos\omega t$에서 각각 $-\omega t$ 및 ωt만큼 회전한 회전자계 $H_1=\frac{H_m}{2}$ 및 $H_2=\frac{H_m}{2}$을 생각해 보자.

H_1 및 H_2의 합성자계의 H에 대한 직각분력 H_x는

$$H_x=H_1\sin(-\omega t)+H_2\sin\omega t$$

$$= -\frac{H_m}{2}\sin\omega t + \frac{H_m}{2}\sin\omega t = 0$$

이 되어 없어지고 y방향의 분력 H_y는

$$H_y = H_1\cos(-\omega t) + H_2\cos\omega t = \frac{H_m}{2}\cos\omega t + \frac{H_m}{2}\cos\omega t$$
$$= H_m\cos\omega t = H$$

가 된다.

그러므로 교번자계 $H = H_m\cos\omega t$는 각속도 ω로 왼쪽과 오른쪽으로 회전하는 회전자계 H_1과 H_2로 바꾸어 생각할 수 있다. 따라서 교번자계의 자속도 서로 반대 방향으로 동기속도로 회전하는 2개의 회전자속으로 나누어 생각할 수 있다. 이렇게 생각하면 마치 같은 회전자에 대하여 오른쪽으로 도는 회전자계와 왼쪽으로 도는 회전자계가 동시에 작용하는 것이 되므로, 같은 축에 회전방향이 서로 반대되는 2개의 전동기가 작용하고 있는 것이라고 생각해도 좋다. 이와 같은 방법으로 단상 유도전동기를 고찰할 수 있는데 이것을 **2전동기설**이라 한다.

(가) 특 성

① 기동 토크가 없다.(교번자계 발생)

② 2차 저항 증가시 최대 토크가 감소하며, 권선형도 비례추이가 불가능하다.

③ 슬립이 0이 되기 전에 토크가 0이 되고, 슬립이 0일 때 부 토크가 발생한다.

4.8 유도전압조정기

(1) 단상 유도전압조정기

(가) 구 조

단상 유도전압조정기(single phase induction voltage regulator)는 직렬권선에 대한 분로권선의 위치를 연속적으로 바꾸는 단상 단권변압기의 일종이다. 그러나 구조는 그림 4-47 (a)와 같이 유도전동기와 비슷하며 고정자와 회전자로 구성되어 있다. 회전자 철심의 슬롯 안에는 보통 2극이 되도록 분로권선 P가 있고 고정자 철심의 슬롯 안에는 직렬권선 S가 있다. 이 두 권선은 (b)와 같이 단권변압기와 동일하며 분로권선은 가는 동선으로 꼬은 피그테일(pig tail)로 입력측에 연결하고, 직렬권선은 출력측에 연결한다.

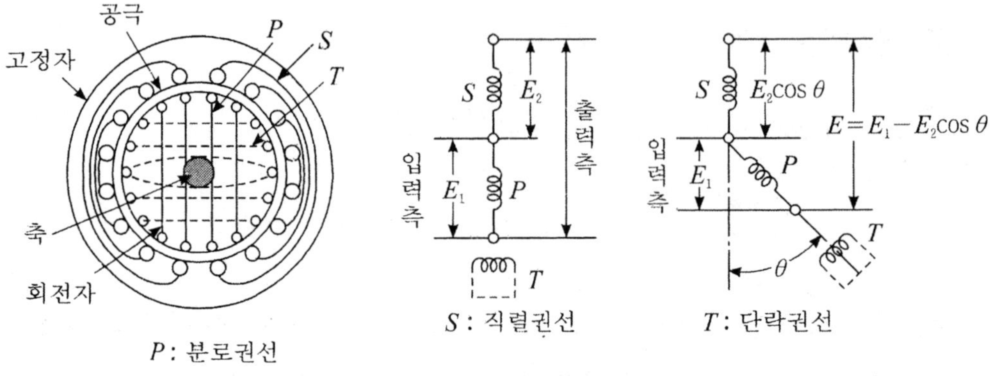

(a) (b) (c)

그림 4-47 단상 유도전압조정기의 설명

(나) 원 리

그림 4-47 (b)와 같이 분로권선과 직렬권선의 축이 이루는 각도 θ가 0일 때, 분로권선이 만드는 교번자속 ϕ는 누설자속을 무시하면 모두가 직렬권선과 쇄교하기 때문에 직렬권선의 유도전압은 가장 크며 그 값을 조정전압 E_2[V]라고 한다.

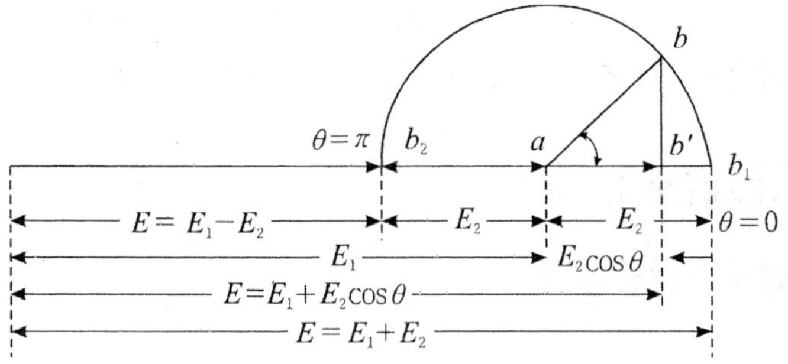

그림 4-48 단상 유도전압조정기의 전압조정기

그림 (c)와 같이 회전자를 각도 θ만큼 회전시켰다고 하면, Φ와 직렬권선의 쇄교수는 $\Phi\cos\theta$가 되므로 직렬권선의 유도기전력은 $E_2\cos\theta$가 된다.

즉, 회전자를 0에서 π까지 연속적으로 변화시켜서 직렬권선의 유도기전력을 $\pm E_2$의 범위로 변화시킬 수 있다. 따라서 직렬권선에 가해지는 전압 E_1을 일정하게 하고 권선의 임피던스를 무시해서 생각하면 출력측의 전압 E를 $E = E_1 \pm E_2$의 범위에서 연속적으로 가감할 수 있다. 그림 4-48은 이러한 경우의 전압관계를 나타낸 것이다.

(다) 단락권선

실제로 단상 유도전압조정기의 회전자에는 분로권선과 직각으로 단락권선(3차 권선이라고도 한다)을 감고 단자에서 단락하였다. 이것은 회전자가 θ만큼 회전한 위치에서 부하전류 I_2에 의한 직렬권선의 기자력 중 분로권선의 축방향 기자력 ($I_2 \cos\theta$에 의한다)은 분로 권선에 유입하는 부하전류 I_1'에 의한 기자력으로 해소되나, 직각방향의 기자력($I_2 \sin\theta$에 의한다)에 의한 자속은 누설자속으로 남는다. 단락권선은 분로권선과 직각위치에 있기 때문에 이 자속과 쇄교하면 단락전류가 생기고 이에 따른 기자력은 직렬권선의 $I_2 \sin\theta$에 의한 기자력을 상쇄하여 직렬권선의 누설 리액턴스를 감소하여 전압강하를 적게 할 수 있다.

(라) 정격출력

단상 유도전압조정기의 정격출력은 직렬권선에 흐르는 전류의 정격값을 I_2[A], 조정전압의 정격값을 E_2[V]라 하면 피상전력으로 표시된다.

$$\text{정격출력} = E_2 I_2 \times 10^{-3} [\text{kVA}] \tag{4-64}$$

(2) 3상 유도전압조정기

(가) 구 조

3상 유도전압조정기는 권선형 3상 유도전동기의 1차 권선 P와 2차 권선 S를 그림 4-49 (a)와 같은 3상 성형 단권변압기처럼 접속해서 회전자를 구속상태로 두고 사용하는 것과 같은 것이다.

단상 유도전압조정기와 같이 보통 1차 권선(분로권선)은 회전자에 감고 2차 권선(직렬권선)은 고정자에 감으며, 두 권선은 2극 또는 4극으로 감는다.

(나) 원 리

분로권선에 3상 전압을 가하면 여자전류가 흐르고 3상 유도전동기와 같이 회전자속이 생긴다. 이 회전자속에 의하여 직렬권선의 1상에 유도되는 기전력(조정전압이라고 한다)을 E_2[V]라 하면, E_2는 일정한 크기의 회전자속에 의하여 생기는 것이기 때문에 회전자와 고정자의 위치에 관계없이 항상 그 크기는 일정하다. 그러나 회전자의 위치가 변화함에 따라 분로권선 전압 E_1에 대한 E_2의 위상이 변화한다. 이러한 점이 단상 유도전압조정기의 E_2와 전혀 다른 점이다. 따라서 분로, 직렬, 두 권선의 축이 이루는 각도를 θ라 하면, 두 권선축이 같은 방향으로 일치하고 있는 그림 4-49 (a)의 경우에는 $\theta=0$이며, E_2와 분로권선의 유도기전력 E_1은 같은 위상이기 때문에 권선의 임피던스 강하를 무시해서 생각하면 출력측 회로의 상전압 E는 E_1+E_2가 되어서 최대의 값이 된다.

다음에 이 위치에서 회전자를 그림 (b)와 같이 반시계방향으로 θ만큼 회전하면, E_1과 E_2의 위상차는 θ가 되고 출력측의 상전압 E는 $\dot{E}=\dot{E}_1+\dot{E}_2$의 크기는 $\sqrt{(E_1+E_2\cos\theta)^2+E_2{}^2\sin^2\theta}$가 된다.

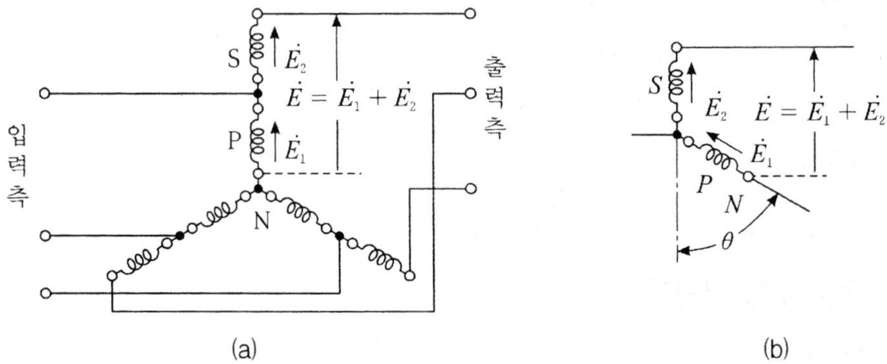

그림 4-49 3상 유도전압조정기의 회로

이와 같이 θ가 커짐에 따라 E는 점점 감소하고, $\theta=\pi$인 경우에는 $E=E_1-E_2$가 되어서 최소의 값이 된다. 즉, 회전자를 0에서부터 π까지 회전시켜서 출력측 회로의 선간전압을 $\sqrt{3}(E_1 \pm E_2)$의 범위로 조정할 수 있다.

또, 3상 유도전압조정기에서는 그림 4-50의 벡터도에서 아는 바와 같이 $\theta=0$ 및 $\theta=\pi$, 이 경우를 제외하고는 입력측의 전압 E_1과 출력측의 전압 E_2 사이에 위상차 α가 생긴다. 이 위상차는 단일부하이면 문제가 되지 않으나 선로의 병렬사용 등에는 지장이 있다.

이와 같이 위상차가 있어 곤란한 경우에는 상회전이 서로 반대인 2개의 분로권선을 설치한 유도전압조정기, 즉 대각 유도전압조정기(twin induction regulator)를 사용한다.

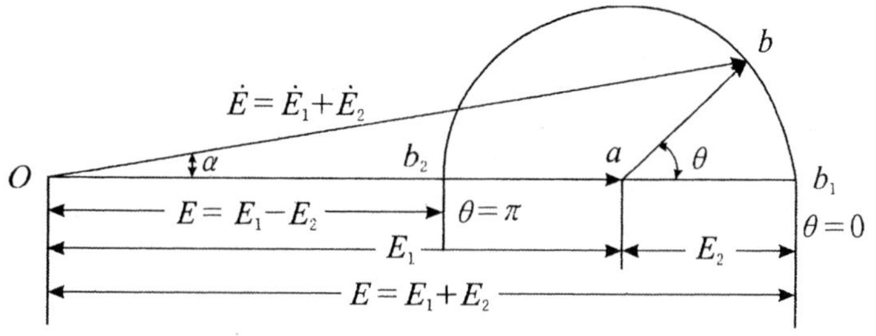

그림 4-50 3상 유도전압조정기의 전압조정(1상의 경우)

(다) 기자력의 평형

3상 유도전압조정기에서는 3상 유도전동기의 경우와 같이, 직렬권선에 의한 기자력은 회전자의 위치에는 관계없이 항상 1차 부하전류에 따른 분로권선 기자력에 의하여 상쇄되므로 단상식의 경우와 같은 단락권선이 필요 없다.

(라) 정격출력

3상 유도전압조정기의 정격출력은 직렬권선에 흐르는 정격 2차전류를 I_2[A], 조정전압을 E_2[V]라 하고 E_2는 1상의 전압이므로

$$\text{정격용량} = 3E_2 I_2 \times 10^{-3}[\text{kVA}] \tag{4-65}$$

예제 1 유도전동기의 속도 제어법에는 어떠한 방법이 있는지 기술하시오.

풀이
- 농형 유도전동기의 속도 제어법 : 주파수를 바꾸는 방법, 극수를 바꾸는 방법, 전원 전압을 바꾸는 방법
- 권선형 유도전동기의 속도 제어법 : 2차 저항을 제어하는 방법, 2차 여자법,

예제 2 유도전동기의 제동 방법 중 슬립의 범위를 1~2 사이로 하여 3선 중 2선의 접속을 바꾸어 제동하는 방법은?

① 역상제동 ② 직류제동 ③ 단상제동 ④ 회생제동

정답 ①

풀이 3상 유도전동기를 운전 중 급히 정지시킬 경우 1차측 3선 중 2선을 바꾸어 접속해서 회전자계의 방향을 반대로 하면 유도전동기는 그 순간에 강력한 유도 제동기가 된다. 이것을 역상 제동기라 한다.

예제 3 다음 중 농형 유도전동기에 주로 사용되는 속도 제어법은?

① 저항제어법 ② 2차 여자법

③ 종속 접속법 ④ 극수 변환법

정답 ④

예제 4 소형 선풍기용 전동기의 속도 조정은?

① 전압조정 ② 극수변환

③ 주파수 조정 ④ 2차 저항 가감

정답 ①

예제 5 크로링 현상은 다음의 어느 것에서 일어나는가?

① 농형 유도전동기 ② 직류 직권전동기

③ 회전 변류기 ④ 3상 변압기

정답 ①

풀이 크로링(Crawling) 현상 : 농형 유도전동기에서 고정자와 회전자의 슬롯수가 적당하지 않을 경우 소음이 발생하는 현상으로 사구(skewed solt) 채용으로 소음을 경감시킬 수 있다.

예제 6 단상 유도전압조정기에서 단락 권선의 직접적인 역할은?

① 누설 리액턴스로 인한 전압강하 방지

② 역률 보상

③ 용량 증대

④ 고조파 방지

정답 ①

풀이 2차 권선의 누설 리액턴스는 $\alpha = 90°$에서 매우 크므로 큰 전압강하가 생겨 전압변동율이 커지게 되므로 이를 방지하기 위해서 1차 권선과 직각 방향으로 단락 권선을 감는다.

예제 7 단상 유도전압조정기의 1차 전압 100[V], 2차 100±30[V], 2차 전류는 50[A]이다. 이 조정 정격은 몇 [kVA]인가 계산하시오.

풀이 단상 유도전압조정기의 용량 P

$$P = \text{부하용량} \times \frac{\text{승압 전압}}{\text{고압측 전압}} = (130 \times 50)\frac{130 - 100}{130} = 1500[\text{VA}]$$

$\therefore\ P = 1.5[\text{kVA}]$

익 힘 문 제

1. 저압의 소형 전동기 보호는?
   ① 퓨즈에 의한 과전류 보호 ② 비율 차동계전기 보호
   ③ 부족 전압계전기 보호 ④ 차동계전기 보호

정답 ①

2. 역률 개선은 전동기에 적정부하의 선로에 콘덴서 삽입으로 이루어지며, 콘덴서는 삽입된 위치로부터 전원측으로 향하여 역률이 개선된다. 다음 중 역률이 개선되었을 때 이루어지지 않는 것은?
   ① 변압기의 저항손실 감소 ② 설비용량의 실질적 감소
   ③ 부하단에 전압 확보 ④ 선로에 저항손실 감소

정답 ②

3. 중소 용량의 3상 유도전동기용 과부하 보호로서 가장 적당한 것은?
   ① 유도형 과전류 계전기 ② 퓨즈 ③ 열동계전기 ④ 노퓨즈 브레이크

정답 ③

풀이 열동계전기(THR : Thermal Heater Reley) : 설정값 이상의 전류가 흐르면 바이메탈 금속이 열에 의하여 접점을 동작시키는 계전기로 전동기 과부하 보호에 사용된다.

4. 교류와 직류 양쪽 모두에 사용 가능한 전동기는?
   ① 단상 분권 정류자 전동기 ② 단상 반발 전동기
   ③ 셰이딩 코일형 전동기 ④ 단상 직권 전동기

정답 ④

5. 유도전동기의 주파수 제어를 위한 정지형 전력변환장치는?
   ① 정류기 ② 여자기 ③ 인버터 ④ 초퍼

정답 ③

6. 단상 교류전동기의 입력을 표시하는 식은?

① $3E/I\cos\theta$　② $\sqrt{3}EI\cos\theta$　③ EI　④ $EI\cos\theta$

정답 ④

7. 3상 유도전동기가 여러대 설치되어 있는 공장에서 역율을 개선하기 위하여 경제성, 보수성만 유리하게 콘덴서를 설치한다면 다음 중 어떤 방법이 가장 적절한가?

① 고압측에 설치한다.
② 저압측에 일괄해서 설치한다.
③ 대용량 전동기에만 설치한다.
④ 저압측에 각 전동기마다 개별적으로 설치한다.

정답 ①

8. 농형 유도전동기 기동법이 아닌 것은?

① 직입 기동법　② 2차 저항 기동법
③ 콘도르퍼방식　④ Y－Δ 기동법

정답 ②

풀이 ②는 권선형 유도전동기 기동법이다.

9. 8극 동기전동기의 기동방법에서 유도전동기로 기동하는 기동법을 사용하려면 유도전동기의 필요한 극수는 몇 극인가?

① 6　② 8　③ 10　④ 12

정답 ①

풀이 동기전동기 극수(8극)보다 적은 극수를 사용한다. 즉, 유도전동기가 동기 속도에 대해서 슬립만큼 늦게 돌기 때문에 적은 극수 전동기를 사용해야 한다.

10. 3상 유도전동기에서 2차측 저항을 2배로 하면 그 최대 토크는 몇 배로 되는가?

① 2배로 된다.　② $\frac{1}{2}$로 줄어든다.　③ 3배가 된다.　④ 변하지 않는다.

정답 ④

풀이 비례추이 원리 : ① 기동토크 증가 ② 최대 토크 불변 ③ 권선형 유도전동기에 적용

11. 유도전동기의 속도제어법 중에서 인버터를 사용하면 가장 효과적인 것은?
① 극수 변환법 ② 슬립 변환법 ③ 주파수 변환법 ④ 인가전압 변환법

정답 ②

12. 농형 유도전동기의 속도 제어를 위한 1차 주파수 제어방식이 아닌 것은?
① 전압, 주파수제어 ② 벡터제어
③ 슬립, 주파수제어 ④ 일정 전압제어

정답 ④

13. 유도전동기의 토크가 전압의 제곱에 비례하여 변화하는 성질을 이용하여 유도전동기의 속도를 제어하는 것은?
① 극수변환 방식 ② 전원전압 제어법
③ 크레이머 방식 ④ 전원주파수 변환법

정답 ②

14. 3상 유도전기동기의 2차 입력이 P_2, 슬립이 s라면 2차 저항손은 어떻게 표현되는가?

① sP_2 ② $\frac{P_2}{s}$ ③ $\frac{1-s}{P_2}$ ④ $\frac{P_2}{1-s}$

정답 ①
풀이 2차 저항손(동손) $P_{c2} = s \cdot P_2$

15. 3상 유도전동기의 회전자 입력 P_2, 슬립이 s라면 2차 동손은 어떻게 표현되는가?
① 전기자에 유도되는 역기전력을 작게 한다.
② 역률을 개선한다.
③ 리액턴스 강하를 크게 한다.
④ 토크를 증가시킨다.

정답 ①

16. 단상 직권 정류자 전동기의 회전 속도를 높이는 이유는?

① 전기자에 유도되는 역기전력을 작게 한다.

② 역률을 개선한다.

③ 리액턴스 강하를 크게 한다.

④ 토크를 증가시킨다.

정답 ②

풀이 교류 직권 정류자 전동기는 직류 직권 전동기와 특성이 비슷하다.

17. 권선형 유도전동기에서 2차측 저항을 2배로 하면 그 최대 토크는 몇 배로 되는가?

① $\frac{1}{2}$ ② $\sqrt{2}$ ③ 2 ④ 불변

정답 ④

풀이 비례 추이 원리 : ① 기동 토크 증가, ② 최대 토크 불변

18. 다음 중 3상 권선형 유도전동기를 사용하는 주된 이유는?

① 효율 향상 ② 역률 개선

③ 기동 특성의 향상 ④ 소용량 기기에 적용

정답 ③

풀이 2차 저항과 비례추이를 이용해서 ① 기동 전류 저감, ② 기동 토크 증대

19. 양수량이 매분 10[m^3]이고, 총 양정이 10[m]인 펌프용 전동기의 용량은? (단, 펌프 효율은 70[%]이고, 여유계수는 1.2라고 한다.)

① 5[kW] ② 20[kW]

③ 28[kW] ④ 280[kW]

정답 ③

풀이 펌프 구동용 전동기 용량

$P = k\frac{QH}{6.12\eta}$ [kW]에서

여유계수 $k=1.2$, 양수량 $Q=10[\mathrm{m^3/min}]$, 총 양정 $H=10[\mathrm{m}]$,

펌프의 효율 $\eta=0.7$ $\therefore P=1.2\times\frac{10\times10}{6.12\times0.7}\fallingdotseq 28[\mathrm{kW}]$

20. 에스컬레이터의 적재하중이 1500[kg], 속도 30[m/min], 경사각 30°, 에스컬레이터의 총 효율 0.6, 승객 승입률 0.85일 때 에스컬레이터 전동기의 용량은 약 몇 [kW]인가?

① 2.2[kW] ② 5.2[kW]

③ 32[kW] ④ 64[kW]

정답 ②

제5장

전력용 반도체 정류 소자

가정이나 공장에서 사용하는 전기기기는 대부분 주파수 60[Hz], 전압 220[V]인 상용 전원을 공급받아 동작하게 만들어져 있다. 그러나, 다양한 전기기기에 가장 알맞은 전원을 제공하고, 전력을 제어하여 전기기기가 특정한 동작을 하도록 제어하는데 상용전원과 다른 크기의 주파수와 전압이 필요하며, 또는 직류 전원이 필요할 수도 있다. 이와 같은 다양한 전원은 우리 주변에서 쉽게 구할 수 있는 전원으로부터 만들어져야 한다. 이때 다른 전원으로 변환시켜주는 장치가 필요한데 이러한 장치는 다이오드, 사이리스터 등의 전력용 반도체 정류 소자를 적절히 조합해서 사용한다.

이장에서는 전력용 반도체 정류 소자의 구조, 특성 동작원리와 정류회로, 컨버터, 쵸퍼, 인버터 등에 대해서 알아보도록 한다.

5.1 정류 소자

1. 전력용 다이오드

전력용 다이오드는 2단자를 가진 P-N 접합 반도체 소자로 그림 5-1과 같이 표시하며 애노드(anode)는 양극(+)을, 캐소드(cathode)는 음극(−)을 나타낸다.

애노드의 전위가 캐소드에 비하여 높을 때, 다이오드는 순바이어스(forward bias)되었다 하며 다이오드는 도통되어 전류가 흐르며 애노드와 캐소드 사이에 약간의 순방향 전압 강하가 발생한다.

반대로 캐소드의 전위가 애노드에 비하여 높을 때, 다이오드는 역바이어스(reverse bias)되었다 하며 다이오드에는 역바이어스 전압이 항복 전압에 도달할 때까지 아주

미소한 누설 전류(수 μ~mA 정도)가 흐른다.

따라서 순방향으로 바이어스된 경우는 전류가 잘 흐르고 항복 전압보다 낮은 전압에서 역방향으로 바이어스된 경우는 전류가 흐르지 못한다. 즉, 다이오드에 공급한 전압이 전위 장벽(Si인 경우 0.7[V], Ge인 경우 0.3[V]) 보다 높은 전압이 에노드에 걸리면 순방향으로 바이어스 되어 전류가 흐르고 낮은 전압이 걸리면 전류가 흐르지 못한다. 그림 5-1의 (c)는 이와 같은 다이오드의 전압-전류 특성을 나타낸 것이다.

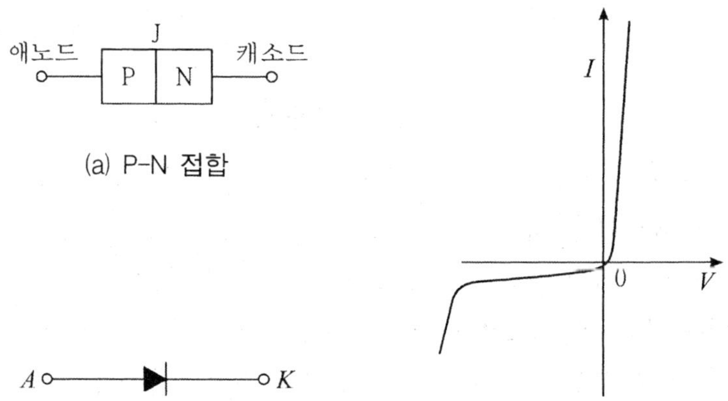

(a) P-N 접합

(b) 다이오드의 기호

(c) 다이오드의 전압전류특성

그림 5-1 P-N 접합 다이오드

2. 사이리스터

사이리스터는 전력전자 회로에서 널리 사용되는 것으로 3개의 p-n접합을 가진 4층 구조의 P-N-P-N 접합 반도체 소자로 그림 5-2는 그 구조와 전압-전류 특성을 나타낸 것이다.

애노드 전압이 캐소드 전압보다 클 때, 접합 J_1과 J_3은 순바이어스 되고 접합 J_2는 역바이어스 되어 미세한 누설 전류만 애노드에서 캐소드로 흐른다. 애노드와 캐소드 사이에 순방향의 높은 전압이 걸려 역바이어스된 J_2접합이 파괴되는 것을 순방향 항복 전압에 의한 애벌란치 항복이라 한다.

사이리스터는 애노드 전류를 증가시켜 점호(Turn On)한다. 점호 방법은 열, 빛, 고전압, dV/dt 및 게이트 전류를 이용한다.

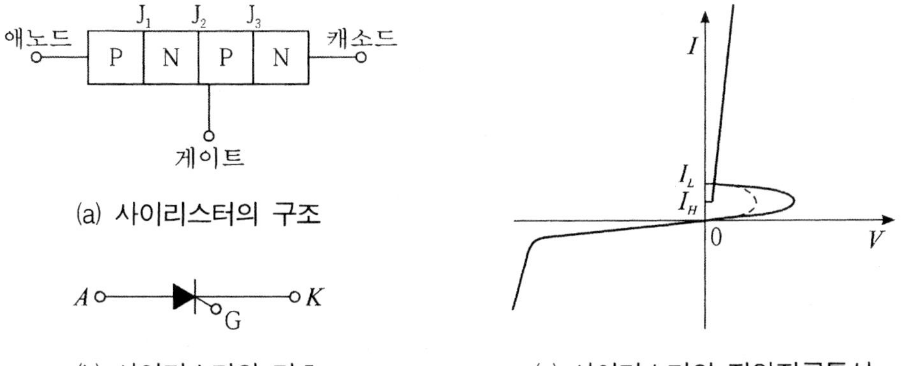

(a) 사이리스터의 구조

(b) 사이리스터의 기호

(c) 사이리스터의 전압전류특성

그림 5-2 사이리스터

일반적으로 많이 사용하는 것은 사이리스터를 순바이어스로 하고 게이트와 캐소드 단자 사이에 순방향의 게이트 전류를 흘려 사이리스터를 점호한다. 게이트 전류를 증가시킴에 따라 순방향 항복 전압은 감소한다. 여기서 게이트 전류를 흘리는 시점 α를 **제어각** 또는 **점호각**이라 한다.

게이트 신호를 인가하여 사이리스터가 도통할 때까지의 시간을 점호 시간이라 하며 정상 상태에서 게이트 전류가 10[%] 되는 시간에서 애노드 전류가 90[%] 되는 시간까지로 정의하고 다시 점호 시간은 지연 시간과 상승 시간으로 구분된다. 지연 시간은 게이트 전류가 10[%] 되는 시간에서 사이리스터의 애노드전류가 10[%] 되는 시간까지로 정하고 상승 시간은 애노드 전류가 10[%]에서 90[%]로 되기까지의 시간이다.

그림 5-2 (c)에서 래칭(latching) 전류는 사이리스터가 도통되는 즉시 게이트 전압을 제거하여도 도통 상태를 유지하는데 필요한 최소 전류이고 유지 전류는 게이트 개방 상태에서 사이리스터가 도통하고 있을 때 그 상태를 유지하기 위한 최소의 순방향 전류를 **유지 전류**라 하며 래칭 전류보다 항상 적다.

도통 상태인 사이리스터의 애노드 전류가 유지 전류 이하가 되면 사이리스터는 소호(Off) 상태로 된다. 이렇게 사이리스터를 소호 상태로 하는 것을 **전류**(轉流)라 한다.

전류(轉流)에는 전원 전압을 이용하여 사이리스터를 소호하는 자연 전류(轉流)와 에너지 축적 요소(소호 콘덴서, 소호 리액터) 등의 외부 회로(轉流 회로)를 이용하여 사이리스터를 소호하는 강제 전류(轉流)가 있다.

3. 전력용 트랜지스터

전력 변환 회로에서 스위칭 소자로 사용되는 전력용 트랜지스터는 포화 영역에서 동작하며 낮은 전압 강하를 갖고 있다.

전력용 트랜지스터의 스위칭 속도는 사이리스터보다 빨라서 직류↔직류, 직류↔교류 및 교류↔교류의 전력 변환에 널리 사용되나 정격 전압 및 전류가 사이리스터보다 작아 중소용량의 응용 분야에 주로 이용된다.

전력용 트랜지스터는 다음의 4가지로 분류된다.

① BJT : Bipolar Junction Transistor

② MOSFET : Metal Oxide Semiconductor Field Effect Transistor

③ SIT : Static Induction Transistor

④ IGBT : Insulated Gate Bipolar Transistor

전력용 트랜지스터를 스위칭 소자로 사용하면 강제 전류형(轉流形) 사이리스터에 비하여 구동 회로가 훨씬 간단하지만 전압 및 전류 용량이 큰 경우는 사이리스터를 사용한다.

5.2 정류회로

다이오드나 사이리스터를 사용하는 정류회로에는 단상 정류회로와 다상 정류회로가 있다. 정류회로에서 출력 전압 v_d와 출력 전류 i_d의 평균값을 V_d, I_d, 실효값을 V_r, I_r라 할 때, 정류회로의 정류 효율과 맥동율은 다음과 같이 정의한다.

$$\text{정류기 효율} \quad \eta = \frac{P_{dc}}{P_{ac}} = \frac{I_d^{\,2} R}{I_r^{\,2} R} = \left(\frac{I_d}{I_r}\right)^2 \tag{5-1}$$

$$\text{맥동률} \quad \gamma = \sqrt{\left(\frac{V_r}{V_d}\right)^2 - 1} = \sqrt{\left(\frac{I_r}{I_d}\right)^2 - 1} \tag{5-2}$$

정류회로에서 사이리스터 대신 다이오드를 사용할 때는 점호각 $\alpha = 0$으로 생각하면 된다.

1. 단상반파 정류회로

(1) 저항 부하

그림 5-3 (a)는 정류회로에서 가장 기본적인 단상반파 정류회로로 저항 부하인 경우이다. 전원 전압 $v=\sqrt{2}\,V\sin\omega t$이 공급될 때, $v>0$, $\omega t=\alpha$에서 사이리스터 T의 게이트에 트리거 펄스 전압 v_g를 가하면 사이리스터는 점호하여 전류가 흐르게 된다.

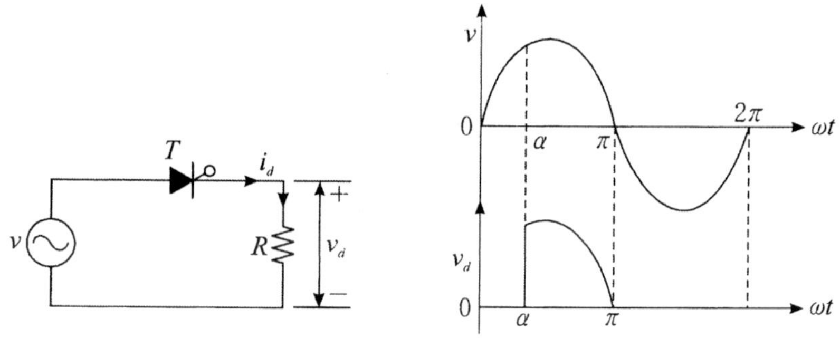

(a) 회로도 (b) 파형

그림 5-3 단상반파 정류회로

사이리스터에 전류 i_d가 흐르면 부하 전압 v_d는 전원 전압 v와 일치하며 $v=0$ 될 때, 즉 $i_d=0$될 때 사이리스터는 소호하므로 부하 전압 v_d의 파형은 그림 5-3 (b)와 같이 된다.

v_d의 평균값 V_d와 i_d의 평균값 I_d는 다음과 같이 된다.

$$V_d=\frac{1}{2\pi}\int_0^{\pi}v_d\,d(\omega t)=\frac{1}{2\pi}\int_{\alpha}^{\pi}\sqrt{2}\,V\,\sin\omega t\,d(\omega t)$$

$$=\frac{\sqrt{2}\,V}{2\pi}[\,1+\cos\omega t\,]_{\alpha}^{\pi}=\frac{\sqrt{2}\,V}{2\pi}[1+\cos\alpha] \qquad (5\text{-}3)$$

$$I_d=\frac{V_d}{R}=\frac{\sqrt{2}\,V}{2\pi R}[1+\cos\alpha] \qquad (5\text{-}4)$$

(2) $R-L$ 부하

그림 5-4 (a)는 그림 5-3의 저항 부하 R 대신에 $R-L$의 유도 부하인 경우로 전원 전압 v, 부하 전압 v_d, R과 L의 전압 강하 $v_R=i_dR$과 $v_L=Ldi_d/dt$의 파형은 그림 5-4 (b)로 나타낼 수 있다. 저항 부하와 다른 것은 전류 i_d가 저항 부하인 경우는 $v=0$될 때, 즉 $\omega t=\pi$에서 $i_d=0$이 되어 사이리스터는 소호되나 $R-L$ 부하인 경우는 L때문에 전류 $i_d=0$되는 소호각은 $\omega t=\beta$로 늦어져 π보다 크게 된다. 사이리스터는 $\omega t=\alpha$인 점호 순간의 부하 전압 $v_d=v$가 되어 $i_d>0$을 만족하는 동안은 도통 상태가 계속되어 $\omega t=\beta$에서 $v_d=0$이 된다.

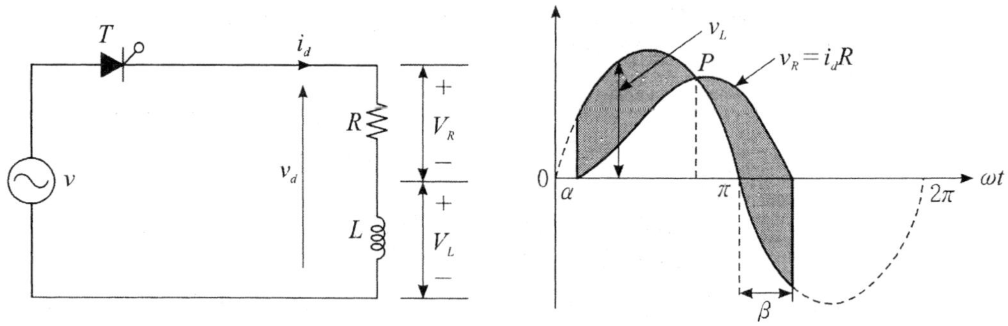

(a) 회로도 (b) 파형

그림 5-4 단상반파 정류회로($R-L$ 부하)

그림에서 검은 부분은 $v_L=v_d-v_R$으로 v_d와 v_R의 교점 P의 좌측은 $v_L>0$, 우측은 $v_L<0$이므로 P점에서 $v_L=Ldi_d/dt=0$이 되어 i_d가 최대가 됨을 알 수 있다. 점 P의 좌측 검은 부분의 면적은 인덕턴스 L을 지나가는 자속의 증가분이고 우측의 검은 부분의 면적은 L을 지나가는 자속의 감소분으로 정상 상태에서 두 면적은 같다. 즉, L의 전압 강하 v_L의 평균값은 정상 상태에서는 언제나 영이므로 정류회로의 출력 전압 v_d의 평균값은 식 (5-3)과 같은 식으로 나타낼 수 있다.

(3) 환류 다이오드

그림 5-5 (a)는 $R-L$ 부하에 병렬로 환류 다이오드 D_f를 접속한 것이다.

전원 전압 $v=\sqrt{2}V\sin\omega t$이 공급되고 α에서 점호할 때, ωt가 $\alpha\sim\pi$의 사이에서는 $v>0$으로 사이리스터 T는 $\omega t=\alpha$에서 점호되고 다이오드 D_f는 역바이어스로 차단되어 부하 전류 i_d는 그림 (b)와 같이 L의 작용으로 천천히 상승한다. $\omega t>\pi$에서는 $v<0$으로 T는 역바이어스(D_f를 통하여)되어 소호되고 D_f는 순바이어스로 되어 L에 축적된 에너지는 $R\rightarrow L\rightarrow D_f$의 단락 회로에 흐르게 된다. 여기서 L이 크면 부하 전류 i_d는 느린 시정수로 $\omega t=2\pi+\alpha$까지 감소하게 된다.

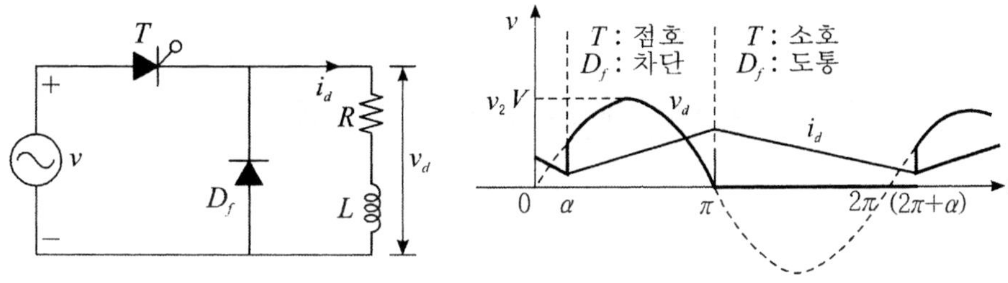

(a) 회로도 (b) 파형

그림 5-5 단상전파 정류회로

부하 전압 v_d의 파형은 그림 (b)와 같이 되어 저항 부하일 때의 파형과 같고 평균값은 식 (5-3)이 되며 부하 전류 i_d는 평활한 연속 파형이 된다.

리액터 L의 값을 크게 하면 할수록 i_d의 맥동분은 감소하므로 $L=\infty$일 때는 i_d는 맥동이 없는 직류가 된다.

2. 단상전파 정류회로

(1) 브리지 정류회로

그림 5-6 (a)와 같은 정류회로를 브리지 정류회로라 하며 전원 전압 $v=\sqrt{2}V\sin\omega t$이 공급될 때, $v>0$, $\omega t=\alpha$에서 점호하면 $\omega t=\alpha\sim\pi$ 사이는 사이리스터 T_1, T_2가 $\omega t=(\pi+\alpha)\sim2\pi$ 사이는 사이리스터 T_3, T_4가 점호된다. $L=\infty$일 때, 직류 전압 v_d의 파형은 그림 5-6 (b)와 같이 되며 v_d의 평균값은 다음과 같다.

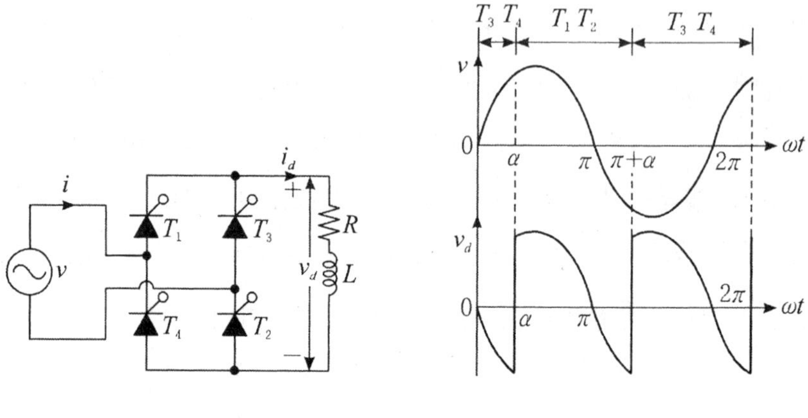

(a) 회로도　　(b) 파형

그림 5-6 단상전파 브리지 정류회로

$L=0$ 인 경우

$$V_d=\frac{1}{\pi}\int_{\alpha}^{\pi} v_d\, d\omega t=\frac{1}{\pi}\int_{\alpha}^{\pi}\sqrt{2}\,V\sin\omega t d(\omega t)$$

$$=\frac{\sqrt{2}\,V}{\pi}(1+\cos\alpha) \qquad (5\text{-}5)$$

$L=\infty$ 인 경우

$$V_d=\frac{1}{\pi}\int_{\alpha}^{\pi+\alpha}\sqrt{2}\,V\sin\omega t d(\omega t)=\frac{2\sqrt{2}\,V}{\pi}\cos\alpha \qquad (5\text{-}6)$$

(2) 혼합 브리지 정류회로

그림 5-6의 회로에서 2개의 사이리스터를 다이오드로 교환할 때의 교환 방법으로 그림 5-7 (a)와 (b)를 생각할 수 있다. 이 두 회로는 유도성 부하가 접속될 때 직류 전압과 전류 특성은 같지만 사이리스터를 위상 제어할 때 각 소자의 전류는 다르게 된다. 즉, 제어각 α에서 T_1이 점호되어 T_1- D_2에 전류가 흐르는 $\alpha \sim \pi$ 사이는 두 회로는 같지만 $\pi-(\pi+\alpha)$ 사이에서는 (a)의 회로는 T_1- D_3을 통해서 순환 전류가 흐르지만 (b)의 회로는 D_2 - D_4에 흐른다. 따라서 (a)회로는 사이리스터나 다이오드의 전류 부담이 같지만 (b)회로의 사이리스터는 다이오드보다 전류 부담이 적어져 사이리스터의 전류 정격을 감소할 수 있다.

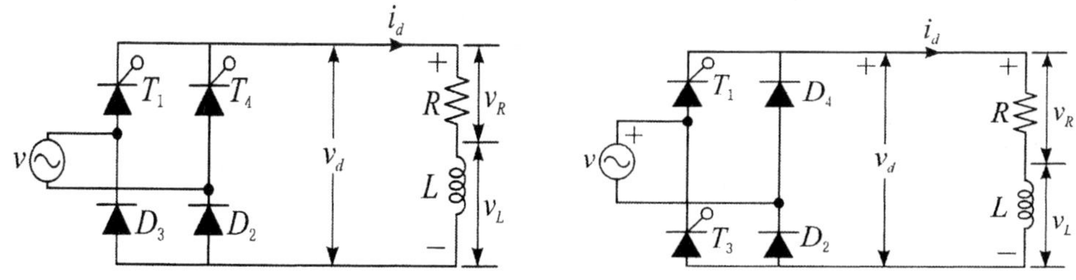

(a) 회로도 (b) 파형

그림 5-7 혼합 브리지 정류회로

(3) 2상 반파 정류회로

그림 5-8 (a)는 전원 변압기의 2차 권선에 있는 중간 탭을 이용하여 2개의 정류 소자로 구성한 정류회로로 전에는 단상 전파회로라 하였지만 변압기의 2차 전압에서 보면 v_1, v_2와 같이 서로 $\pi/2$의 위상차가 있는 2상 전압을 각각 반파정류하고 있는 것으로 볼 수 있으므로 최근에는 2상 반파 정류회로라 한다.

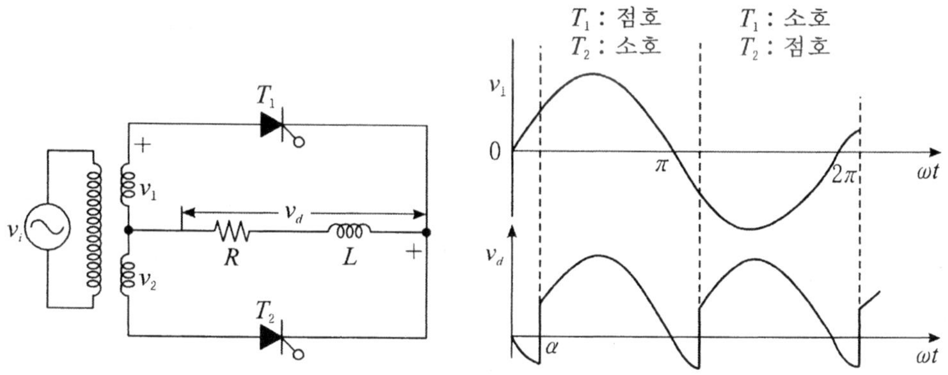

(a) 회로도 (b) 파형

그림 5-8 2상 반파 정류회로

그림에서 $v_1 = \sqrt{2}\,V\sin\omega t$일 때, $v>0$, $\omega t = \alpha$에서 점호하면 $\omega t = \alpha \sim \pi$ 사이는 사이리스터 T_1이, $\omega t = (\pi+\alpha) \sim 2\pi$ 사이는 사이리스터 T_2가 점호되어 부하 전압 v_d의 파형은 그림 5-8의 (b)와 같이 되어 직류 전압은 브리지 정류회로와 같으며 소호된 사이리스터에 걸리는 역전압은 $v_1 + v_2 = 2\sqrt{2}\,V\sin\omega t$로 브리지 정류일 때

의 2배의 역전압에 견디는 정류 소자가 필요하다.

예제 1 단상반파 정류회로에서 정류 효율과 맥동율을 구하시오.(단, $\alpha=0$)

풀이 $I_d=\dfrac{V_d}{R}=\dfrac{\sqrt{2}\,V}{\pi R}=\dfrac{V_m}{\pi R}=\dfrac{I_m}{\pi}$

$$I_r=\sqrt{\frac{1}{2\pi}\int_0^{\pi} i_d^2\, d\omega t}=\sqrt{\frac{1}{2\pi}\int_0^{\pi}(I_m \sin\omega t)^2 d(\omega t)}$$

$$=\sqrt{\frac{I_m^2}{2\pi}\left[\frac{\theta}{2}-\frac{\sin 2\theta}{4}\right]_0^{\pi}}=\sqrt{\frac{I_m^2}{4}}=\frac{I_m}{2}$$

$$\eta=\frac{(I_m/\pi)^2 R}{(I_m/2)^2 R}\times 100=\frac{4}{\pi^2}\times 100=40.6[\%]$$

$$\gamma=\sqrt{\left(\frac{I_r}{I_d}\right)^2-1}=\sqrt{\left(\frac{I_m/2}{I_m/\pi}\right)^2-1}\fallingdotseq 1.21$$

3. 3상 반파 정류회로

그림 5-9 (a)와 같은 3상 반파 정류회로에서 a, b, c상에 접속된 사이리스터 T_1, T_2, T_3은 그림에서 각 상전압의 교점에서 제어각 α로 하여 120°의 간격으로 점호한다. 그림에서 T_1이 도통하고 있을 때의 부하 전압 $v_d=v_a$이고, v_a와 v_b의 교점에서 α만큼 늦게 T_2를 점호하면 $v_b>v_a$이 되어 T_1은 역바이어스 되어 소호되므로 부하 전압 $v_d=v_b$가 된다. 이와 같은 과정이 반복되므로 v_d의 파형은 그림 5-9 (b)와 같이 전원 전압의 3배 주파수를 기본파로 하는 파형이 된다.

직류 전압 V_d는 $v_a=\sqrt{2}\,V\sin\omega t$이라 하면 다음과 같이 된다.

$$V_d=\frac{1}{2\pi/3}\int_{(\frac{\pi}{6}+\alpha)}^{(\frac{5}{6}\pi+\alpha)} v_a\, d(\omega t)=\frac{1}{2\pi/3}\int_{(\frac{\pi}{6}+\alpha)}^{(\frac{5}{6}\pi+\alpha)}\sqrt{2}\,V\sin\omega t\, d(\omega t)$$

$$=\frac{3\sqrt{2}\,V}{2\pi}[-\cos\omega t]_{(\frac{\pi}{6}+\alpha)}^{(\frac{5}{6}\pi+\alpha)}=\frac{3\sqrt{6}\,V}{2\pi}\cos\alpha \qquad (5\text{-}7)$$

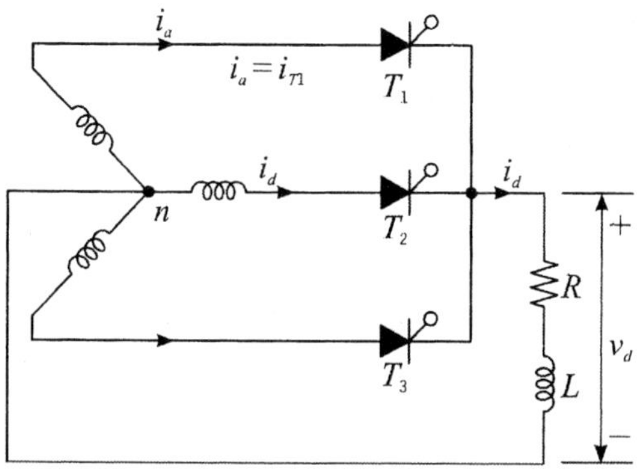
(a) 회로도

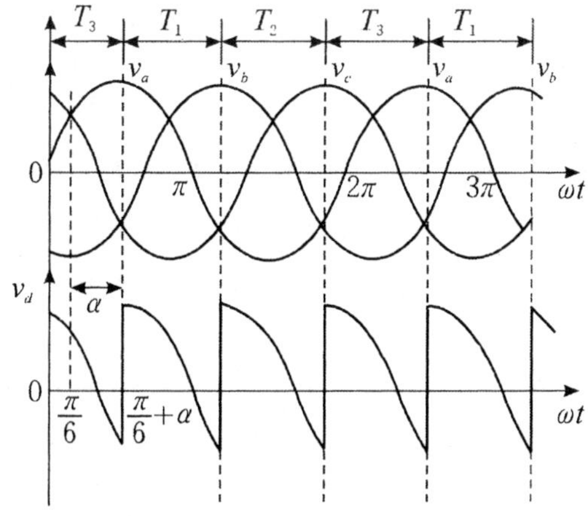
(b) 파형

그림 5-9 3상 반파 정류회로

4. 3상 전파 정류회로

그림 5-10 (a)는 사이리스터 6개로 구성한 3상 전파 브리지 제어 정류회로로 직류 전압의 파형이 비교적 평활하고 변압기 이용률이 높으며 경우에 따라서는 변압기를 생략할 수도 있으므로 제일 많이 사용된다.

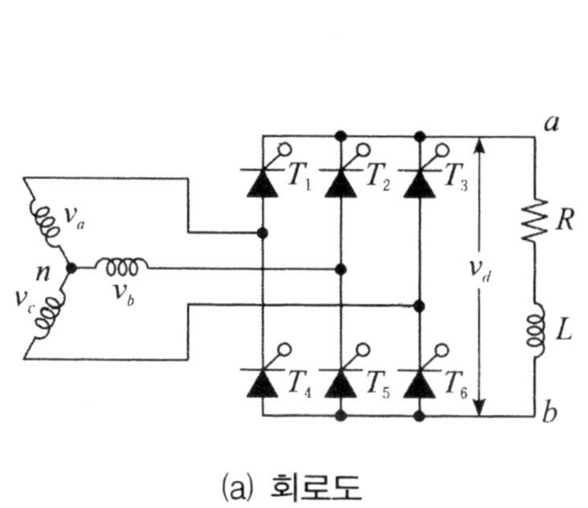
(a) 회로도

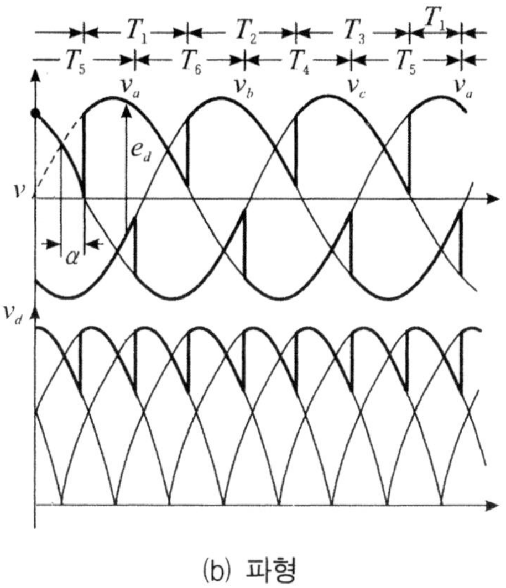
(b) 파형

그림 5-10 3상 전파 정류회로

그림에서 n점과 a점 사이에 사이리스터 T_1, T_2, T_3이 정(+)의 방향으로 병렬로 접속되어 있고 n점과 b점 사이에 사이리스터 T_4, T_5, T_6이 부(−)의 방향으로 병렬로 접속되어 있으므로 2개의 3상 반파 정류회로를 직렬로 접속한 것과 같이 된다. 따라서 부하 전압 v_d는 정(+)의 전압과 부(−)의 전압의 차가 되어 그림 (b)와 같이 되며 각 사이리스터의 도통 시간은 $2\pi/3$, 상전압 $v_a=\sqrt{2}V\sin\omega t$일 때 사이리스터에 걸리는 역전압은 선간 전압의 최대값 $\sqrt{3}\cdot\sqrt{2}V=\sqrt{6}V$가 된다.

부하 전압 v_d의 평균값 V_d는 3상 반파 정류회로의 2배가 된다.

$$V_d = 2\times\frac{3\sqrt{6}V}{2\pi}\cos\alpha = \frac{3\sqrt{6}V}{\pi}\cos\alpha \tag{5-8}$$

예제 1 단상전파 정류회로와 3상 반파 정류회로의 맥동율을 구하시오.
(단, 제어각 $\alpha=0$)

풀이 단상전파에서 교류 실효값 $I_r=\frac{I_m}{\sqrt{2}}$, 직류 평균값 $I_d=\frac{2I_m}{\pi}$ 이므로

$$\gamma=\sqrt{\left(\frac{I_m/\sqrt{2}}{2I_m/\pi}\right)^2-1}=\sqrt{\left(\frac{\pi}{2\sqrt{2}}\right)^2-1}=\sqrt{(1.11)^2-1}\fallingdotseq 0.48$$

3상 반파에서 교류 실효값 V_r은

$$V_r=\sqrt{\frac{3}{2\pi}\int_{-\frac{\pi}{3}}^{\frac{\pi}{3}}(\sqrt{2}V\cos\omega t)^2 d(\omega t)}=1.185V$$

이고 직류 평균값 $V_d=\frac{3\sqrt{6}V}{2\pi}=1.17V$이므로

$$\gamma=\sqrt{\left(\frac{V_r}{V_d}\right)^2-1}=\sqrt{\left(\frac{1.185V}{1.17V}\right)^2-1}\fallingdotseq 0.17$$

5.3 직류 초퍼회로

1. 직류 초퍼의 원리

스위칭 소자를 사용하여 임의의 직류 전압을 다른 직류 전압으로 변환하는 전력 변환기를 DC-DC 컨버터 또는 **직류 초퍼**라 한다. 직류 초퍼는 가변 권수비를 가진

교류 변압기와 등가인 직류 변압기로 볼 수 있으므로 직류 전압을 승압 또는 강압 할 수 있다. 스위칭 소자는 바이폴라 트랜지스터, 전력용 MOSFET, GTO, 사이리스터 등을 사용하며, 사이리스터를 스위칭 소자로 사용한 초퍼는 전동차, 트롤리 카, 선박용 호이스트, 탄광의 채광 견인기 등의 분야에 이용된다.

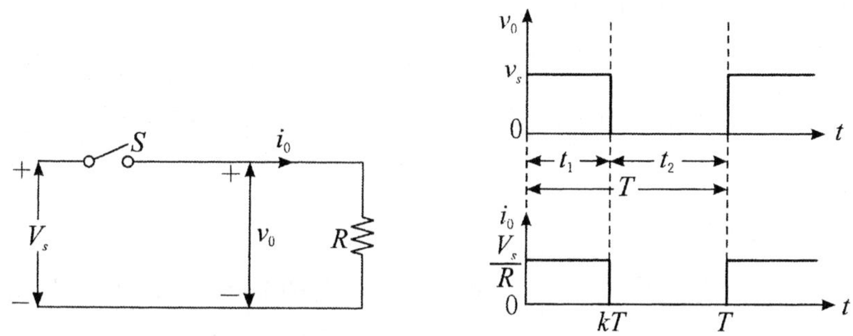

a) 회로도 (b) 파형

그림 5-11 직류 초퍼의 기본 회로

그림 5-11은 저항 부하가 접속된 직류 초퍼의 기본 회로이다. 개폐기 S를 t_1시간에 닫으면 입력 전압 V_S는 부하 양단에 걸리고 개폐기 S를 t_2시간에 열면 부하에는 전압이 걸리지 않는다.

초퍼의 출력 전압 v_0의 평균값 V_0와 부하 전류 I_0는 다음과 같이 된다.

$$V_0 = \frac{1}{T}\int_0^{t_1} v_0\,dt = \frac{1}{T}\int_0^{t_1} V_s\,dt = \frac{t_1 V_s}{T} = kV_s \qquad (5\text{-}9)$$

$$I_0 = \frac{V_0}{R} = \frac{kV_S}{R} \qquad (5\text{-}10)$$

여기서 T를 초핑 주기, $k = t_1/T$를 시비율(Duty Cycle)이라 하며 초퍼의 시비율은 $k = 0 \sim 1$이다.

출력 전압 V_0는 k를 조절함에 따라 $0 \sim V_s$의 범위에서 변화시킬 수 있다.

2. 초퍼방식

초퍼 제어는 스위칭 소자의 점호와 소호의 시간비를 변화시키는 것으로 제어방법에는 다음의 3종류가 있다.

① 펄스 주파수 제어 : 점호 시간 t_1을 일정하게 하고 초핑 주기 T를 변화시키 는 방식으로 특정 주파수에서 고조파를 발생시킨다.

② 펄스 폭 제어 : 초핑 주기 T는 변화시키지 않고 점호 시간 t_1을 변화시키는 방식으로 $k = t_1 / T$을 변화시키는 것으로 시비율은 20~80[%] 정도가 많이 사용된다. 또 ①과 ②를 합하여 평균값 제어라고도 한다.

③ 순시값 제어 : 부하 전류나 전압의 최대값과 최저값을 정하여 전류 또는 전압이 최저값이 되면 사이리스터를 점호하고 최대값으로 되면 소호하는 방법이다.

3. 강압 초퍼

그림 5-12는 직류전동기의 속도 제어에 자주 사용하는 강압 초퍼의 기본 회로와 초퍼의 동작 상태에 따른 파형을 나타낸 것이다. S가 닫히면 환류 다이오드 D_f는 차단되므로 입력 전압에 의하여 리액터 L에 에너지가 축적되면서 입력측에서 에너지가 출력측으로 전달된다. S가 열리면 리액터 L에 축적된 에너지가 환류 다이오드를 통하여 출력측으로 전달된다. 이와 같이 S의 닫힌 시간과 열린 시간의 비율을 조정하여 원하는 직류 전압을 얻을 수 있다.

한 주기 동안의 입력 에너지 P_i와 출력 에너지 P_0는

$$P_i = \frac{1}{T}\int_0^{t_1} V_i I_i dt = V_i I_0 \frac{t_1}{T} \tag{5-11}$$

$$P_0 = \frac{1}{T}\int_0^{T} V_0 I_0 dt = V_0 I_0 \frac{T}{T} = V_0 I_0 \tag{5-12}$$

이 되고 초퍼의 손실을 무시하면 $P_i = P_0$가 된다.

식 (5-11)과 (5-12)에서 T는 초퍼의 스위칭 주기이고 t_1은 닫힌 시간이며 입력 전압 V_i와 출력 전압 V_0는 다음과 같은 관계가 성립한다.

$$V_0 = \frac{t_1}{T} V_i = kV_i \tag{5-13}$$

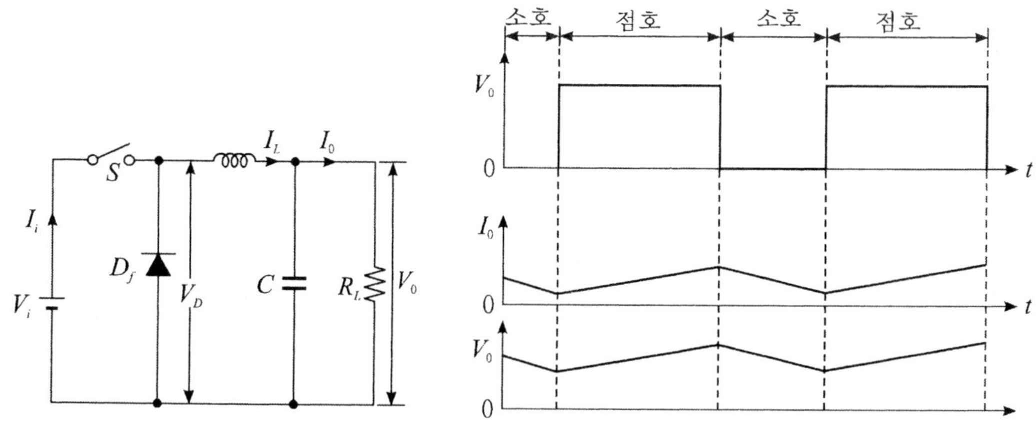

(a) 기본 회로　　　(b) 출력 파형

그림 5-12 강압 초퍼

(1) S가 닫힌 상태($t=kT$)

이 때의 리액터의 전압 $V_L=V_i-V_0=L\dfrac{di_L}{dt}$ 이므로 S가 닫히는 순간 $(t=0)$의 리액터 전류를 I_0라 하면 리액터 전류 i_L은 다음과 같이 나타낼 수 있다.

$$i_L=\frac{1}{L}\int_0^t(V_i-V_0)\,dt+I_0=\frac{V_i-V_0}{L}\times kT+I_0 \tag{5-14}$$

따라서 $V_i>V_0$이므로 이 구간에서는 리액터 전류가 상승한다.

(2) 소호 상태($t=(1-k)T$)

이 때의 리액터 전압 $V_L=-V_0=L\dfrac{di}{dt}$로 리액터 전류는 소호 순간에 최대값이 되고 이 때의 전류를 I_1이라 하면 리액터 전류 i_L은

$$i_L=\frac{1}{L}\int_{kT}^{(1-k)T}(-V_0)\,dt+I_1=-\frac{V_0}{L}(1-k)\,T+I_1 \tag{5-15}$$

이 되어 이 구간에서 리액터 전류는 감소한다.

5.4 컨버터

컨버터는 전력용 반도체 소자를 이용하여 입력을 임의의 크기나 주파수의 교류 전력으로 변환한다. AC-AC 컨버터는 산업분야의 전열 제어, 변압기의 탭 절환, 조명 제어 및 유도전동기의 속도 제어 등에 널리 이용된다.

교류 전압 제어의 경우 온(on)-오프(off) 제어와 위상 제어로 나누어진다. 교류 전압 제어는 단상 제어와 3상 제어로 나누어지며, 이들은 다시 반파 제어와 전파 제어로 나누어진다. 입력 전압이 교류이므로 사이리스터는 자연 전류(轉流)를 이용한다.

1. 온-오프 제어

온 오프 제어의 원리는 그림 5-13에서와 같이 단상 전파 제어기로 설명할 수 있다. 사이리스터를 스위칭 소자로 사용한 그림 5-13 (b)에서 n기간 동안은 사이리스터가 점호되어 전원이 부하에 공급되고 m기간 동안은 사이리스터가 소호되어 전원이 부하에 공급되지 않는다. 사이리스터는 입력 전압이 0일 때 점호된다. 사이리스터 T_1, T_2의 입력 및 출력 파형은 그림 5-13 (b)에서 보여 준다.

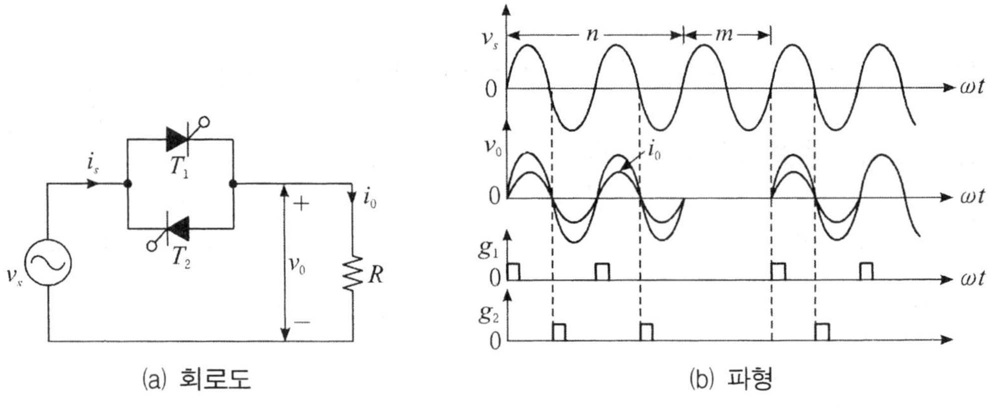

그림 5-13 온-오프 제어

이런 형태의 제어는 기계적 관성이 크고 열 시정수가 높은 산업용 전열 부하, 전동기의 속도 제어에 이용된다. 사이리스터의 영전압, 영전류 스위칭은 고조파의 발생을 줄일 수 있는 효과가 있다.

2. 위상 제어

위상 제어는 그림 5-14 (a)의 회로에서 설명한다. 부하에 대한 전력의 흐름은 사이리스터 T_1의 점호각으로 제어된다. 그림 5-14 (b)에서 보는 바와 같이 다이오드 D_1 때문에 제어 범위가 제한되며 출력 전압의 실효값은 70.7[%]에서 100[%]까지 변화한다. 출력 전압과 입력 전류는 비대칭이 되므로 직류 성분을 함유하게 되어 입력 변압기가 있다면 포화 문제의 원인이 될 수 있다. 이 회로는 전열과 조명과 같은 저전력 저항 부하에 적합하다. 전력은 입력 전압의 정(+)의 반주기 동안만 제어되므로 단방향 제어라고도 부른다.

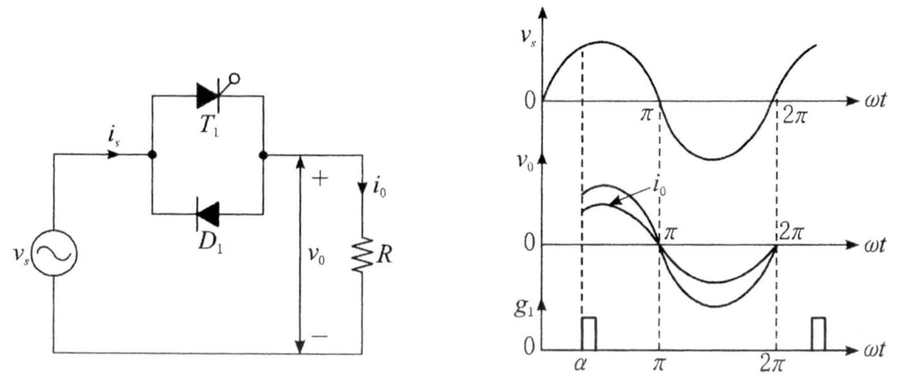

(a) 회로도 (b) 파형

그림 5-14 위상 제어

3. 단상 위상 제어 컨버터

(1) 저항 부하

그림 5-15 (a)는 저항 부하가 접속된 단상 전파 정류기이다.

입력 전압의 정(+)의 반주기 동안은 사이리스터 T_1으로 전력을 제어하고 입력 전압의 부(−)의 반주기 동안은 사이리스터 T_2로 전력을 제어한다.

그림에서 입력 전압이 $v_s = \sqrt{2}\,V_s \sin \omega t$이고 사이리스터 T_1, T_2의 제어각이 각각 α, $\pi+\alpha$이면 출력 전압의 실효값 V_{rs}는 다음과 같이 된다.

$$V_{rs} = \sqrt{\frac{1}{\pi}\int_{\alpha}^{\pi} 2V_s^{\,2}\sin^2 \omega t\, d(\omega t)} = V_s\sqrt{\frac{1}{\pi}\left(\pi - \alpha \sin 2\frac{\alpha}{2}\right)} \qquad (5\text{-}16)$$

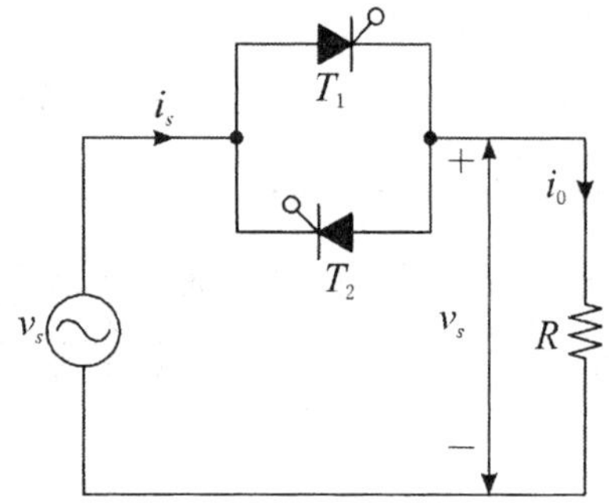

(a) 회로도

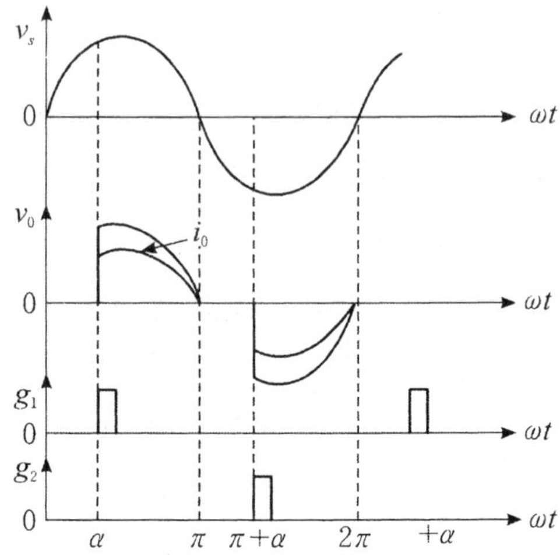

(b) 파형

그림 5-15 단상 제어 전파 컨버터

여기서 제어각 α는 0에서 π까지 변하고, V_{rs}는 V_s에서 0까지 변한다.

단상 전파 AC-AC 컨버터는 한개의 사이리스터와 네개의 다이오드를 가지고 그림 5-16과 같이 구현할 수 있다. 네개의 다이오드는 브리지 정류기로 동작하며 사이리스터 사이의 전압 및 전류는 항상 단일 방향이 된다. 저항 부하의 경우는 그림 5-16 (b)에서와 같이 매 반주기마다 자연 전류(轉流)로 사이리스터 전류는 0으로 된다.

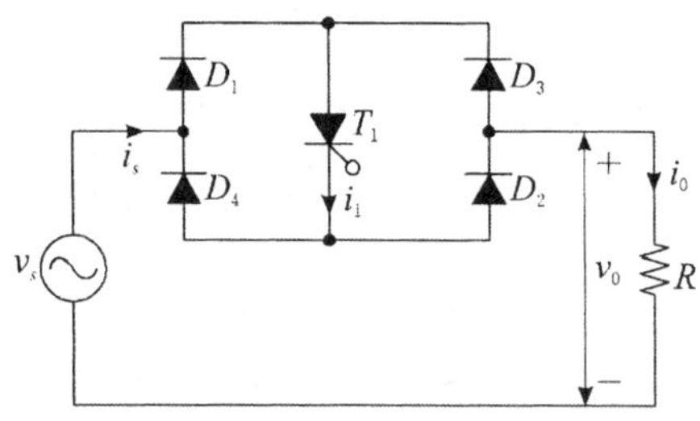

(a) 회로도

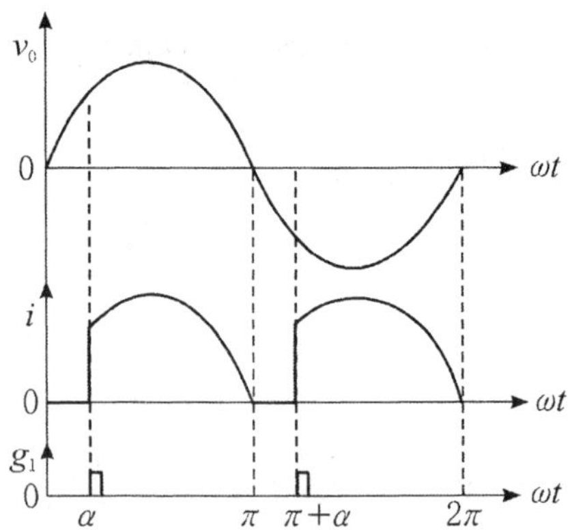

(b) 파형

그림 5-16 1개의 사이리스터로 구성한 단상 전파 제어 컨버터

(2) 유도성 부하

그림 5-17 (a)는 유도성 부하를 접속한 단상 전파 제어 컨버터를 나타낸 것이다. 사이리스터 T_1이 정(+)의 반주기 동안 점호되어 부하 전류가 흐르면 회로의 인덕턴스 때문에 $\omega t=\pi$에서 입력 전압이 부(−)가 되어도 사이리스터 T_1의 전류는 0으로 떨어지지 않는다. 따라서 사이리스터 T_1은 $\omega t=\beta$에서 전류 i_1이 0으로 될 때까지 계속 도통된다. 사이리스터의 도통각 $\delta=\beta-\alpha$는 점호각 α와 부하의 역률각 θ에 따라 변한다. 그림 5-17 (b)는 사이리스터 전류, 게이트 펄스, 입력 전압의 파형들을 나타낸 것이다.

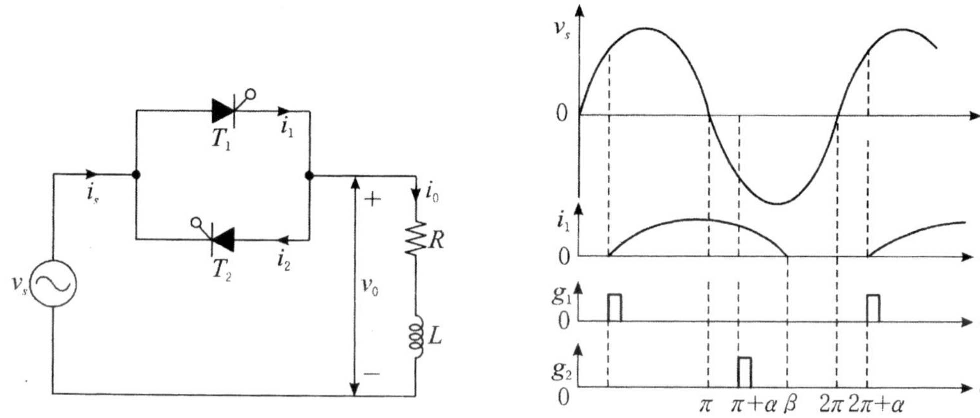

(a) 회로도 (b) 파형

그림 5-17

입력 전압을 $v_s=\sqrt{2}\,V_s\sin\omega t$, 사이리스터 T_1의 점호각을 α라 하면 사이리스터 전류 i_1은 다음 식에서 구한다.

$$L\frac{di_1}{dt}+Ri_1=\sqrt{2}\,V_s\sin\omega t \tag{5-17}$$

식 (5-17)의 해는 다음과 같이 된다.

$$i_1=\frac{\sqrt{2}\,V_s}{Z}\sin(\omega t-\theta)+A_1e^{-\left(\frac{R}{L}\right)t} \tag{5-18}$$

여기서 부하 임피던스 $Z=\sqrt{R^2+(\omega L)^2}$, $\theta=\tan^{-1}\left(\frac{\omega L}{R}\right)$이다.

초기 조건 $\omega t=\alpha$, $i_1=0$에서 상수 A_1는

$$A_1=-\frac{\sqrt{2}\,V_s}{Z}\sin(\alpha-\theta)\,e^{(\frac{R}{L})(\frac{\alpha}{\omega})} \tag{5-19}$$

이 되며 식 (5-19)를 식 (5-18)에 대입하면

$$i_1=\frac{\sqrt{2}\,V_s}{Z}[\sin(\omega t-\theta)-\sin(\alpha-\theta\,e^{(\frac{R}{L})\,(\frac{\alpha}{\omega}-t)})] \tag{5-20}$$

전류 i_1이 0으로 떨어져 사이리스터 T_1이 소호될 때 각 β는 식 (5-20)에서 $i_1(\omega t=\beta)=0$인 조건에서 다음과 같이 된다.

$$\sin(\beta-\theta)=\sin(\alpha-\theta)\,e^{(\frac{R}{L})\frac{(\alpha-\beta)}{\omega}} \tag{5-21}$$

출력 전압의 실효값 V_{rs}는 다음과 같이 된다.

$$\begin{aligned} V_{rs}&=\sqrt{\frac{1}{\pi}\int_{\alpha}^{\beta}2V_s^2\sin^2\omega t\,d(\omega t)} \\ &=V_s\sqrt{\frac{1}{\pi}\left(\beta-\alpha+\sin2\frac{\alpha}{2}-\sin2\frac{\beta}{2}\right)} \end{aligned} \tag{5-22}$$

4. 사이클로 컨버터

단상 위상 제어 컨버터는 가변 출력 전압을 얻을 수 있지만 출력 전압의 주파수는 일정하며 고조파 성분이 많이 함유되는데, 특히 저전압 범위에서 심하다.

사이클로 컨버터는 한 주파수의 교류를 다른 주파수의 교류로 변환하는 AC-AC 컨버터이다. 사이클로 컨버터에 사이리스터를 사용한 경우 대부분은 자연 전류(轉流)방식이다.

사이클로 컨버터는 입력과 출력의 상수, 주파수비의 관계 및 출력의 파형 등에 따라 여러 가지 다른 회로가 있지만 여기서는 비교적 간단한 회로 구성과 제어방식의 단상, 정비식 사이클로 컨버터에 대하여 알아보자.

그림 5-18 (a)는 중간 탭 변압기를 사용한 직류 출력 전압의 극성이 다른 2조의 단상전파 제어 정류회로를 조합한 사이클로 컨버터이다.

그림 5-18 (b)에 나타낸 바와 같이 $f_2=f_1/2$의 출력을 원할 때는 정(+)의 사이

리스터 T_{p1}, T_{p2}를 점호시켜 정(+)의 반파 2개를 만들고 다음에 부(−)의 사이리스터 T_{n2}, T_{n1}을 순차적으로 점호시켜 부(−)의 반파 2개를 만들면 된다.

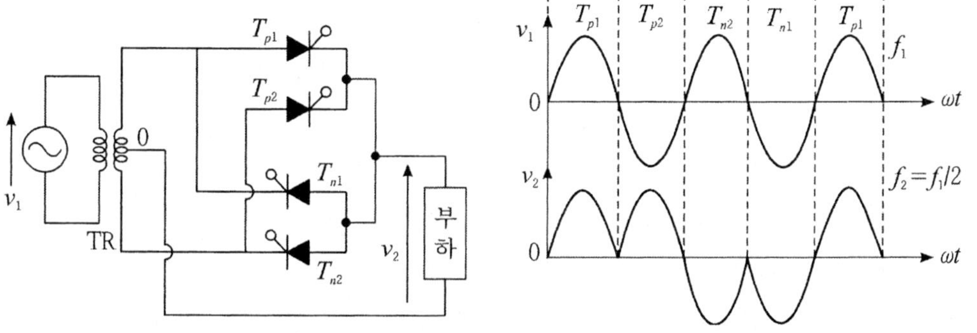

(a) 회로도 (b) 파형

그림 5-18 정비식 사이클로 컨버터

일반적으로 정(+)과 부(−)의 반파를 각각 n개씩 만들면 $f_2=f_1/n$으로 할 수 있으나 출력 파형은 그림 5-18 (b)와 같이 단지 입력 주파수를 $1/n$로 하였다는 정도이며 파형은 좋지 못하고 출력 주파수 f_2도 연속적으로 변하지 않는다. 따라서 입력을 다상 교류 전원으로 하여 각 사이리스터를 위상 제어하여 출력 전압의 파형이 정현파이고 그 진폭과 주파수를 연속적으로 바꾸는 사이클로 컨버터도 개발되어 있으나 그 제어 방법은 복잡하다.

사이클로 컨버터는 인버터 방식과 비교하면 다음과 같은 특징을 갖고 있다.

① 직접 변환을 하므로 DC 필터 등을 포함한 직류 링크가 필요 없고 효율이 좋으며 대용량의 주파수 변환에 적합하다.

② 입력 교류 전원을 사용하여 전류(轉流)하면 전류(轉流) 회로가 필요 없다.

③ 전력의 흐름을 쌍방향으로 하여 무효 전력의 처리가 가능하다.

④ 출력 주파수는 입력 주파수 범위 안에서 변환시킬 수 있다.

⑤ 위상 제어 방식일 때는 입력의 역률이 낮다.

5.5 인버터

직류를 교류로 변환하는 전력 변환기를 인버터라 한다. 인버터는 직류 입력 전압을 원하는 크기와 주파수의 교류로 바꿀 수 있는데, 독립된 직류 입력을 사용한 것을 자여식 인버터라 하고 상용 교류를 직류로 정류하여 입력으로 사용한 것을 타여식 인버터라 부른다. 따라서 타여식 인버터는 일정한 크기와 주파수의 전력을 다른 크기와 주파수의 전력으로 변환하는 기능이라 할 수 있다.

가변 출력 전압은 입력 직류 전압의 제어나 인버터 제어로 얻을 수 있다. 특히 PWM(Pulse Width Modulation) 인버터는 출력 파형의 펄스 폭을 변조하여 출력 전압을 제어하고 파형을 개선하는 제어 방법이다. 또한 출력 파형을 적당하게 변조시켜 고조파를 크게 감소시킬 수 있으며 입력측의 역률면에서 우수하여 신뢰도가 높은 장치이다.

인버터의 출력 전압 파형은 될 수 있는 한 정현파가 되도록 하지만 출력 파형은 고조파를 포함하게 되어 비정현파가 된다. 고속 스위칭 소자의 개발과 새로운 제어 기법으로 출력 파형에 포함되는 고조파를 줄이는 것이 오늘날 최대의 관심이 되고 있다.

인버터는 각종 산업용 교류전동기의 가변속 구동, 유도 가열, 예비 전원, 무정전 전원공급장치, 전철용 전동기 구동, 로봇, 전기 자동차, 자기 부상 열차, 항공기 및 우주선용 전원 등 산업 분야에서 광범위하게 이용된다. 입력 전원도 축전지, 연료 전지, 태양 전지 등 새로운 전원이 고려되고 있다.

인버터의 스위칭 소자는 바이폴라 트랜지스터, MOSFET, IGBT, GTO, SIT, 사이리스터 등 응용 분야에 알맞게 선택할 수 있다. 일반적인 인버터는 PWM 인버터를 많이 사용하며 입력 전압을 일정하게 유지할 수 있는 전압원 인버터, 입력 전류를 일정하게 유지할 수 있는 전류원 인버터, 입력 전압을 제어할 수 있는 가변 직류 링크 인버터들도 있다.

1. 단상 반파 브리지 인버터

그림 5-19 (a)는 단상 인버터의 회로이다. 트랜지스터 Q_1이 반주기 $T/2$ 동안 도통되어 부하의 순시 전압은 $v_0 = V_S/2$가 되고 Q_2가 다음 반주기 $T/2$ 동안 도통되어 부하의 순시 전압은 $v_0 = -V_S/2$가 된다.

그림 5-19 (b)는 출력 전압과 출력 전류의 파형을 나타낸 것이다.

출력 전압의 실효값 V_0는

$$V_0 = \sqrt{\frac{2}{T}\int_0^{\frac{T}{2}} \frac{V_S^2}{4}\, dt} = \frac{V_S}{2} \tag{5-23}$$

이 되고 출력 전압의 순시값을 퓨리에 급수로 전개하면

$$v_0 = \sum_{n=1,3,5\cdots}^{\infty} \frac{2V_S}{n\pi} \sin n\omega t \tag{5-24}$$

이 되고, $n=1$의 경우인 기본파의 실효값은 $V_{01} = \dfrac{\sqrt{2}\,V_S}{\pi}$ 이다.

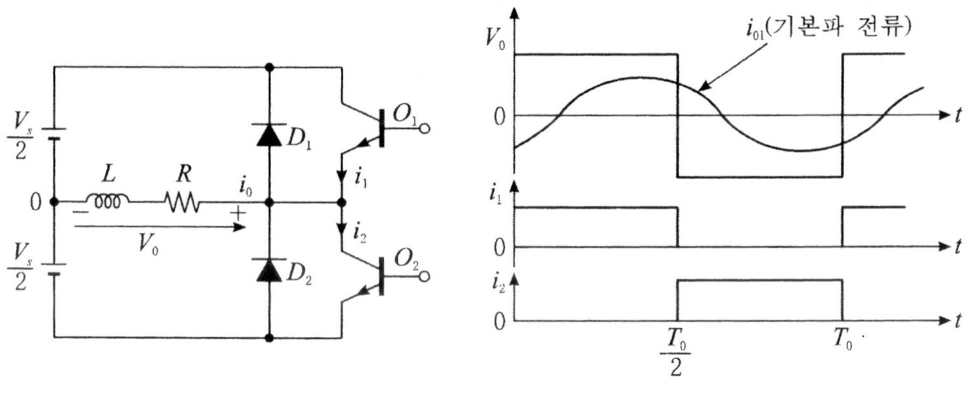

(a) 회로도 (b) 파형

그림 5-19 단상 반파 브리지 인버터

부하 전류의 순시값 i_0는 다음과 같이 된다.

$$i_0 = \sum_{n=1,3,5\cdots}^{\infty} \frac{2V_S}{n\pi\sqrt{R^2+(n\omega L)^2}} \sin(n\omega t - \theta_n) \tag{5-25}$$

여기서 $\theta_n = \tan^{-1}\left(\dfrac{n\omega L}{R}\right)$이다.

기본파 부하 전류의 실효값을 I_{01}이라 하면 기본파 출력 P_{01}은 다음과 같이 나타낼 수 있다.

$$P_{01} = V_{01} I_{01} \cos\theta_1 = I_{01}^2 R = \frac{2V_S^2}{\pi^2\{R^2+(\omega L)^2\}} \times R \tag{5-26}$$

2. 단상 브리지 인버터

그림 5-20은 단상 브리지 인버터 회로와 출력 파형을 나타낸 것이다. 트랜지스터 Q_1, Q_2가 동시에 점호되면 부하에는 입력 전압 V_S가 걸리게 되고 트랜지스터 Q_3, Q_4가 동시에 점호되면 부하에는 입력 전압 $-V_S$가 걸리게 된다.

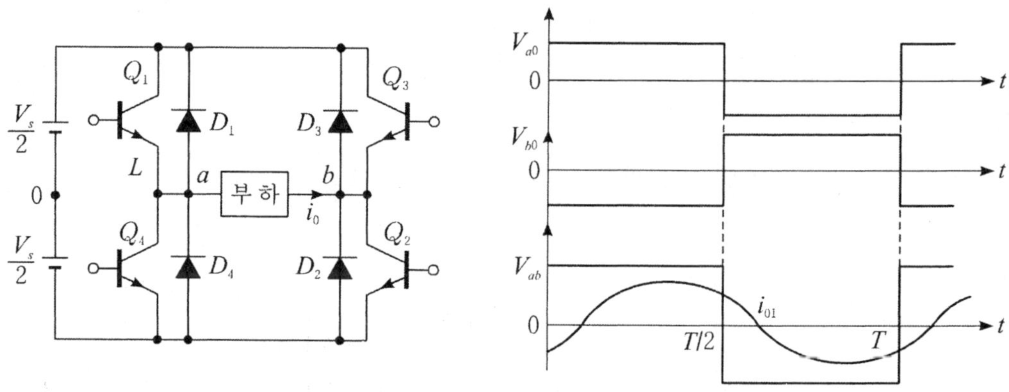

(a) 회로도 (b) 파형

그림 5-20 단상 브리지 인버터

출력 전압의 실효값 V_0는

$$V_0 = \sqrt{\frac{2}{T}\int_0^{\frac{T}{2}} V_S^2\, dt} \tag{5-27}$$

이 된다. 출력 전압의 순시값을 퓨리에 급수로 전개하면,

$$v_0 = \sum_{n=1,3,5\cdots}^{\infty} \frac{4V_S}{n\pi} \sin n\omega t \tag{5-28}$$

이 되고, $n=1$인 기본파의 실효값은 $V_{01} = 2\sqrt{2}\,V_s/\pi$이다.

부하 전류의 순시값 i_0는

$$i_0 = \sum_{n=1,3,5\cdots}^{\infty} \frac{4V_S}{n\pi\sqrt{R^2+(n\omega L)^2}} \sin(n\omega t - \theta_n) \tag{5-29}$$

이 된다. 여기서 $\theta_n = \tan^{-1}\left(\frac{n\omega L}{R}\right)$이다.

3. PWM 인버터

최근 공장 자동화 시스템의 전동기 가변속 구동용과 인텔리젼트 빌딩의 무정전 전원 공급용으로 PWM(Pulse Width Modulation)인버터의 수요가 급속히 증가하고 있다. 그런데 인버터의 출력에는 고조파가 포함하고 있어 근접한 약전류 신호선에 전자유도 장해를 일으키거나 각종 계전기들의 오동작, 전동기의 소음과 전동기 회전력에 맥동이 발생하는 원인이 되고 있다.

PWM 인버터는 기본파의 출력 파형이 정현파에 가까우며 변조기법에 따라서는 특정 고조파를 제거할 수 있는 큰 특징이 있어 가장 널리 이용되고 있다.

일반적으로 3상 PWM 인버터의 출력 파형은 한 주기에 $+E$, 0, $-E$의 크기로 3레벨(level)이 되면서 여러번 스위칭하여 근사 정현파 출력 파형을 얻고 있다. 이 출력 파형의 레벨수를 높이면서 스위칭 각을 적절히 바꾸게 되면 정현파에 가까운 출력 파형을 얻을 수 있다.

(1) PWM 인버터의 원리

PWM 인버터는 펄스폭 변조 신호를 만드는 방식에 따라 아날로그 방식과 디지털 방식으로 크게 두가지로 분류할 수 있다. 아날로그 방식은 그림 5-21과 같이 정현파인 변조파와 삼각파인 반송파를 비교하여 펄스폭 변조 신호파를 발생시키는 것이다. PWM 인버터의 제어에서 변조 지수 M과 주파수비 F는 다음과 같이 정의한다.

$$M = V_M / V_C,\ F = F_C / F_M \qquad (5\text{-}30)$$

여기서 V_M 및 F_M은 제어 신호의 변조파의 진폭 및 주파수이고 V_C 및 F_C는 제어 신호의 반송파의 진폭 및 주파수이다. PWM 인버터의 제어에서 변조 지수를 바꾸면 출력 전압의 크기를 변화시킬 수 있고 주파수비를 바꾸면 출력 주파수를 변화시킬 수 있다. 출력 전압과 출력 주파수의 변화를 비례적으로 변화시키면 유도전동기의 회전력을 일정하게 유지하면서 효율적인 유도전동기의 가변속 운전이 가능하다.

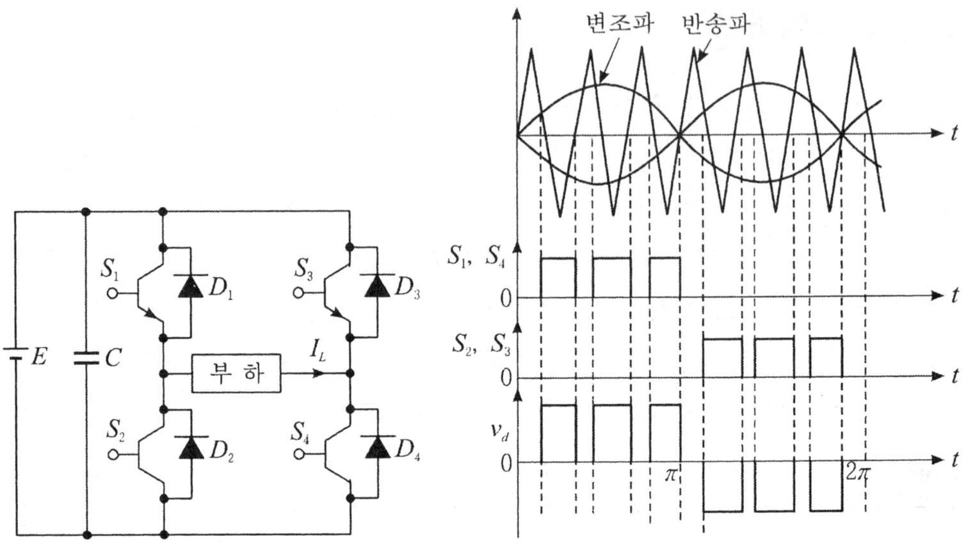

(a) PWM 인버터 회로

(b) 파형

그림 5-21 단상 PWM 인버터

그림 5-21에서 S_1, S_4를 점호시키는 동시에 S_2, S_3를 소호시키면 부하에는 V_1의 전압이 걸리고, S_2, S_3를 점호시키는 동시에 S_1, S_4를 소호시키면 부하에는 $-V_1$의 전압이 걸린다. 만약, S_1, S_2, S_3, S_4를 동시에 점호시키면 부하에는 전압이 걸리지 않는다. 그림 5-21은 변조파, 반송파, 변조 신호파 및 출력 전압의 파형을 나타낸 것이다.

유도전동기 가변속 운전할 때, PWM 인버터는 변조 지수를 출력 주파수에 따라 변화시켜 가변 전압, 가변 주파수 동작을 쉽게 할 수 있으며 주파수비를 변화시키면 출력 파형에 포함된 고조파 성분도 줄일 수 있다. 따라서 변조지수와 주파수비를 변화시킴에 따라 여러 가지 펄스폭 변조 파형을 얻을 수 있고, 특정 고조파를 제거할 수 있는 효과도 얻을 수 있다.

4. 인버터의 응용

(1) VVVF(Variable Voltage Variable Frequency)제어

가변전압, 가변 주파수 제어 방식으로서 교류 전동기의 1차 주파수 제어가 가능하며 사이크로 컨버터나 인버터를 이용한다.

(2) CVCF(Constant Voltage Constant Frequency)제어

정전압 정주파수 제어방식으로서 무정전 전원장치로 이용되고 있다.

예제 1 인버터(Inverter)의 전력 변환은?

① 교류 → 직류로 변환　② 직류 → 직류로 변환
③ 교류 → 교류로 변환　④ 직류 → 교류로 변환

정답 ④

풀이 인버터는 직류를 교류로 변환, 컨버터는 교류를 직류로 변환

예제 2 전력용 반도체를 사용하여 직류 전압을 직접 제어하는 것은?

① 단상 인버터　② 3상 인버터
③ 초파형 인버터　④ 브리지형 인버터

정답 ③

예제 3 직류 초퍼 제어방식에서 그 방식에 속하지 않는 것은?

① 펄스 주파수 제어　② 펄스폭 제어
③ 순시값 제어　④ 펄스 파고 제어

정답 ④

익 힘 문 제

1. 파워 트랜지스터를 병렬 접속하는 주 목적은?

① 대용량화　② 소형화　③ 고주파화　④ 저손실화

정답 ①

2. 제너 다이오드의 용도 중 맞는 것은?

① 고압 정류용　② 검파용　③ 전압 안정회로　④ 전파 정류용

정답 ③

3. 전력용 잔도체 소자 중 일정한 전압값을 얻기 위해 역바이어스 상태에서 항복 전압과 관련된 특성을 사용하는 반도체 소자는?

① SCR　② Zener diode　③ IGBT　④ Transistor

정답 ②

풀이 제너 다이오드는 일정한 전압을 얻기 위한 전압 안정화 회로에 이용된다.

4. 트라이액(TRIAC)에 관한 설명 중 잘못된 것은?

① 쌍방향 소자이다.

② 정・부 어떤 극성이라도 통전한다.

③ 교류회로의 전류제어 소자로 이용된다.

④ (+)의 Gate신호만이 통전한다.

정답 ④

풀이 (+) (−)의 게이트 신호로 정・역방향으로 턴-온이 가능하다.

5. 다음 중 사이리스터의 용도가 아닌 것은?

① 전동기의 속도제어　② 조명제어

③ 램프의 소프트스타트회로　④ 발전기 병렬운전시 부하제어

정답 ④

6. 전력전자 제어용 센서 소자의 구비요건이 아닌 것은?

① 안정성과 직진성이 좋을 것 ② 잔류편차가 없을 것
③ 리플 노이즈가 있을 것 ④ 신호의 응답성이 좋을 것

정답 ③

7. SCR의 용도 중 틀린 것은?

① 증폭기 ② 전동기 제어장치
③ 조명장치 ④ 교류 온-오프 제어장치

정답 ①
풀이 SCR 사이리스터는 스위칭 특성을 이용한 제어회로에 사용된다.

8. 빛의 에너지를 전기에너지로 변환시키는 것은?

① 광전 다이오드 ② 광전로 소자
③ 광전 트랜지스터 ④ 태양전지

정답 ④

9. 다이액(DIAC)에 대한 설명으로 틀린 것은?

① NPN 3층으로 되어 있다.
② 트리거 용도로 사용된다.
③ 역저지 4극 사이리스터이다.
④ 쌍방향으로 대칭인 부성저항을 나타낸다.

정답 ③
풀이 쌍방향 2단자 사이리스터이다.

10. 과전압이 걸리기 쉬운 옥외용 네온사인의 조광회로에 사용되는 소자는?

① SCR ② TRIAC ③ SSS ④ TR

정답 ③
풀이 SSS : 브레이크 오버 전압 이상의 펄스로 온 시킬 수 있어 SCR과 같이 과전압이 걸려도 파괴되지 않는다. 그러므로 과전압이 걸리기 쉬운 옥외용 네온사인의 조광회로에 사용된다.

11. 전력용 반도체 소자의 턴-오프시 소자에 가해지는 과전압과 스위칭 손실을 저감시키거나 전력용 트랜지스터의 역바이어스 2차 황복 파괴방지를 목적으로 하는 회로는?

① 스너버회로 ② 드라이브회로 ③ 정류회로 ④ 브리지회로

정답 ①

풀이 스너버회로 : 사이리스터의 과전압 보호장치이다.

12. 교류를 직류로 변화시키는 정류회로에서 맥류를 직류에 가깝도록 파형을 개선하는 평활회로에 반드시 필요한 콘덴서는?

① 세라믹 콘덴서 ② 전해 콘덴서 ③ 공기 콘덴서 ④ 무극성 콘덴서

정답 ②

13. 어떤 정현파 전압의 평균값이 200[V]이면 최대값은 약 몇 [V]인가?

① 280 ② 314 ③ 346 ④ 487

정답 ②

풀이 평균전압 $V_a = \frac{2}{\pi} V_m = 200$ $\therefore V_m = 200 \times \frac{\pi}{2} = 314[V]$

14. 위상제어 스위치를 통해 부하에 10[Ω]의 저항이 연결되어 있다. 220[V] 전원에서 출력전력을 2[kW]에서 제어하려고 한다. 제어각 α에서 부하전류의 실효값은 몇 [A]인가?

① 14.14 ② 22.36 ③ 33.94 ④ 8.76

정답 ①

풀이 $P = I^2 R[W]$ $I = \sqrt{\frac{P}{R}} = \sqrt{\frac{2 \times 10^3}{10}} \fallingdotseq 14.14[A]$

15. 인버터는 어떤 전력변환인가?

① 교류를 교류로 변환 ② 직류를 직류로 변환

③ 교류를 직류로 변환 ④ 직류를 교류로 변환

정답 ④

16. PWM 전압형 인버터의 특징이 아닌 것은?

① 소형화 저가격화에 유리

② 고차고조파 제거 가능

③ 고속 전류 제어 가능

④ 전압제어를 위한 주회로 디바이스 불필요

[정답] ②

17. CVCF의 용도는?

① 자동전압 조정기 ② 콘덴서 차단장치

③ 실리콘형 정류기 ④ 정전압 및 정주파수 장치

[정답] ④

[풀이] CVCF(Constant Voltage Constant Frequency) : 정전압 정주파수 장치

18. 인버터 제어라고도 불리며, 유도전동기에 인가되는 전압과 주파수를 변환시켜 제어하는 방식은?

① VVVF 제어방식 ② 궤환 제어방식

③ 워드레오나드 제어방식 ④ 1단 속도 제어방식

[정답] ①

[풀이] VVVF(Variable Voltage Variable Frequency)제어 : 가변전압 가변 주파수 제어

19. 교류 정전압을 가변주파수나 교류 가변 전압으로 변화하는 기능을 무엇이라 하는가?

① 정류기 ② 초퍼 ③ 인버터 ④ 사이클로 컨버터

[정답] ④

[풀이] 주파수 변환장치

20. 전기철도 주 전동기제어, 전기자동차 속응서보 구동 등 다양한 전동기제어의 응용에 알맞은 변환방식은?

① 순변환 정류 ② 역변환 인버터

③ 직류초퍼 ④ 주파수변환 사이클로 컨버터

[정답] ③

찾 아 보 기

ㅁ

ㅂ

ㅅ

ㅇ

ㅎ

전 기 기 기

2026. 2. 10 인쇄
2026. 2. 15 발행

판 권
소 유

저 자 : 김종혁 저
발행자 : 이진권
발행처 : 도서출판 **태영문화사**

주 소 : 서울특별시 강서구 방화2동 589-19
전 화 : 2661-8751
F A X : 2661-8798
등 록 : 1998년 11월 12일 제 2-2682호

정가 24,000원